U0151347

国家社科基金
GUOJIA SHEKE JIJIN HOUQI ZIZHU XIANGMU
后期资助项目

网络空间治理的中国图景：

变革与规制

Chinese Prospect of Cyberspace Governance: Transformation and Regulation

阙天舒 著

上海交通大学出版社
SHANGHAI JIAO TONG UNIVERSITY PRESS

内容提要

　　本书以网络空间中国家治理的中国模式为中心，从变革和规制两个维度来研究中国在网络空间治理的逻辑、组织和机制选择。全书主要分为四个部分：网络空间膨胀和治理转型的分析研究、网络技术有效介入和治理优化的协同分析、多元主体参与和治理创新的展开逻辑、全球治理优化和网络秩序的比较研究。本书借鉴实证定量的研究方法，同时与规范定性研究相结合，以获取新时代中国在网络空间治理方面的客观解读，从而能够在全球网络治理的优化与发展上提出"中国方案"。

图书在版编目(CIP)数据

网络空间治理的中国图景：变革与规制／阙天舒著
. —上海：上海交通大学出版社，2021
ISBN 978-7-313-23643-2

Ⅰ.①网…　Ⅱ.①阙…　Ⅲ.①互联网络—管理—研究
—中国　Ⅳ.①TP393.407

中国版本图书馆 CIP 数据核字(2020)第 149280 号

网络空间治理的中国图景：变革与规制
WANGLUO KONGJIAN ZHILI DE ZHONGGUO TUJING：BIANGE YU GUIZHI

著　　者：阙天舒
出版发行：上海交通大学出版社　　　　　地　　址：上海市番禺路 951 号
邮政编码：200030　　　　　　　　　　　电　　话：021-64071208
印　　制：江苏凤凰数码印务有限公司　　经　　销：全国新华书店
开　　本：710 mm×1000 mm　1/16　　　印　　张：19
字　　数：327 千字
版　　次：2021 年 2 月第 1 版　　　　　 印　　次：2021 年 11 月第 3 次印刷
书　　号：ISBN 978-7-313-23643-2
定　　价：78.00 元

版权所有　侵权必究
告读者：如发现本书有印装质量问题请与印刷厂质量科联系
联系电话：025-83657309

国家社科基金后期资助项目
出版说明

　　后期资助项目是国家社科基金设立的一类重要项目,旨在鼓励广大社科研究者潜心治学,支持基础研究多出优秀成果。它是经过严格评审,从接近完成的科研成果中遴选立项的。为扩大后期资助项目的影响,更好地推动学术发展,促进成果转化,全国哲学社会科学工作办公室按照"统一设计、统一标识、统一版式、形成系列"的总体要求,组织出版国家社科基金后期资助项目成果。

全国哲学社会科学工作办公室

序　言

　　网络空间治理作为国家治理的一个新领域,同时又是一个跨学科、跨领域的新兴研究领域,其在推进国家治理体系和治理能力现代化过程中的重要意义自然不言而喻,但以往学界关于网络空间国家治理的研究缺乏相对统一的认知和治理理论范式,相关研究成果也散布于政治学、法学、管理学等学科领域。笔者作为华东政法大学高峰学科创新团队"中国特色网络空间治理与法律规制研究"项目的负责人,在主持 2018 年国家社科基金后期资助项目——"网络空间治理的中国图景:变革与规制"的基础上,结合自己近十年来对网络治理的研究的思考,从多维学科和多重视角来展现新时代下的网络空间治理的中国图景,对当下中国网络空间治理的发展进行总结,抛砖引玉,以期对今后的网络空间治理研究有一定的启示。

　　我的第一本关于网络空间治理的书名是《"互联网+"政治:大数据时代国家治理》,它是我与两位同事一起合著,其研究内容是基于国家参与全球治理指数(SPIGG)和国家治理指数(NGI)的设计与研制,以国家的"互联网+"行动计划为指导,研究了如何利用信息通信技术与互联网平台,让互联网与政治进行深度融合,使国家治理技术的大数据成为一种积极的治理资源,从而对政治发展进行"破与立"。此外,本人还长期从事国家治理和全球治理领域的研究,于 2020 年主持了教育部重大课题攻关项目"积极参与全球治理体系改革和建设研究"(项目批准号:20JZD057)。

　　本书则是在我第一本书的研究基础上进一步发展而成,探究网络空间治理的主题也是由浅入深,逻辑依次展开。本书首先探讨网络空间治理转型的背景,主要涉及国家治理现代化、全球治理变革以及人工智能发展对国家安全治理的影响,然后引入中国在网络空间治理领域的理论建构与实践方案。其次,主要是从规范和实证的视角探究中国在网络空间治理过程中秩序建构、主体参与、议题聚焦以及治理逻辑的创新发展。这部分研究既有治理理论和治理秩序的建构尝试,也有实践经验与治理路径的总结和探索,其最终目标是建构一套适用于中国网络空间治理的理论分析框架。最后,是全球治理优化和网络秩序的比较研究，本部分先从国家战略、法律保障、技术巩固和国际合作完善网络空间全球治理的中国方案，然后比较分析中美网络安全的法律规制差异，从耦合性视角探究中美网络空间新型大国关系的构建，主张新型大国关系引领网络治理，最终在全球视野下以"网络空间命运共同体"引领全球网络秩序的构建。

　　本书在 2019 年年底就已完稿，后期主要根据书稿评审专家意见进行修改完善，同时对书稿中的资料和数据进行及时的更新。资料搜集和数据采集主要侧重于案例素材的搜集和相关网络数据的更新，这些任务主要集中于本书的第二、三编。笔者从具体领域来探索中国在网络空间治理中的优化和路径选择，并添加了大量实践素材加以验证。

阙天舒

2020 年 12 月于上海

目　录

第一编　网络空间膨胀和
治理转型

第二编 网络技术有效介入和
治理优化的协同分析

第三编　多元主体参与和治理创新的展开逻辑

第四编　全球治理优化和网络秩序的比较研究

第一编

网络空间膨胀和治理转型

第一章　国家治理的演进与发展

　　党的十八届三中全会首次提出"推进国家治理体系和治理能力现代化"[①]这一战略目标,党的十九大则更进一步深化了此目标,并在报告中明确提出了国家治理现代化的时间表和路线图,这预示着国家治理体系和治理能力现代化已经成为我国"两个一百年"奋斗目标的重要组成部分。[②] 国家治理体系在中国的形成经历了漫长的实践和发展——最初由封建社会主导的国家统治逐渐过渡到近代社会主导的国家管理,而后才进入现代社会支配的国家治理。[③]

第一节　治国理政"中国模式"的
萌生发展

　　中国的国家治理是一个政治生态的逻辑再造过程,涉及价值体系、权力运行、行动逻辑和治理能力的重新调整。它的理论萌生是多重因素综合作用的结果,既有内部经验和实践的促进,也有外部现代化的要求;既有传统思想的滋养,也有西方治理的借鉴;既有宏观的顶层设计,也有微观的情感关怀等。新的历史时期,面对社会转型和现实挑战,亟须党带领人民推进国家治理现代化。

　　国家治理体系在中国的形成经历了漫长的过程,习近平治国理政新理念新思想新战略也经历了一个由萌生到发展的生命周期。首先,中华优秀传统文化为其理论的萌生奠定了坚实的理论基础。其次,西方国家

---

① 中共中央关于全面深化改革若干重大问题的决定[N].人民日报,2013-11-16(1).
② 刘鹏.十九大报告:大力推进国家治理现代化的宣言书[EB/OL].(2017-10-18)[2019-06-07].http://theory.gmw.cn/2017-10/18/content_26543106.htm.
③ 阙天舒.中国网络空间中的国家治理:结构、资源及有效介入[J].当代世界与社会主义,2015(2):158.

治理的经验教训为中国的治理实践提供了参照。最后，当前中国的现实挑战亟须党领导人民推进国家治理转型升级，促使治国理政进入到一个新的发展阶段。

一、优秀传统培育治国理政的文化土壤

中国是一个拥有悠久历史的文明古国，五千年的发展历程孕育了源远流长、博大精深的优秀传统文化，"中华文化积淀着中华民族最深沉的精神追求，是中华民族生生不息、发展壮大的丰厚滋养"。① 中华优秀传统文化以其独特的思维方式和价值理念深刻影响着一代又一代的国人，以习近平同志为核心的党中央提出的治国理政新理念、新思想、新战略充分继承和发扬了这些优秀传统文化。可以说，优秀传统文化为治国理政培育了丰厚的理论土壤，使中国的国家治理既顺应时代潮流、与时俱进，又能够保持本土特色，具备深厚的文化底蕴。

大同理想在习近平治国理政思想里集中表达为实现中华民族伟大复兴的中国梦，而天下为公、共享大同的理想则凝聚着多少代中国人的梦想。《礼记·礼运》对大同社会的描述是："大道之行也，天下为公，选贤与能，讲信修睦……是故谋闭而不兴，盗窃乱贼而不作，故外户而不闭，是谓大同。"习近平治国理政思想中关于中国梦、人类命运共同体、共产主义理想、共享发展理念等思想观点就得到了大同理想的理论滋养，并实现了创造性发展。例如，习近平总书记在描绘中国梦时就指出，"生活在我们伟大祖国和伟大时代的中国人民，共同享有人生出彩的机会，共同享有梦想成真的机会，共同享有同祖国和时代一起成长与进步的机会"。②

民本思想是中国历代国家统治的宝贵经验，也是治国理政"中国模式"的核心价值理念。从《尚书·五子之歌》的"民惟邦本，本固邦宁"到孟子的"民贵君轻"思想和荀子的"君舟民水"思想，再到唐宋明清时期的各种重民思想，先人的智慧不断丰富民本思想的内涵，并逐渐演变成为治国理政的核心价值指向。"治国有常，而利民为本。"习近平治国理政思想以人民为主体，全心全意依靠人民群众，激发人民的主体意识，凝聚人民的政治智慧；不断实现好、维护好、发展好最广大人民根本利益，使人民群众从国家和社会

---

① 中共中央宣传部，中央文献研究室等.习近平谈治国理政（第一卷）[M].北京：外文出版社，2014：155.
② 中共中央宣传部.习近平总书记系列重要讲话读本[M].北京：学习出版社、人民出版社，2016：12.

治理中感受到更多、更实际的利益获得感和权利获得感。① 有学者认为,习近平治国理政中"为民是核心价值理念,担当是政治责任理念,发展是第一要务理念"。②

　　法制文化是中华文化由来已久的传统,从儒家的"隆礼重法"思想到法家的"以法治国""法不阿贵"等思想,再到汉代王充的"德法并重"思想,传统文化中蕴含着非常宝贵的法制文化传统。党的十九大将"坚持全面依法治国"明确作为新时代坚持和发展中国特色社会主义的基本方略之一,并指出,"全面依法治国是中国特色社会主义的本质要求和重要保障。必须把党的领导贯彻落实到依法治国全过程和各方面,坚定不移走中国特色社会主义法治道路,完善以宪法为核心的中国特色社会主义法律体系,建设中国特色社会主义法治体系,建设社会主义法治国家,发展中国特色社会主义法治理论,坚持依法治国、依法执政、依法行政共同推进,坚持法治国家、法治政府、法治社会一体建设,坚持依法治国和以德治国相结合,依法治国和依规治党有机统一,深化司法体制改革,提高全民族法治素养和道德素质"。③ "治理国家、治理社会必须一手抓法治、一手抓德治,实现法律和道德相辅相成、法治和德治相得益彰"。④ 当前,依法治国首先强调要依宪治国,国家要加强宪法的实施,维护宪法权威。其次,依法治国以依法执政为必要前提,只有坚持依法治国、依法执政、依法治党三者的统一,牢固夯实党带领人民治国理政的合法性基础,厘清共产党、政府以及监察机构分开与分工的关系,⑤才能合法驾驭国家治理现代化的大局。最后,依法治国需要以法治社会作为基础,方能更好地实现国家治理和社会治理。可以说,中国文化中的各种理论渊源构成了中国治国理政新模式的文化基础。

---

① 包心鉴.人民民主:治国理政的核心政治价值指向[J].政治学研究,2016(5):4.
② 毕京京.全面把握十八大以来党中央治国理政新理念新思想新战略的基本内涵[N].光明日报,2016-03-21(1).
③ 习近平.决胜全面建成小康社会 夺取新时代中国特色社会主义伟大胜利[M].北京:人民出版社,2017:22.
④ 中共中央宣传部.习近平总书记系列重要讲话读本[M].北京:学习出版社、人民出版社,2016:90.
⑤ 王岐山在十二届全国人大五次会议北京代表团举行第一次全团会时指出,"在中国历史传统中,'政府'历来是广义的,承担着无限责任。党的机关、人大机关、行政机关、政协机关以及法院和检察院,在广大群众眼里都是政府。在党的领导下,只有党政分工,没有党政分开,对此必须旗帜鲜明、理直气壮,坚定中国特色社会主义道路自信、理论自信、制度自信、文化自信。"邱明红.党领导下只有党政分工,没有党政分开[EB/OL].(2017-03-14)[2019-05-28].http://views.ce.cn/view/ent/201703/14/t20170314_20961337.shtml.

中国优秀传统文化和历朝历代国家统治既有可资借鉴的治理经验，例如为政者要确立治国安民的理念、优化国家的治理形式、建立健全治国的法制体系；也有引以为戒的教训，例如人治传统、重个人修身轻相应制度建设、权责失衡。① 借鉴这些治理经验和教训，对于理解中国治国理政思想的历史、增强中国传统文化底蕴、提高治国理政的能力具有重要的意义。

二、西方治理危机提供了深刻启示

西方的治理理念和实践在一定程度上为中国的发展提供了启示。1989 年，美国学者弗朗西斯·福山（Francis Fukuyama）提出了"历史即将终结"的主张，随后的东欧剧变似乎印证了他的看法。他在《历史的终结》一书中认为，西方模式是历史上最好的发展模式。然而，历史没有终结社会主义，反而终结了"华盛顿共识"。进入 21 世纪以来，西方发达国家普遍陷入了经济、政治和社会领域的"总体性危机"，其制度自信与文化自信备受打击，应对危机的能力也明显下降。② 西方发达国家治理在实践和知识上都出现了一系列困境，需要我们对西方的治理经验和治理知识进行批判性反思。③ 笔者综合相关研究认为，西方国家的治理难题主要表现为以下方面。

第一，经济增长动力不足。经历美国次贷危机、欧债危机之后，资本主义市场信心受挫，全球经济增长缺乏动力。目前，全球金融风险上升，不确定性持续增大，发达经济体的经济发展前景有进一步恶化的趋向。④ 一是债务危机严重。2017 年，欧元区公债相当于其国内生产总值（GDP）的 87.1%，其中英国为 90.4%、法国为 96.1%、意大利为 131.2%、希腊为 180%。⑤ 二是财政赤字突出。2013 年，欧洲国家财政赤字率有所下降，但仍有 10 个国家赤字率高于 3%，且债务持续攀升。⑥ 2014 年年底，虽然欧盟成员国财政赤字率普遍下降，总体跌回 3%的警戒线以内，但债

① 孙秀民.中国古代治国理政经验论要[J].政治学研究,2007(1)：58 - 63.
② 吴志成,吴宇,吴宗敏.当今资本主义国家治理危机剖析[J].当代世界与社会主义,2016(6)：10.
③ 高奇琦.试论比较政治学与国家治理研究的二元互动[J].当代世界与社会主义,2015(2)：149 - 156.
④ IMF. Global Financial Stability Report：Fostering Stability in a Low-Growth, Low-Rate Era[R/OL].（2016 - 02 - 01）[2019 - 09 - 11]. https：//www.imf.org/external/pubs/ft/gfsr/2016/02/.
⑤ World Factbook. Central Intelligent Agency, 2017.
⑥ 欧洲2013 年平均财政赤字率下降[EB/OL].（2014 - 04 -23）[2019 - 09 - 09]. http：//at.mofcom.gov.cn/article/jmxw/201404400560489.shtml.

务比例仍持续上升。相对于美、日等国，欧盟国家的财政赤字状况存在更大的不确定性。① 三是经济复苏迟缓。当前，美国经济逐渐复苏，欧洲、日本仍深陷泥潭，而希腊、爱尔兰、葡萄牙等国则出现了高通胀、经常账户逆差，从危机前的高增长状态转为衰退状态。②

第二，极化政治普遍兴起。近年来，经济的恶化导致发达国家普遍兴起极化政治，其影响力也在逐年上升，所谓的民主体制已经开始衰败。英国脱欧公投既显现西方自由主义的严重危机，也进一步刺激了西方世界内部的各种分离主义。③ 美国大选成为政治极化的舞台和推动政治极化的催化剂。混乱的选举历程和出乎意料的结果，既凸显了美国选举体制的弊端，也反映了美国政治生活的分裂，更显示了西方传统精英的思维僵化和脱离现实。④ 政治右翼化和民粹主义倾向也正困扰着整个西方世界，法国、荷兰、奥地利等国家右翼政党势力强劲，民粹主义在英国和美国也不断膨胀。⑤

第三，社会矛盾激化。首先，财富分化严重。西方国家不平等与再分配问题历来是政治冲突的核心，更是社会危机的根源。在美国，1%的高收入阶层掌握了全国40%的财富，形成了"1%与99%"的对立。⑥ 其次，社会流动性差。当前西方社会的整体流动性呈现下降趋势，"阶级固化"日益严重，中产阶级陷入危机之中，并逐渐"下流"，而底层民众的上升渠道逐渐被关闭，向上流动愈加困难。再次，族群冲突加剧。少数族裔对西方主流社会的认同在逐渐降低。⑦ 最后，自由主义走向反面。自由、民主这些占据主导地位的价值观，由于受人口构成和社会文化结构的影响，在经济市场中被扭曲，进而导致机会不平等，多元文化没有受到同等对待，基于个人权利和相互尊重的社会共同体情感受到撕裂。⑧ 这些社会矛盾日益割裂着西方社会，使民众被各种负面情绪所笼罩，社会风险日益增大。

在全球化日益向纵深发展的今天，西方发达国家治理遭遇的一系列危机已成为中国在推进国家治理体系和治理能力现代化进程中引以为戒的教训，给中国的发展留下了很多思考。中国的治国理政要从中吸取经验教训，

---

① 严恒元.统计数据表明欧盟和欧元区成员国政府债务比例上升[EB/OL].(2015-10-27)[2019-09-12].http://finance.china.com.cn/roll/20151027/3403454.shtml.
② 范春奕.欧债危机爆发以来欧元区各国经济表现初探[J].上海金融,2014(8):105-107.
③ 史志钦,赖雪仪.西欧分离主义的发展趋势前瞻[J].人民论坛,2016(8):59-69.
④ 马晓霖."特朗普革命":重塑美国,震动世界[N].华夏时报,2016-11-10(7).
⑤ 段德敏.英美极化政治中的民主与民粹[J].探索与争鸣,2016(10):76-78.
⑥ 何亚非.西方政体已现制度性危机[N].第一财经日报,2016-08-15(A10).
⑦ 王璐.西方社会认同危机的政策根源[N].中国社会科学报,2016-09-07(7).
⑧ 张国清,何怡.西方社会的治理危机[J].国家治理,2017(4):7.

始终保持制度发展的生机活力，着力加强国家治理能力建设，持续改善经济治理，有序推进社会治理，进而推动全球治理体系向更加公正合理的方向变革。

三、现实挑战亟须推进治理转型

中国的现实挑战同样为治国理政理论的发展与成熟提供了借鉴，促使其有针对性地指导中国的治国理政实践。国家治理体制的更新与转型是一个渐进的、长期的过程，在这个过程中，政治发展会因为利益和资源的分配或是原有秩序的调整而产生诸多危机，这类危机可以被称为国家治理的"现代化困境"。① 处在社会转型中的中国，在发展过程中同样也面临着治国理政的现代化困境，需要推进国家治理转型以应对现实挑战。笔者综合世情、国情和党情等各种因素，认为当代中国国家治理的现实挑战主要表现在以下三个方面。

第一，如何理解中国共产党治国理政的合法性。"任何一种人类社会的复杂形态都面临一个合法性问题，即该秩序是否和为什么应该获得其成员的忠诚的问题。而在现代社会，这个问题变得更为突出，也更为普遍了"。② 中国共产党在革命、建设和改革的不同阶段领导人民艰苦奋斗，取得了一系列伟大的成就，并且带领中国人民走上实现国家现代化和民族伟大复兴的新征程。新的历史时期，党中央提出"四个全面"战略布局，为党领导人民进行国家治理做出顶层设计，但同时，国家治理的逻辑起点不容忽视，这就是：当今中国为什么必须由共产党来治国理政，即中国共产党治国理政的合法性与合理性何在？③ 治理理念源于西方，西方的治理是"宪政民主"下的治理，其目的是维护资产阶级利益，所以，当中国共产党提出推进国家治理体系和治理能力现代化时，就有人质疑中国共产党治国理政的合法性。殊不知，推进国家治理转型是中国共产党对西方治理的话语转换，最终是要形成一个全心全意为人民服务的、强有力的领导核心，一个整体推进、协调运作、上下联动的具有中国特色的治理新格局。理解中国共产党治国理政的合法性首先需要理解中国共产党在推进国家治理体系和治理能力现代化过程中的角色和使命。因为推进国家治理体系和治理能力现代化，强调中国共产党要遵循执政规律，发挥领导核心作

① 邱实,赵晖.中国国家治理现代化的困境分析及消解思路[J].科学社会主义,2016(6)：111.
② 戴维·米勒.布莱克维尔政治思想百科全书[M].邓正来等,译.北京：中国政法大学出版社,2011：314.
③ 陈学明,李先悦.论中国共产党治国理政的合法性[J].思想理论教育,2017(2)：4.

用,通过全面深化改革规范权力运行,充分发挥社会主义市场在资源配置中的决定性作用,保障人民的权利。

第二,如何破解经济发展的"中等收入陷阱"。① 中国作为发展中国家,由于分配机制不健全、整体治理能力滞后、经济发展理念与模式过时等原因,开始显现出进入"中等收入陷阱"的迹象,对于推进国家治理进程产生了一定影响。中国只有跨越"中等收入陷阱",促进经济增长和国民收入提高,才能为基础设施建设和政治秩序的稳定提供必要的物质支撑,才能更好地实现中华民族伟大复兴的中国梦,实现良好的国家治理。跨越"中等收入陷阱"需要推进国家治理转型,调整权力的运作方式,合理规范政府与市场的界限,促使政府和市场履行好各自的职能。譬如,适时完善收入分配机制,更新经济发展体制,调整经济增长方式,提升经济治理能力,防止市场失灵和财富过多集中的现象出现,从而规避进入"中等收入陷阱"的风险。此外,从宏观视角来看,经济发展模式的调整是一个系统性的工程,跨越"中等收入陷阱"不能仅仅从经济层面出发,而更应该从政治体制改革、经济制度调整、生态环境保护与社会转型发展等综合方面来考虑,形成一个整体性战略布局。这个整体性的战略布局就是推进国家治理现代化。

第三,如何协调现代化所需的制度磨合。中华人民共和国从成立以来,就一直走在追求现代化的道路上,探索建立适合中国国情的制度和机制。中国在建构现代化所需要的制度和机制的过程中,需要经历一个制度建构的磨合期,才能使人民适应现代化带来的经济变迁和社会化结构的转型。塞缪尔·P.亨廷顿(Samuel P. Huntington)有一个重要逻辑,即经济发展必然引发社会动员,社会动员必然引发社会政治参与的要求;社会政治参与必然要求政治体系开放,政治体系开放只有走向全面的政治制度化才能保持政治稳定。② 协调现代化所需的制度磨合就需要推进国家治理现代化,这样既能够推进制度的现代化,也能够促进人的现代化。现代化从实质上来说,是一个追求制度化的过程,而推进国家治理体系和治理能力现代化则需要制度和思想文化的配套实施。在中国治国理政实践中,马克思列宁主义、毛泽东思想以及中国特色社会主义理论体系和当代中国根本政治制度、基本政治制度是核心要素,其他促进民主发展、维护秩序稳定、提升治理能力

---

① "中等收入陷阱"概念是世界银行在《东亚经济发展报告(2006)》中首次提出的,主要指"一个国家的人均收入达到中等收入水平后,由于不能顺利实现经济发展方式的转变,导致经济增长动力不足,最终出现经济停滞的一种状态"。

② 塞缪尔·P.亨廷顿.变动社会的政治秩序[M].张岱云等,译.上海:上海译文出版社,1989: 60.

的制度和机制属于"外壳要素"。这些"外壳要素"只有嵌入核心要素,融入中国传统文化、现实政治、经济社会和生态环境才能真正发挥效用,而这个过程就是现代化所要经历的制度磨合过程。中国是一个发展中的大国,其制度体系尚未发展完善,最大限度地降低路径依赖和制度滞后所带来的经济风险与治理风险,是推进国家治理现代化的重要任务。

在现代化背景下,衡量一个国家的治理水平不在于它能在多大程度上适应现代化的潮流,而在于它能在多大程度上保持本土特色,从自身历史、文化传统和实践发展逻辑生成新的治国理政理论和模式。而中国的国家治理新理论就是习近平治国理政新理念新思想新战略,治国理政新模式就是推进国家治理现代化。党的十八届三中全会把完善和发展中国特色社会主义制度与推进国家治理体系和治理能力现代化相结合,给出了"建设什么样的国家,怎样治理国家"问题的基本答案。①

第二节　中国语境下治国理政的内涵及特征

"治理本身不是目的,而是过程。西方治理模式不是唯一的标准或模板。随着西方国家治理危机的加深,其制度的合法性和权威性也日渐下降"。② 在推进国家治理现代化进程中,中国坚持走自己的道路,始终保持自身治理的话语权,形成了一套有别于西方的治国理政话语体系,具有鲜明的特征,同时也为其他国家的治理贡献出中国智慧。

一、治国理政的"中国模式"内涵

"一个国家选择什么样的治理体系,是由这个国家的历史传承、文化传统、经济社会发展水平决定的,是由这个国家的人民决定的"。③ 独特的历史、文化传统和基本国情决定了中国必须走适合自身发展的道路,在现代化进程中形成治国理政的"中国模式",开启推进国家治理现代化的命题,丰富

① 齐卫平.从执政能力到治国理政能力,一种话语新突破看党的思想理论创新[EB/OL].(2017－07－04)[2019－09－11].https://www.jfdaily.com/news/detail? id＝57751.
② 张国清,何怡.西方社会的治理危机[J].国家治理,2017(4):10.
③ 中共中央宣传部.习近平总书记系列重要讲话读本[M].北京:学习出版社、人民出版社,2016:75.

和发展马克思主义国家学说,使马克思主义国家学说焕发出真理的时代光芒。① 在治国理政新的实践中,习近平总书记围绕改革发展稳定、内政外交国防、治党治国治军发表了一系列重要讲话,形成一系列治国理政新理念新思想新战略。② 其中,新理念包括:"以人为本"的执政理念和创新、协调、绿色、开放、共享"五大发展理念"等;新思想主要是:中国特色社会主义的新思想、促进社会公平正义的新思想、经济发展新常态的新思想、人类命运共同体的新思想等;新战略主要涵盖了"五位一体"总体布局、"四个全面"战略布局、"一带一路"倡议、创新驱动发展战略、京津冀协同发展和长江经济带发展战略以及网络强国战略等。这些治国理政新理念新思想新战略为中国国家治理转型提供了理论依据,成为推进国家治理现代化的基本理论遵循,也为提升国家治理能力做出了顶层设计。

在治国理政新理念新思想新战略的指导下,治国理政的"中国模式"正向推进国家治理现代化转型,其实践内容主要包括:国家治理体系现代化和治理能力的现代化。国家治理体系是在党领导下的管理国家的制度体系,是一整套紧密相连、相互协调的国家制度;国家治理能力则是运用国家制度管理社会各方面事务的能力。国家治理体系和治理能力是一个有机整体,二者相辅相成。此外,在治理主体上,中国共产党带领人民进行治国理政,始终坚持人民的主体地位,把以人为本作为国家治理的价值导向,坚持发展为了人民、发展成果由人民共享。在治理布局上,中国共产党坚持全面深化改革的同时突出全面依法治国的作用,从而推进国家立法、行政和司法机关的整体性变革,用法律制度来保障治国理政的发展。在治理层次上,坚持国家治理、政府治理和社会治理协同创新,坚持完善党委领导、政府主导、社会协同、公众参与、法治保障的体制机制,推进社会治理精细化,同时不断创新社会治理方式,坚持系统治理、依法治理、综合治理、源头治理。所以,国家治理不仅包含社会治理,而且还规定和引领社会治理,而社会治理则在社会领域实现国家治理的要求和价值取向,体现国家治理的状况和水平。③

因此,治国理政的"中国模式"是指在国家政权运行体系中,国家的治理遵循习近平治国理政新理念新思想新战略的指导,在中国共产党的领导下,

① 王广.马克思主义国家学说没有过时[N].中国社会科学报,2014-09-29(A08).
② 中共中央宣传部.习近平总书记系列重要讲话读本[M].北京:学习出版社、人民出版社,2016:1.
③ 王浦劬.国家治理、政府治理和社会治理的基本含义及其相互关系辨析[J].社会学评论,2014(3):12-19.

坚持以人民为主体的核心价值，依据宪法和法律，通过国家立法、行政和司法体系的协同运作来实现整体性、综合性的社会治理创新，进而推进国家治理体系和治理能力的现代化。

二、"中国模式"下治国理政的特征

（一）坚持党的领导

在中国特色社会治理实践中，政党与社会不是处于二元对立的状态，中国语境中的社会治理是政党介入与社会发育协同共振的过程。① 可以说，在当代中国，中国共产党处于一个独特的地位，党是我们各项事业的坚强领导核心。党政军民学、东西南北中，党是领导一切的，是最高的政治领导力量，各个领域、各个方面都必须坚定自觉坚持党的领导。② 与此相反，在西方国家，政党源于社会，社会造就国家，政党对国家的影响力要小得多，除了政党，还有各种各样的利益集团参与公共事务管理，甚至政党的政策都会受到利益集团的影响，所以，西方国家在治理现代化过程中很难形成一个强有力的核心，由利益集团发展而衍生出来的多元社会也日益显现出弊端，导致政府在面对一系列危机时处于无力的状态。因此，坚持党的领导是中国治国理政的显著特征，在推进治理体系和治理能力现代化进程中应充分发挥党的核心作用。

首先，要坚持党总揽全局、协调各方的领导核心地位，推进任何改革发展事业都必须以加强党的领导为前提，在推进国家治理现代化进程中也不例外。其次，要不断提高党的执政能力和执政水平，以此来整合和聚集民意，忠实地维护广大人民群众的利益，不断巩固党领导人民治国理政的合法性。最后，党也要在现代化过程中坚持加强自身建设，保持执政党的先进性、纯洁性，不断增强自身的凝聚力、战斗力、号召力。治国理政总方略中的全面从严治党就是很好的例证。

党的十九大报告指出，"中国共产党人的初心和使命，就是为中国人民谋幸福，为中华民族谋复兴。这个初心和使命是激励中国共产党人不断前进的根本动力"。③ 但是，"要深刻认识党面临的执政考验、改革开放考验、

---

① 谢忠文.当代中国社会治理的政党在场与嵌入路径——一项政党与社会关系调适的研究[J].西南大学学报（社会科学版），2015，41（4）：41.

② 中共中央宣传部.习近平总书记系列重要讲话读本[M].北京：学习出版社、人民出版社，2016：102.

③ 习近平.决胜全面建成小康社会 夺取新时代中国特色社会主义伟大胜利[M].北京：人民出版社，2017：1.

市场经济考验、外部环境考验的长期性和复杂性,深刻认识党面临的精神懈怠危险、能力不足危险、脱离群众危险、消极腐败危险的尖锐性和严峻性,坚持问题导向,保持战略定力,推动全面从严治党向纵深发展。"①报告特别指出:"坚持和加强党的全面领导,坚持党要管党、全面从严治党,以加强党的长期执政能力建设、先进性和纯洁性建设为主线,以党的政治建设为统领,以坚定理想信念宗旨为根基,以调动全党积极性、主动性、创造性为着力点,全面推进党的政治建设、思想建设、组织建设、作风建设、纪律建设,把制度建设贯穿其中,深入推进反腐败斗争,不断提高党的建设质量,把党建设成为始终走在时代前列、人民衷心拥护、勇于自我革命、经得起各种风浪考验、朝气蓬勃的马克思主义执政党。"②

（二）重视基础设施建设

中国历来重视基础设施建设,主张通过基础设施建设来推动国家发展,改革开放以来的经验与成就也证明了基础设施对中国现代化建设的重要意义。中国近年来提出的"一带一路"倡议和亚洲基础设施银行的建设就是希望把这种强调基础设施的经验向世界传播。③

基础设施是指为社会生产和居民生活提供公共服务的物质工程设施,是用于保证国家或地区社会经济活动正常进行的公共服务系统。它对国家经济的发展和社会文明的进步具有重要意义。"罗斯福新政"中一个很重要的政策就是实施政府主导的大规模基础设施建设,对提高就业率、增加民众收入具有重要推动作用,也为美国后来的经济大发展奠定了坚实的基础。当前,中国治国理政一个显著的特征就是重视基础设施供给,为国家治理现代化提供物质支撑和服务保障。从国际来看,中国推动共建"一带一路"倡议、成立亚洲基础设施投资银行等,为其他国家的基础设施建设和经济贸易发展积极贡献自己的智慧和力量。普华永道会计师事务所在2017年年初的总结性报告中称:2016年,在"一带一路"倡议下,66国的7项核心基础设施领域项目与交易额达4940亿美元……2016年全球经济呈现活跃景象,基础设施项目总量和平均金额均有提升。① 从国内来看，中国以创新、协调、绿色、开放、共享"五大发展理念"引领经济发展，大力推进生态文明建设，坚决打赢脱贫攻坚战，全面建成小康社会，促进物质文明和精神文明的协调发展，为推进国家治理提供基础设施保障。例如，推动城镇化建设，推动城市基层设施向农村延伸；健全就业、教育、社保、医疗以及住房等公共服务保障体系，提升人民的生活水平和质量；基础设施建设推行 PPP 模式，②充分发挥市场在资源配置中的决定性作用；等等。这样既有利于避免像西方国家那样遭遇经济增长动力不足的困境，又有利于跨越经济发展中的"中等收入陷阱"。

（三）整体布局

西方国家在社会治理过程中普遍存在短视的现象，缺乏整体规划和综合施策，常常会陷入"头痛医头，脚痛医脚"的困境。美国一位政治记者在《为什么美国人恨政治》一书中指出，美国政治患上了严重的意识形态病，民主党、共和党都成了中产阶级上层利益的传声筒……议会和政府无法从国家长远利益和社会总体利益的角度制定和实施政策，只是为市场提供了机会。③ 相反，中国强有力的领导核心和强大的组织能力是国家治理最突出的优势，中国治国理政注重顶层设计和整体规划，从国家长远利益和社会总体利益出发，形成了一套科学合理的治理体系。

首先，国家治理的机制、理念、目标层层递进，相互联系，形成了一个逻辑严密的治理结构，进一步增强了我们关于中国国家治理的道路自信、理论自信、制度自信和文化自信。其中，特别需要关注的是"四个全面"战略布局与国家治理的关系。推进国家治理体系和治理能力的现代化是全面深化改革的总目标。全面依法治国是"国家治理领域的一场深刻革命"，是治国理政重要的目标导向。全面建成小康社会新的目标要求之一就是"各方面制度更加成熟更加定型。国家治理体系和治理能力现代化取得重大进展，各

---

① 华南理工大学公共政策研究院.海上丝绸之路国家的铁路与公路建设需求研究 [EB/OL].(2017 - 05 - 22)［2019 - 06 - 22］.https：//www.sohu.com/a/142477601_550967.

② PPP 模式(Public Private Partnership)，又称为"公私合营模式"，起源于英国的"公共私营合作"的融资机制，是指政府与私人组织之间，为了合作建设城市基础设施项目，或是为了提供某种公共物品和服务，以特许权协议为基础，彼此之间形成一种伙伴式的合作关系，并通过签署合同来明确双方的权利和义务，以确保合作的顺利完成，最终使合作各方达到比预期单独行动更为有利的结果。PPP 模式将部分政府责任以特许经营权方式转移给社会主体(企业)，政府与社会主体建立起"利益共享、风险共担、全程合作"的共同体关系，政府的财政负担减轻，社会主体的投资风险减小。

③ 董惠敏,潘竞男.调查报告：公众对西方社会治理的认知与评价[J].国家治理,2017(12)：15.

领域基础性制度体系基本形成"。① 全面从严治党是当前治国理政的关键举措,推进国家治理体系和治理能力的现代化离不开执政党自身的建设发展。

其次,中国的治国理政不仅涵盖中国梦、"四个全面"战略布局、"五大发展理念"等主体内容,还涉及经济社会生活、内政外交国防等各个方面,例如,供给侧结构性改革、经济新常态、富国强军、总体国家安全观、中国特色大国外交、"一带一路"倡议、人类命运共同体等一系列新理念新思想新战略,构成一个整体性的治国理政格局。

再次,中国的治国理政具有强烈的问题意识、鲜明的问题导向,体现了党带领人民进行治国理政求真务实的科学态度和责任担当。推进国家治理现代化是以习近平同志为核心的党中央在新的历史时期,深刻把握国内外形势和国家面临的任务,对中国成为世界大国和强国的历史进程中,实现什么样的民族复兴、怎样实现民族复兴、确立什么样的治国理政、怎样治国理政等重大理论问题做出的科学回答,是在新的历史条件下,我们党推进马克思主义中国化的又一次理论飞跃。②

（四）全民参与

西方的国家治理是围绕自由主义和共和主义两条主线实行的单向度的治理,国家与公民社会存在结构性张力:一边是国家积极扩张其权力,加紧对公共领域的控制;另一边是公民个人追求"消极自由"下的权利,"独自打保龄球"。中国的治国理政与西方治国理政有着本质的区别。在社会主义中国,国家治理几乎等同于社会治理,社会治理即是社会主义国家的治理。我国《宪法》规定:"中华人民共和国一切权力属于人民。"中国治国理政的主体是人民,以人民的根本利益为出发点和落脚点。作为执政党的中国共产党,遵循着依法治国的基本方略,代表全体人民进行治理活动。中国共产党执政的合法性源于马克思主义意识形态、人民和历史的选择以及党在革命建设和改革实践中的成绩。换言之,中国的治理是政治统治和公共管理的有机结合,也就是治国与理政的统一,国家治理、政府治理和社会治理的统一。

党的十八届五中全会对加强和创新社会治理提出了全民共建共享等新思想新理念,又为中国治理的架构注入了新的活力。首先,"全民"是指

包括政府、市场和社会各主体在内的结构性力量，中国社会与政治由于特殊的历史文化传统，就是人本社会和一元政治的结合，社会中的每一方在治理活动中都发挥着不可或缺的作用。其次，"共建"是既要发挥政府和社会的公共性功能，也要引导市场维护公共利益。实现政府与市场合作共建，共同维护公共利益。再次，是消除平均主义的狭隘观念，把对共享的理解建立在对公共利益、公共价值和公共精神共享的理解之上。党的十九大报告进一步提出打造共建共治共享的社会治理格局的新目标，指出："加强社会治理制度建设，完善党委领导、政府负责、社会协同、公众参与、法治保障的社会治理体制，提高社会治理社会化、法治化、智能化、专业化水平。"①中国的治国理政主要是指在党的领导下，以广大人民为主体，遵循依法治国方略，为实现人民的根本利益和治理现代化而形成的全民共建共享的治理活动。

第三节　治国理政"中国模式"
的实现方案

"离开可操作化的程序，没有真正的自由。离开可操作化的程序，没有真正的民主。离开可操作化的程序，没有真正的效率"。② 作为民主的重要内容，中国的治国理政不仅具有丰富的思想内涵和鲜明的特征，而且还有很强的实践性和可操作性。这些可操作性程序为党带领人民进行治国理政提供了可选择的实现方案，有利于推进国家治理现代化。

一、把推进国家治理当作系统性工程

推进国家治理是一个系统性工程，涉及政治、经济、社会、文化、生态、法治、外交等各个领域，需要循序渐进、宏观把握、综合施策。

一是要在观念上解放人们的思想，促进人的现代化。"无数事实证明，没有人的现代化或者人的精神的现代化，物质生产的现代化和制度现代化是不能实现的，即使取得某些成就，也是不能持久和最终成功的"。③ 在推进国家治理现代化过程中，要积极宣传现代化的思想和理念，培育和践行社

---

① 习近平.决胜全面建成小康社会 夺取新时代中国特色社会主义伟大胜利[M].北京：人民出版社,2017：49.

② 陈明明.民主制度化在于完善可操作化程序[N].社会科学报,2017－03－28(3).

③ 阿历克斯·英格尔斯.人的现代化[M].殷陆君,编译.成都：四川人民出版社,1985：10.

会主义核心价值观,把治理现代化与人的现代化(包括人的素质、能力和价值观)结合起来共同推进。

二是要加强顶层设计,坚决破除那些阻碍社会进步的体制机制,从顶层的高度出发对国家治理进行整体谋划、系统设计。国家治理体系的现代化,重在健全国家制度,贵在整体设计;国家治理能力的现代化,重在加强执政党的领导能力和执政能力建设、加强国家立法和决策能力建设、加强政府依法行政和优质服务能力建设、加强公正司法能力建设、加强有效监督能力建设和社会自治能力建设。①

三是鼓励地方进行社会治理创新,注重总结地方的创新经验,并及时将其推广应用,甚至可以上升为国家制度。

四是坚持从中国的实际出发,顺应时代发展的客观要求,学习借鉴西方国家政府治理和社会治理的成功经验,例如,对法治、社会组织作用的强调等,以弥补中国在治国理政领域的不足。

五是坚持以人为本的治理理念,破除官本位观念。一方面,我们要对广大公民特别是各级党政官员进行民主、平等、公正、法治、和谐等政治价值观念的教育,培育公民意识,破除权力崇拜,牢固树立公民权利至上的观念;另一方面,要依靠制度来遏制官本位现象和维护公民权利,在将官员的权力关进制度笼子的同时,用制度来保障公民权利。

二、以协商民主推进治理民主化

坚持人民当家作主是社会主义的本质和核心。中国共产党领导人民进行治国理政,就是要实现人民民主,保证和支持人民当家作主。保障人民当家作主,要求党在治国理政过程中与人民进行广泛协商,充分发扬协商民主,进而促进民主化与治理现代化的协同发展。协商民主属于政治体制改革的范畴,它能培育国家治理现代化所需的政治文化土壤,能生成国家治理现代化所需的社会秩序稳定,能提高国家治理现代化所需的政治合法性。②

协商民主是在以人民为本位的人民民主的基础上逐渐发展成熟的,拥有深厚的历史、社会和文化渊源,它没有照搬西方的民主模式,从一开始就坚持从中国国情出发来发展人民民主。当前,协商民主已成为推进中国国家治理体系和治理能力现代化的重要支撑与平台。协商民主主要由以下要素构成。

---

① 田芝健.国家治理体系和治理能力现代化的价值及其实现[J].毛泽东邓小平理论研究,2014(1):20-24.

② 王永香,陆卫明.习近平协商民主思想探析[J].社会主义研究,2016(3):25-26.

一是以人为本与人民主体地位相统一。以人为本是马克思主义民主观的根本所在，人民的主体地位是社会主义的本质要求。

二是民主化与现代化发展相统一。现代化的发展是人民民主发展的基础，人民民主的发展为现代化发展提供政治保障。

三是民主化与法治化发展相统一。民主化的本质在于使民主制度化，使表达人们意志的宪法和法律真正成为国家组织、运行和治理的基本准绳。因此，法治化本身就是民主化的最切实要求和最深刻的体现。

四是人民民主与党的领导相统一。在社会主义中国，党领导人民掌握国家政权，进行治国理政。所以，人民民主与党的领导相统一，党如果无力凝聚人民、领导人民，人民民主就无法得到有效的运行和发展。①

三、通过政府主导走向治理现代化

有学者指出，在推进治理现代化进程中，治理也可能像市场失灵、社会失灵一样出现失败的情况。因此，为了最大限度地降低治理失败造成的无效率等消极影响，为政府、市场、社会的发展提供制度保障、组织保障和动力保障，应通过政府主导来推进社会治理现代化。

首先，要加强国家治理的顶层设计、组织结构设计和程序性设计。顶层设计的核心是国家治理制度模式选择的问题，侧重于治理目标模式的选择、治理机制的调整和治理方法的考量等重要内容。组织结构设计主要通过对国家治理体系的重构，实现对国家治理能力的变革。程序性设计则是通过民主化与法治化的互动发展，推动治理过程的程序正当性。

其次，要注重公平与效率之间的平衡。现代国家治理有两种逻辑：一种是注重效率的逻辑，运用市场思维把收益与效率作为首要考量标准；另一种是注重公平参与的逻辑，主要强调个体在公共管理中的主体地位和参与权利。注重效率逻辑可能会引发"市场失灵"，而偏重参与逻辑可能会导致"参与内爆"，推进国家治理现代化则是不断地平衡两种治理逻辑的权重和关系，从而达到调和互补的状态。

再次，要注重集权与分权之间的平衡。习近平治国理政思想强调国家与社会是相辅相成、密不可分的关系，国家不能压倒社会，国家管辖范围宽泛反而使国家渗透社会的能力减弱；②社会也不能排斥国家的权威，否则，

① 林尚立，赵宇峰.中国协商民主的逻辑[M].上海：上海人民出版社,2016：200-202.
② 李强.国家权力过大会将国家能力削弱[EB/OL].(2016-08-31)[2019-09-21].
http://www.rmlt.com.cn/2016/0831/438664.shtml.

会陷入西方国家"小政府、大社会"的治理困境。在推进国家治理现代化的过程中,中国既要注重社会的成长权利,充分利用各种社会力量的自我调节、自我管理功能,也要充分发挥国家在现代化过程中的主导作用,对全民参与的社会治理进行引导和监督。

第二章 全球治理的变革与回归

在全球危机治理的层面上,国家间的联系逐步密切,各国一起解决面临的种种问题,通过国家权威的让渡或跨政府组织的协定而形成新的政治权威。如果将全球治理理解为一种政治权威,那么,治理必须保持一定的公共性。全球治理的"公共性在国家政府、全球市场和全球社会的良性互动中实现,而不是在束缚与限制中消亡。在谋求公共利益的过程中,国家政府、全球市场和全球社会基于公共性这个共同的联系纽带,在合作与协调的基础上,扮演着各自的角色,履行着各自的职能,发挥着各自的优势,形成协同与合力,促成公共利益的实现"。①

第一节 公共性在全球危机
治理中的回归

"全球性危机是指几个国家以上为主要行为者的危机"。② 而全球公共危机则是指"由于气候异常、生态环境、能源问题和恐怖主义等问题所引发的全球性或区域性公共危机",故"全球公共危机"并非一个国家或组织单独面临的危机,而是一种威胁某些特定地区乃至全球、全人类的安全、共同利益、经济发展和社会秩序,需要多个国家或组织,甚至全球共同应对的危机。随着气候变化、2008 年金融危机、伊核朝核问题以及传染病疫情暴发等全球性危机的发生,以个体为中心的新自由主义陷入困境,相反,公共性在全球危机治理中的作用则与日俱增。其主要体现于以下几方面。

---

① 高进,李兆友.治理视阈中的公共性[J].东北大学学报,2011,13(5):423.
② 王晓成.论公共危机全球化趋势[J].社会科学 2004(6):54.

一、将有效的治理视为一种公共产品

公共产品是指具有消费或使用上的非竞争性和受益上的非排他性的产品。最早以一种特殊的公共产品定义"有效的治理"这一概念的当属世界银行。善治是经济发展的关键,公共性应回到世界银行的发展议程中。毋庸置疑,世界银行较 20 世纪 80 年代更加重视国家的积极作用。在上述年代,国家与市场关系被视作一场零和游戏,但目前世界银行和其他国际金融组织的政策不仅是简单地重视国家,它们希望定义一种新的"公共性",使大量不同的行为体能够广泛参与公共进程,提供一定的公共产品。值得注意的是,强调公共性的发展政策并不仅仅意味着重新重视国家的作用,而是希望通过这一方法可以更广泛地动员各方力量扮演承担公共责任的角色,将市民社会参与对公共部门的管理等纳入其中,以保证国际组织得到国际社会的持续认可。

在全球治理的语境下,公共性的价值目标是在国家的各政府机构、全球市场与全球社会的治理中得以实现的。由于治理公共性的表现形式是提供公共产品和公共服务,故全球公共产品应被认为是超越国家界限(没有必要超越群体及世代界限),并表现出一种很大程度的公共性(消费的非排外性和非竞争性)的产品,即其收益扩展到所有国家、人民的产品,因此,全球公共产品是国内公共产品概念在全球范围内的延伸和拓展,例如,公共卫生安全就是一种全球公共产品。"公共卫生安全本应是主权国家向本国国民提供的公共产品,然而由于一些国家的贫困以及治理不善等问题导致了传染病的肆虐等公共卫生劣品,故此时应通过国际红十字会与红新月会、国际行动、国际志愿机构委员会等国际非政府组织参与提供公共产品来解决全球公共卫生问题"。[①]

二、塑造以需求为主导的治理方式

以往全球危机治理机构主要寻求改善治理实践中的供给部分,即要求供给方提供更好的治理,通过一种间接的方式创造新的公共角色和公共进程,而目前这一重心有所转移,从供应方逐渐转向需求方。公共选择理论变得更为流行,公共服务被推向市场,整个治理过程被简化。在该治理模式中,公共产品通过公共选择的方式被供给,这也同时推动了公共领域中透明度与公众参与度的增加。亚洲基础设施投资银行(亚投行)的设立即为中国

---

① 晋继勇.公共卫生安全:一种全球公共产品的框架分析[J].医学与社会,2008(9):8.

基于新兴市场和发展中国家基础设施建设资金不足以及巨大的融资需求而提供的一个全球公共产品。相对于世界银行、亚洲开发银行而言，亚投行是一家亚洲国家政府间性质的区域多边开发机构，它更加侧重于商业化运作，而非采取官方的政府间机构的运作模式。

随着全球化进程的深入，环境保护、应对气候变化、保障个人安全、维护人权、消除贫困、打击跨国犯罪都是各国需要共同面对和解决的新问题。新的治理形式因解决公共问题的传统手段失效而衍生，故前者不再以供给方为中心，而更为注重需求。根据需求的不同，全球危机治理机构所能提供的服务可分为环境（控制温室气体排放、保持生物多样性）、健康（控制传染性疾病传播、医学研究）、知识（知识的获取和使用、互联网服务）、安全（世界和平、打击全球恐怖主义和跨国犯罪）和治理（全球金融稳定、全球贸易体制）。正是由于全球公共危机暴露出诸多问题和矛盾，一国政府往往只能择其要而处之，无法提供上述全面而周到的服务，导致一部分人的需求无法得到满足，故需要在公共产品的集体供给中通过转向公共需求来强调责任、透明度和监控，建立一种更为灵活的政府机构。

三、将更多的责任方纳入治理过程

全球危机治理的发展越来越重视各种非国家和次国家行为体的作用，使众多不同的公共角色扮演者参与广泛的公共进程之中以提供公共产品，其中不乏国家、政府间国际组织、国际非政府组织、区域组织（欧盟、东盟、非盟、阿盟）、跨国公司等在内的所有社会组织和行为体联合提供的产品。全球危机治理就其本质而言，注定是多元主体的协同共治。这些行为体多重视参与度、透明度、平等和有效性，因此，这一改革举措不仅在政策制定阶段引起公众的注意，而且能够形成一种监管和评估治理效果的机制，从而更大程度地避免政府层面错误预判的干扰。许多国际非政府组织等行为体通过制度化的定期信息发布机制，将一些隐匿于公众视野之外的足以威胁公共安全的信息公之于众，或使以往局限于较小范围的信息得到广泛传播，使一国政府在安全威胁即将到来之前做好充分准备。例如，绿色和平运动组织会定期发布世界各国、各地区的大气污染数据和臭氧层破坏状况等环境指标，组织环境专家分析、研究并及时公布正在发生的环境恶化的直接和间接后果，以及危及该国或地区健康的种种不良影响等，为该国政府有针对性地制定、保障公共安全的环境政策提供准确、充分的依据。目前，这些非政府组织正在努力建立一个新型的全球环境监控系统。

"在全球危机治理中，国际非政府组织等行为体的参与更为可贵，其大规模、群众性、广泛深入的参与体现了全球危机治理必不可少的社会基础。从历史上看,战争、灾难、贫困、饥饿等公共危机是非政府组织产生发展的机缘,红十字会、救助儿童会、国际乐施会、凯尔国际、世界宣明会无不产生于危难之中"。① 国际非政府组织等行为体在一定程度上是危机治理的产物,是鉴于国家、市场失灵危机的治理,是全球危机治理的关键力量,这是由其自身的特征和功能所决定的。它们虽然属于与国家、政府相对的私人领域,但追求的是公共目标。例如众多非政府组织在全球各地建立基地,其足迹遍布全世界,同时,它们还初步构建了国际化网络及新型的国际协调解决机制,形成了特定的法律和制度框架。正是非政府组织的灵活性和广泛性使之成为全球公共危机治理重要的和不可缺少的力量。

通过以上方式,公共性在全球危机治理中实现了回归,这种回归不仅使各公共部门巩固了自身的权威,而且还实现了一定程度上的转型,从而拥有了更大的代表性与影响力,值得注意的是,回归的公共性与传统公共性存在着些许差别:在政治权威方面,非政府组织等行为体越来越多地参与危机治理,带有公共特点的私有权威正在公共治理中崛起;在公共领域方面,公共性不复为社会生活的核心,全球社会和全球公共领域之间的界限变得复杂;在公共产品方面,公共性超越了普通公共产品所带有的工具性和经济意味,更多地体现为公共实践。这种全球危机治理中新的公共性再次淡化了公共性的原有边界。

第二节　基于公共实践的全球
公共危机治理

根据前文可以看出,公共性的边界已无法适应公共性在全球危机治理中的不断增强,且公共性本身也在治理过程中发生转变。因此,需要超越传统思维,以一种新的公共逻辑理解它的回归。在此,我们需要将公共性定义为一系列的实践,而不是为它划出特定的边界。

一是重新定义全球公共危机治理中的公共性。私有角色与公共角色在全球公共危机治理中的作用已经难分难解,因此不必纠结于其界限,可直接将两者的公共实践看作公共性的代表,这一公共实践即为特定社会、特定场合中的关于理解和处理普遍关心的全球性问题的一系列行为路径的集合,

---

① 李丹.全球危机治理中国际非政府组织的地位与作用[J].教学与研究,2010(3):71.

例如,非政府组织等行为体对一些重要议题在相关领域的提出和将其引入实践,直接发挥了主导性作用(见表 2－1)。①

表 2－1　非政府组织对全球公共危机治理

议题领域	议 题 内 容	议题提出者	治 理 实 践
安全议题	禁止杀伤性地雷	非政府组织	《渥太华公约》
	全面禁止核武器	科学家个人与非政府组织	《全面禁止核试验条约》《不扩散核武器条约》
环境议题	防止温室效应、保护濒危物种	非政府组织	《气候变化框架公约》《生物多样性公约》
人权议题	禁止酷刑	非政府组织	《禁止酷刑公约》
社会性别议题	反对针对妇女的暴力	非政府组织	《维也纳宣言和行动纲领》《国际刑事法庭罗马规约》

　　二是重新定义全球公共危机治理中的公共角色。在私有性和公共性关系复杂化的情形下,公共角色的扮演者不应再局限于某个范围,而需要发动更多有效率、负责任的国家和非政府行为体加入这一行列,因此,公共角色的重新定位不再取决于其所处位置,而在于其进行的实践是否参与公共服务。就治理的主体、形式或机制看,政府只是其中之一,此外,还有非政府组织、跨国公司或个人等。有人认为,有些非政府组织甚至比联合国机构更有效率、更为出色地完成了某些任务,例如提供人道救援、救灾等。国际救助联盟(International Salvage Union)就是一个海上救助的非政府组织,其承担了全球 90%以上的船舶救助和打捞作业,该组织在 2003 年对 27 艘油轮实施了救助;在联合国难民署救助活动中,500 多个非政府组织积极参与合作,在安哥拉、卢旺达和索马里等地区冲突中进行人道主义救援;1999 年,在车臣地区冲突中,国际红十字会等非政府组织与联合国难民署合作,成功完成了 20 万名逃亡居民的安置工作。②

　　三是重新定义全球公共危机治理中的公共过程。在以需求为导向、新公共性回归的治理中,透明度、信息传播、磋商与参与、监控与评估成为公共过程的支撑条件,将公共选择、公共实践与多样化的公共角色彼此结合,以利于公共角色能够真正发出自己的声音。世界银行关于公共过程的建议是围绕监控的角色形成的,其目的不仅是使政策在其制定阶段引起公众关注,

——————
　　①　刘贞晔.国际政治领域中的非政府组织[M].天津：天津人民出版社,2005：293.
　　②　李茂平.论国际非政府组织的全球治理功能[J].怀化学院学报,2007,26(3)：34.

而且也力图建立一种机制,对其进行监控、评估、通报,这便需要收集关于政策效果的信息和做出评估,从而防止预估的错误引导,并把这些信息向公众通报。通过这些途径,公共性得以在服务管理过程中发挥更大的作用。在应对气候变化议题的讨论中,国际非政府组织等行为体向目标群体提供特定产品和服务,发起倡议、游说、抗议和斗争,通过参与、监督和协调,影响议定书签署国和非签署国国内气候政策的变化。而在危机决策中,国际非政府组织的作用也更容易被接受和重视。"从禁雷活动的发起、禁雷议题的提出、禁雷公约的起草到最后禁雷公约的通过,国际非政府组织参与了决策的全过程,积极推动了全球杀伤性地雷问题的政治解决。"[1]

当关于公共性边界的争论出现时,实践也会发生转变。例如,就如何回应全球金融危机而引发对公共权威范围的争论,可能会相应地产生新的具有更强的公共审查与公共控制的金融实践。这种公共决策的实践不仅仅是把责任从私有领域转移到公共领域,也并非公共性的扩大,而是演变为解决特定问题的一系列实践。因此,对公共性的重新审视令全球公共危机治理中的一些问题迎刃而解。

首先,私有角色在公共项目中的合法性问题得以通过下述方式解决:将公共产品作为公共项目存在的理由,且通过一系列协定把更多的角色纳入项目。根据其公共性程度的差异,全球公共产品可分为:纯全球公共产品和准全球公共产品。前者系在全球范围内同时符合非排外性和非竞争性标准的公共产品,例如,国际和平等;后者是仅合乎上述两项标准之一的全球公共产品,例如,臭氧层和国际互联网等。

在政府层面,政府间组织在公共危机领域创设和提供国际合作的公共项目,成为国际制度等国际公共产品的重要供给者。"在非政府层面,国际非政府组织、跨国社团、跨国运动等非国家行为体,在应对金融、环境、反恐、粮食、人口、卫生、难民等诸多公共危机方面同样发挥着重要建设性作用,并呈现出日益凸显的趋势。非政府组织的建设性作用很早就得到了联合国经济与社会理事会的认可,联合国儿童基金、贸易和发展会议以及原子能机构等共约 20 个专门机构也同样给予非政府组织以咨询地位"。[2] 世界卫生大会于 2003 年 5 月 21 日批准的《世界卫生组织烟草控制框架公约》(World Health Organization Framework Convention on Tobacco Control)在序言中更是强调,"不隶属于烟草业的非政府组织和民间社会其他成员,包括卫生专业

---

① 李丹.全球危机治理中国际非政府组织的地位与作用[J].教学与研究,2010(3):73.
② 刘中民.非传统安全问题的全球治理与国际体系转型[J].国际观察,2014(4):62.

机构,妇女、青年、环境和消费者团体,以及学术机构和卫生保健机构,对国家和国际烟草控制努力有特殊贡献,对参与国家和国际烟草控制努力具有极端重要性"。①

其次,通过公共性使追求公共目标的权威为公共群体所认可,弥补全球危机治理中中央权威的缺失。以往对全球治理的关注主要集中于形形色色的机制、管理方法或跨国行为,跨越国界的权威在这种建构中是缺失的。这是因为全球治理只是政府集合体的行为,并不能在其中拥有跨国政治权威。我们知道,政治权威是跨国行为体发挥影响的重要资源,因此,全球危机治理需要创建超越国家的政治权威。伊夫·梅尼(Eve Maney)在接受法国《世界报》采访时说:"新的跨国组织是今天唯一的平衡力量,因为越来越多的问题既不能在国家层面上处理,也不能由国与国之间的协商来解决。国家不再有能力代表跨越全球的全部能量、全部势力和全部利益"。② 诸如跨国的社会和环境治理等体系关注的是规则和产业链,而不再是国家,它们从最初就对公共性产生了十分强烈的需求。由此不难看出,在全球治理中建立公共权威具有对公共性和政治合法性的需求,而不论该权威是来自国家还是非国家。作为非国家行为体的非政府组织也常常被人们认为能够从总体上代表社会领域的利益,其世界主义价值观迫使政府和政府间组织更加关注社会事务,鼓励和敦促国家和其他行为体重视社会福利,它们也通过自身行动输入合法性。印度洋海啸救灾动用和开展了有史以来规模最大的救援资金和重建行动,其中约 1/3 的援助资金由国际非政府组织及其分支机构予以落实,它们处于开展相关行动的前沿,承担着救援海啸灾民的直接责任。

再次,新的公共性在一定程度上回答了全球公共危机治理民主化的问题。新治理方式越来越关注非国家、次国家行为体,一种国际和"全球"共同体由此脱颖而出,它们都接受全球准则,这些复杂的行为体均重视实践、参与度、透明度、平等和有效性。在以往的治理中,少数拥有否决权的大国组成了国际货币基金组织、世界银行,它们把本该对全世界所有国家的人民负责的这些全球机构变成了几个发达大国的狩猎围场,并且往往首先满足它们的需要,③这种缺乏责任性和民主化的决策过程最终必然会导致全球公共危机治理民主化问题的产生。而新治理方式倡导一种"水平式的责任",

---

① 参见《世界卫生组织烟草控制框架公约》。
② 刘贞晔.国际多边组织与非政府组织:合法性的缺陷与补充[J].教学与研究,2007(8):59.
③ 让-马克·柯伊考.国际组织与国际合法性:制约、问题与可能性[J].刘北成,译.国际社会科学杂志(中文版),2002(4):24.

认为全球机构责任制的实现在于诸利益相关方做到信息公开,确保政治行为是可预测的、审慎的,在程序和过程上做到透明和可参与,以保证程序上的公正。①"在国际多边组织的决策过程中,非政府组织通过提供丰富的信息和建议,可促使国际多边组织决策更贴近利益相关者的需要;在国际多边组织会议上,给予非政府组织观察员地位,能够使政策和规则的制定更加透明和更负责任。"②为监督1973年《濒危野生动植物物种国际贸易公约》的实施,一批非政府组织经常通过调查研究、收集资料等方式分析、掌握世界野生动植物贸易状况,并向公约执行机构做出报告。上至全球决策场所外的抗议,下至在受决策影响的当地,非政府组织等行为体和地方民众联合起来,展开对全球治理和决策机制的合法性和民主赤字的纠正,从而担负起对国际社会的责任,并在危机治理中充分发挥自己的作用。

第三节　中国参与全球公共危机治理的路径选择

习近平总书记多次在国际场合中提出:我们要树立人类命运共同体意识,建立新型国际关系。人类已经进入"地球村"时代,共同利益远大于彼此的分歧,地球人在面对生态危机、核武器威胁、极端主义等各种公共危机时,应当真正成为风雨同舟、荣辱与共的共同体。人类命运共同体的形成和维系离不开全球公共危机的治理。在此,国家对全球公共危机事务的参与,增加了全球体系的包容性,而后者的增加则增强了全球公共危机治理的有效性,进而助推人类命运共同体的形成。③

国际关系"英国学派"的著名代表亚当·沃森(Adam Watson)认为,当前的非西方国家事实上正生活在西方国家所制定的一系列国际规范之中。然而,随着越来越多非西方新兴国家的出现与崛起,"西方俱乐部式"的国际关系准则正逐步失去适用性。尽管新兴大国仍有不少内部的问题亟待解决,但是不论从近年来的实际状况还是从定量分析来看,它们都已经成为全球治理的过程中的重要参与者。进入21世纪以来,作为新兴国家,中国的

---

① 刘贞晔.国际多边组织与非政府组织:合法性的缺陷与补充[J].教学与研究,2007(8):58.
② 刘贞晔.国际多边组织与非政府组织:合法性的缺陷与补充[J].教学与研究,2007(8):59.
③ 参见华东政法大学政治学研究院编写的《2017全球治理指数年度报告》指数简介。"全球治理指数"全称为"国家参与全球治理指数",旨在反映国家对全球事务的参与,增加全球体系的包容性。

大国地位在经济发展和综合国力提升的基础上逐步确立。在此过程中，中国不断调整国家战略，使其在战略上的外向性和参与全球治理的公共性指向愈发凸显。在 2019 年的全球治理指数总排行中，中国是唯一跻身前五名的新兴非西方国家。① 因此，从危机治理的公共性指向来看，中国主要以实践为其主基调。

第一，中国不仅为国际社会提供公共产品，而且积极投入人力、物力履行其全球性责任。伴随着自身的崛起和国际地位的提升，中国多次为国际社会提供人道主义救援，也进行国际公共产品的输送。例如，"一带一路"倡议是中国为国际社会提供的重要公共产品。② 据世界银行研究报告，"一带一路"倡议将使相关国家的 760 万人摆脱极端贫困，3200 万人摆脱中度贫困，参与国贸易增长 2.8%～9.7%，全球贸易增长 1.7%～6.2%，全球收入增加 0.7%～2.9%。③ 六年多来，"一带一路"倡议得到了国际社会的积极响应。截至 2020 年 1 月，中国已经同 138 个国家和 30 个国际组织签署了 200 份共建"一带一路"合作文件。④ 由此可见，中国正积极地履行责任，为国际社会提供了更多的国际公共产品。

第二，中国不仅对国际社会做出承诺，而且也负责任地为全球公共危机治理提出"中国方案"。在第 21 届联合国气候变化大会上，面对气候变化这一全球公共危机，中国展现了负责任的态度，先是于会前同美国、欧盟、巴西、印度就该问题签署了多项双边声明，提前化解了此前的一些分歧，此后又承诺加强合作，共同应对气候变化。可以说，中国正在以更为积极的建设者姿态活跃于气候政治舞台上，给全球气候谈判带来新气象。在 2016 年 G20 杭州峰会上，中国作为主席国，不仅将包容和联动发展列为峰会的四大议题之一，而且首次把发展问题置于全球宏观政策框架的突出地位。为落实联合国《2030 年可持续发展议程》，中国还特别制定了《G20 落实可持续发展议程行动计划》与《G20 支持非洲和最不发达国家工业化倡议》。在巴黎举行的联合国气候大会上，中国提出了"公平、合理、有效"的全球气候变

---

① 参见华东政法大学政治学研究院编写的《全球治理指数 2019 报告》指数简介。全球治理指数选取全球 189 个国家，并对它们参与全球治理的程度和贡献进行分析、评估和排名。指数显示，中国的排名进一步上升，超越法国排名全球第二，而美国、法国、英国和俄罗斯分列第 1、3、4、5 位。

② 吴红波.中国为国际社会提供了重要公共产品[N].人民日报,2017－05－06(3).

③ World Bank. Belt and Road Economics：Opportunities and Risks of Transport Corridors［R/OL］.（2019－06－18）［2020－06－26］.https：//www.worldbank.org/en/topic/regional-integration/publication/belt-and-road-economics-opportunities-and-risks-of-transport-corridors.

④ 已同中国签订共建"一带一路"合作文件的国家一览[EB/OL].（2019－04－12）［2020－06－26］.https：//www.yidaiyilu.gov.cn/xwzx/roll/77298.htm.

化应对方案,探索"人类可持续"的发展路径和治理模式。中国提出的清晰明确的"中国方案"恰恰表明了气候治理中的中国担当和中国智慧。

第三,中国不仅是国际秩序的维护者,而且不断参与或主导建立若干全球性机制。在融入现存国际秩序的同时,中国也积极主动地发挥建设性作用。"中国越来越不满足于担当国际体系内单纯的规则接受者角色。相反,根据现有的证据显示,各国在'一带一路'的旗帜之下所开展的合作将更多地依赖由中国以及发展中国家主导的一系列机制。比如沿线国家国内以及跨国的基础设施建设在未来将通过'亚投行''丝路基金'或'金砖国家开发银行'等机构,而非以往的世界银行或国际货币基金组织进行融资。"①诚然,与美国等国家不同,中国在寻求变革的同时并不颠覆或摒弃既有的全球治理机制,中国主导建立的新机制并不以替代旧机制为目的。就此而言,中国可称得上是"负责任的大国"。

总而言之,全球化和信息化背景下的公共危机逐渐从单一型向复合型演化,这种复合型危机既表明危机引发因素的复杂性和多样性,也深刻地显示出全球治理的高难度性。新的治理形式因处理公共危机的传统手段失效而衍生,它们不再以国家为中心,在诸如跨国的、混合的、基于伙伴关系等多种新治理形式中,参与治理的行为体超出了进入公共危机领域的行为体的范围。以往纯粹的国内问题、经济不稳定问题、政权脆弱问题、恐怖组织问题等均不再停留在国内范围,而溢出至整个世界。在全球公共危机领域,国家已不能与公共性画等号,非政府行为体作用日益突出,起到了政府的作用。可见,是否被视为一个公共角色并不取决于其所处的位置,而在于它的实践。如果其促进了透明度的增加、参与公共服务,在某种意义上,它就是公共角色,换言之,它具有公共性。因此,公共性在全球治理中的重要性正在增强,但它是以另一种形式回归。在此其中,作为一个发展中的全球性大国,中国也正以自己的实际行动,在全球公共危机治理中努力推动公共性的再生产。

---

① 郝诗楠."一带一路"战略与中国的比较政治学研究:新机遇与新议题[J].探索,2015(5):56.

第三章　网络规制与国家治理介入

中国国家治理体系的形成经历了一个漫长而曲折的过程,从最初的国家统治阶段逐渐过渡到国家管理阶段,转而进入国家治理阶段。随着人类社会进入网络时代,网络空间出现公域与私域重新融合、国家安全加快转向、公共风险四处潜伏、社会矛盾不断激化等问题。由此,中国网络空间中的国家治理除了要考虑给予社会足够充分的空间,同时也要能发挥国家的主导作用,对社会进行必要的监管,在治理结构上实现两者之间的均衡与协调。

第一节　中国国家治理的演变与内涵

回顾中国近代的百年历程,大致经历了三个阶段:首先,是以"自强"和"求富"为目标的器物层面的追求;其次,是以"宪政"和"改良"为目标的制度层面的追求;最后,是以"民主"和"科学"为目标的思想文化层面的追求。三个层面的追求都有其具体表现形式,例如,师夷长技、洋务运动、戊戌变法、百日维新、新文化运动和辛亥革命等。这一时期的整体环境具有以下两个特点:一是中国资本主义经济开始萌芽,逐渐被卷入西方资本主义市场。二是受西方资本主义思想和制度的影响,中国封建社会的国家统治逐渐向国家管理转型。

从国家与市场的角度而言,市场体系深入中国封建小农经济后,对中国国家管理体系产生了翻天覆地的变化,尤其是对近代化政治体制变革产生了深刻影响,例如"总理衙门之设,戊戌变法期间的政治体制改革,清末'新政'中关于政治体制的变革"。[1] 这些都是试图对腐朽的封建统治政体的一

---

① 梁严冰.中国近代化进程中的三次重大政治体制变革[J].学海,2001(2):152-155.

种改良,在这些改革中也去除了一些"封建因素",引入了一些近代化的"管理因素",尤其是1949年中华人民共和国建立后,制定了一系列法律、制度,试图通过制度对国家进行管控和调整。因此,与"国家统治"相比,"国家管理"比较注重"方式",强调国家制度建设和运用国家制度对国家与社会的支配,其内容和形式比国家统治更为丰富。① 但也应看到,这种国家管理仍旧是一种强调管理中心地位的自上而下的权力模式,其追求效率最大化,但在追求目标过程中也适当注重调动下层的积极性。因此,可以说,这也是一种双向调节的管理方式。

改革开放以来,随着中国市场、国家和社会三个领域的迅速发展,国家管理环境发生急剧变化,国家范围内的诸多公共问题越来越复杂化、多元化和无序化,单靠政府为中心的管理方式难以解决这些错综复杂的公共问题,国家治理便应运而生。治理与统治虽然都是在追求公共利益最大化目标下,运用公共权力维持社会秩序,但其在管理主体、管理客体、管理机制、管理手段和管理重点方面都有差异。② 国家治理与国家统治和国家管理存在本质区别,国家治理概念强调转型社会国家发挥主导作用的重要性,同时也考虑到治理理念所强调的社会诉求,是一个更为均衡和客观的理论视角。③ 国家统治时期,国家与社会还未真正分化,国家既是"国"又是"家",国家是权力运用的独立主体。国家管理时期,市场还未充分发育,社会与市场处于胶合状态,国家面临的国际、国内问题远不如当前复杂。国家治理时期,一方面,市场得到较为充分的发展,积累了大笔资金和财富,新兴技术也促进了市场发育,在发展环境上更是得到国家的制度支持。另一方面,社会力量不断崛起,社会逐渐从国家和市场中脱离出来,国家在价值和制度上对社会予以肯定和支持,在现代技术的支持下,社会力量异常活跃。市场和社会的发展在一定程度上促使国家从"管理"走向"治理"。

国家治理的概念是在扬弃国家统治与国家管理两个概念基础上提出的一个新概念,④至少包括以下三层内涵:一是多元参与。国家治理主体至少有四个:国家或者政府、市场经济体系所构成的主体、社会组织、公民自身。⑤

---

① 徐勇.热话题与冷思考——关于国家治理体系和治理能力现代化的对话[J].当代世界与社会主义,2014(1):5.
② 陈振明.公共管理学——一种不同于传统行政学的研究途径[M].北京:中国人民大学出版社,2003:87-88.
③ 徐湘林."国家治理"的理论内涵[J].人民论坛,2014(4):31.
④ 何增科.理解国家治理及其现代化[J],马克思主义与现实,2014(1):11.
⑤ 胡伟.国家治理体系现代化:政治发展的向度[J].行政论坛,2014(4):1-2.

二是多向互动。国家治理强调多元治理主体不是孤立存在的，而是一个"以合作、协商和伙伴关系为特征的纵横交错、多向互动的网络体系"。① 三是多制并举。"现代治理体系的基础是以民为本的现代人文价值观和为捍卫及弘扬这一价值体系而设计建立的制度体系"，②制度体系不同于制度章程，它是一个融合多种制度的协同体，是一种交叠重合的治理结构。

2000多年来，中国从传统的封建社会逐渐过渡到现代工业社会，转而进入了知识信息社会，与治理历程相对应的则是由国家统治过渡到国家管理，进而转入国家治理（见图3-1）。中国国家治理体系的形成是一个漫长而曲折的过程，既有内部的激发，也有外部的促进；既有传统的思想，也有舶来的理论；既有暴力的管制，也有和谐的关怀。现代国家治理理论不仅具有价值层面的内在优势，而且已经作为一种工具运用于社会治理的各个方面，例如社区基层治理、区域性公共问题、跨国恐怖犯罪、社会贫富分化、网络空间治理等。其中，网络空间中的国家治理正是一种适应网络空间和网络社会特征、综合利用国家整体资源、发挥社会多元力量作用、推动国家网络空间安全发展、维持网络空间良好秩序的有效方式。

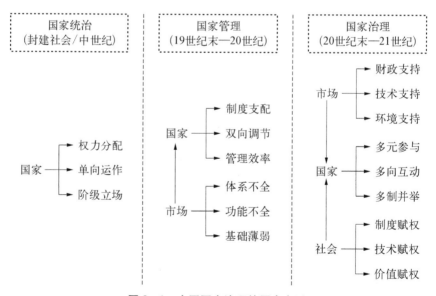

图3-1 中国国家治理的历史变迁

---

① 唐亚林.国家治理在中国的登场及其方法论价值[J].复旦学报（社会科学版），2014（2）：128-137.

② 蓝志勇，魏明.现代国家治理体系：顶层设计、实践经验与复杂性[J].公共管理学报，2014，11（1）：1-9.

第二节 网络空间中国家治理的
介入与缘由

网络空间不同于陆海空等实体空间,其组织形态是互联网,通过社交媒体、博客、微博和微信等信息联络与传递渠道,成为人类社会的"第二类生存空间"。截至 2020 年 3 月,中国网民规模为 9.04 亿,手机网民规模达到 8.97 亿,互联网普及率达 64.5%。① 中国网络空间迅速膨胀,一方面体现了中国信息化建设迅猛发展,人民生活水平在不断提高;另一方面,规模上的扩大意味着内部复杂关系的几何倍数增加,这也警示着互联网的治理将越来越复杂。可以说,网络空间就像是一个放置"化学物质"的大平台,任何"材料"或"溶剂"的投入都可能发生剧烈的化学反应。这些复杂的问题形式多样、领域宽泛、频繁变迁,单纯的国家管制很难有效解决这些问题,只有通过多元参与、多向互动和多制并举的国家治理介入,才能在最大程度上消除网络空间存在的问题和风险。具体而言,网络空间需要国家治理的介入至少表现在以下四个方面。

首先,公域与私域的融合需要国家治理。经过几千年的发展,公域与私域由最初的"胶合"状态逐渐过渡到两者相互分离、相互对立的状态,它们映射到网络空间更是加剧了网络空间结构的复杂化。不过,通过网络空间平台,公域与私域又重新开始趋向于"融合"状态,这就打破了业已建立的公域与私域相对分离的国家秩序,主要表现在以下三方面:一是私域问题公域化。网络作为连接人与人、人与组织、人与社会的一种重要形式,已经受到学者和实践者的广泛认同。② 因此,网络空间作为一种媒介可将私域问题转化为公域问题,例如,在现实社会空间中存在的个人医疗问题可能会通过网络助推而成为影响政府决策的重大公共问题,从而使公共问题的本质和表象相互混杂、难以厘清。二是私有与公有的混淆。私域与公域区分的一个重要标准是公有与私有的明确界定,然而网络空间的发展却将两者之间的界限模糊化——"你的成为我的,我的也是你的",这样建立在公有与私有基础上的国家治理秩序也被打乱。例如,"盗取智力成果——粘贴、再创作、肢解、借用和

---

① 中国互联网络信息中心.第 45 次中国互联网络发展状况统计报告[R/OL].(2020 -04 -28)[2020 - 06 - 26]. http://www.cac.gov.cn/2019 - 02/28/c_1124175677.htm.
② 周义程.网络空间治理:组织、形式与有效性[J].江苏社会科学,2012(1):80 - 85.

复制等行为已成为网络上最普遍的活动,它重塑和扭曲了我们的文化和价值观念"。① 可见,公有与私有的模糊需要国家治理秩序的重建。三是公域问题私域化。这是造成社会恐怖和个人精神障碍的重要问题,它具有宿命主义色彩,通过随机性和偶然性的发生机制而将公域问题集中于私域个人,使公共问题聚焦化,私域问题成为公域问题的"出气口"。总之,网络空间的迅速膨胀为公域与私域的重新融合提空了宽泛空间,这使网络空间结构和形式更加复杂化、无序化,这些都需要一个多元、多层、多向治理结构的介入。

其次,国家安全转向需要国家治理。"网络空间是大国博弈的无形战场"。② 在当今信息十分发达的网络社会,网络空间将世界各地跨时空地联系起来,国家之间的许多"战役"转向虚拟的网络空间,网络空间中的博弈同时也反射到现实空间,影响国家安全和国家发展。从这一角度而言,"网络空间还是一个全球共享的公共领域,应上升到全球治理层面,但国家治理仍是网络空间治理中的核心和主导"。③ 国家安全在网络空间形态下呈现的问题主要有以下几个方面:一是虚拟主权的侵犯。网络虚拟空间被视为除海、陆、空、宇宙太空之外的具有鲜明主权特征的"第五空间"。④ 网络空间与国家安全密切相连,网络空间内的网络殖民主义都是侵犯虚拟主权的重要表现,例如网络的产生为西方文化霸权提供了土壤,某些西方国家试图通过网络传播,将文化、思想和价值无形地输入,从而实现对他国主权的侵蚀。二是网络间谍的威胁。传统的间谍行为需要通过在现实空间实现,而借助网络空间则可以很轻松地获取大量情报资料。正如维基解密创始人朱利安·阿桑奇(Julian Assange)所说,今天的互联网已成为"世界上迄今最大的间谍设备"。⑤ 可以说,网络空间内大量的个人信息在某种程度上已成为情报机构的数据库,而这些信息又与国家安全息息相关。三是国家秘密被窃取。网络空间是国家秘密泄露的重要渠道,一方面,是网民主动公布相关信息,例如某公民拍下某军用机场视频并上传至网络,泄露国家秘密。⑥ 另一

① 安德鲁·基恩.网民的狂欢——关于互联网弊端的反思[M].丁德良,译.海口:南海出版社,2010:140.

② 谢新洲.网络空间治理须加强顶层设计[N].人民日报,2014-06-05(7).

③ 蔡翠红.网络空间治理中的责任担当[N].中国社会科学报,2014-06-13(A05).

④ 杨嵘均.论网络虚拟空间对国家安全治理界限的虚化延伸[J].南京社会科学,2014(8):87-92.

⑤ 安德鲁·基恩.数字眩晕:网络是有史以来最骇人听闻的间谍机[M].李冬芳等,译.合肥:安徽人民出版社,2012:29.

⑥ 福建一男子拍摄上传视频涉及国家军事机密获刑[EB/OL].(2012-04-28)[2019-09-13].http://www.mzyfz.com/cms/fayuanpingtai/anjianshenli/xingshishenpan/html/1075/2012-04-28/content-360270.html.

方面,是相关机构秘密搜集相关信息,例如苹果等 18 家公司在用户不知情或未征得其同意的情况下,搜集数百万智能手机用户的个人通讯录。① 总之,网络空间内的这些国家安全行为涉及面广、形式多样,亟须国家治理的有效介入。

再次,公共风险潜伏需要国家治理。"风险的本质并不在于它正在发生,而在于它可能会发生",②风险社会的这种不确定性加剧了网络空间治理的复杂性。网络公共风险的实质是利用网络空间的时空性、隐蔽性和转化性等来实现网络聚焦、事件转化和效应扩大等效果。网络空间公共风险的表现主要有以下几个方面:一是网络人际信任的风险。网络人际信任是指在网络互动中,彼此不认识的陌生人之间在意识风险存在的情况下,仍相信对方能够完成自己所托付之事的投注性行为。③ 可见,网络人际信任是一种风险行为,在一定程度上是一种冒险,而在网络空间中确实产生了许多网络人际信任危机,例如所谓的网友、网络知心姐姐等,这些都可能成为网络公共风险。二是网络谣言的风险。网络谣言是指以互联网平台作为主要传播和扩散手段的谣言,具有传播门槛低、扩散速度快、范围广等特点。④网络谣言可以对现实社会造成巨大的稳定风险,一些网络谣言是出于发起者的蓄意行为,而另一些网络谣言则是在信息传播过程中的信息扭曲,因为"我们往往选择那些看来最能够实现我们目的的描述来加以使用",⑤这就引发信息传播过程中的公共风险。例如,2020 年 4 月的"国家不再对新冠肺炎病人免费治疗"谣言事件,经捏造的虚假信息造成了广大网民的心理恐慌与担忧,对社会稳定产生了不良影响。三是网络群体性事件的风险。网络群体性事件是指网民通过网络沟通和网络传播使具有共同利益的网络群体在网络空间聚集并表达其公共愿望,以施压于现实空间中的政府或相关主体的行为。网络群体性事件往往具有瞬间爆发性、虚实交互性、难以预测性等特征,这在一定程度上形成一种潜在的公共风险。总之,公共风险的关键在于不确定性,它的形式可以千变万化,踪迹也不确定,这就需要多层、多

① 美用户起诉苹果等 18 家公司侵犯隐私[EB/OL].(2012 - 03 - 16)[2019 - 09 - 13]. http://roll.sohu.com/20120316/n338009861.shtml.

② 芭芭拉·亚当,乌尔里希·贝克,约斯特·房·龙.风险社会及其超越:社会理论的关键议题[M].赵延东,马缨等,译.北京:北京出版社,2012:3.

③ 何明升等.虚拟世界与现实社会[M].北京:社会科学文献出版社,2011:255.

④ 殷俊,姜胜洪.网民与网络谣言治理[J].西南民族大学学报(人文社会科学版),2014(7):153 - 156.

⑤ 胡泳.网络政治:当代中国社会与传媒的行动选择[M].北京:国家行政学院出版社,2014:98.

元、多制的国家治理进行介入。

最后，社会矛盾激化需要国家治理。网络空间为社会矛盾扩大、转化、升华提供了充分的空间，这就为网络空间的国家治理提供了合法性与可能性。网络空间社会矛盾激化主要体现在以下四个方面：一是由小问题发展到大问题。一些问题和矛盾在初始阶段范围十分狭窄，但因为政府听之任之或处置不力，经过一段时间的网络发酵和网络催化使矛盾转型升级，由最初的小问题发展成为影响范围和影响力度较大的大问题。二是从量的积累到质的聚变。网络表达是指个人在互联网里通过各种言语或非言语方式表达自己的观点、情感、意愿和态度的网络行为。[1] 个人网络表达往往难以受到相关部门的重视，但是一旦这种网络表达表现出极强的同质性和共鸣性，那么，网络表达的作用效果已经从量化到质化，对社会造成较大的影响。典型的案例是 2011 年 3 月《凤凰周刊》记者部主任邓飞在微博上呼吁社会关注中国贫困山区小学生免费午餐计划，引起积极响应，并最终得到了公共政策制定者的回应。三是问题的相互交织。当各种矛盾相互独立存在时，其对社会的危害在某种程度上是有限的，但一旦各种矛盾通过网络空间平台相互交织，那么其表现出来的威力和效果将呈几何倍数增长，甚至在一些情况下可能衍生出一些新问题和新矛盾，这就增加了社会问题的治理难度。四是社会矛盾的异化。一些社会问题一旦进入网络空间，就可能演化为更为复杂的公共问题，试图再通过原始的管理方式来进行处理就很难获得成功。总之，社会矛盾在网络空间的转化、重叠和交织使公共问题更为复杂化、无序化、扩大化和多样化。

第三节　网络空间中国家治理的概念及其结构与方式

如果从国家治理的视角而言，中国的"国家治理体系是指在党的领导下管理国家的制度体系和各领域体制机制、法律法规相互协调日趋合理。国家治理能力则是指运用国家制度管理社会各方面事务的能力"。[2] 同理，中国网络空间中的国家治理是指在党的领导下管理网络空间内各项制度、规

---

① 王君玲.网络社会的民间表达——样态、思潮及动因[M].广州：暨南大学出版社,2013：32.
② 郑言,李猛.推进国家治理体系与国家治理能力现代化[J].吉林大学社会科学学报,2014,54(2)：5-11.

范和行为,并使之日益协调,日趋合理,而网络空间中的国家治理能力则是指综合利用国家在网络空间中的整体资源来管理网络空间事务的能力。因此,网络空间中的国家治理能力主要取决于网络空间中的国家治理资源的运用与转化。

　　随着以互联网为主体的网络空间成为人类社会生存新空间,尤其是在"全面深化改革,推进国家治理体系和治理能力现代化"的时代要求和背景下,我们应充分重视国家治理在网络空间中的重要价值,推动国家治理在网络空间中的有效介入与能力提升。要切实做到这一点,中国网络空间中的国家治理就要考虑给予社会足够充分的空间,同时也要发挥国家的主导作用,对社会进行必要的监管,两者在治理结构上要均衡与协调。为此,中国网络空间中的国家治理结构至少应该包括以下三个层面:一是多元的调和,即网络空间中的国家治理的主体应该在党的领导下吸纳政府、社会、市场、个人等主体参与,并促进各主体之间相互协同、相互适应。二是规则的订立,即通过制定网络空间中的国家治理规则,规范网络空间秩序,为各主体之间的相互沟通、交流和学习提供条件,促进各主体之间的合作与共治。三是必要的监督,即在充分发挥网络空间主体自主性的基础上,通过多层制度建设,加强对网络空间主体的监督,减少各种风险和社会矛盾。因此,中国网络空间中的国家治理主要是指在党的领导下实现网络空间中多元参与、多向互动和多制并举的国家治理。

　　由于网络空间资源具有多元化、结构化、混杂性等特征,因此,为便于充分认识网络资源的丰富性以及对网络空间资源进行合理转化和运用,我们可以从资源性质角度将网络空间中的治理资源划分为硬性资源和软性资源。硬性资源主要是指依赖空间实体而存在的制度、规范、技术或投射等网络资源,主要包括:网络制度、行政命令、网络监督、利益结构、技术措施等。软性资源则主要是指与个人价值、道德、心理、理念等相关的网络资源,主要包括:个人自律、道德约束、社会资本、自治组织、心理调适等。从这种分类方式可以看出网络空间中的国家治理资源既来自现实空间,也来自网络空间;既有制度规范,也有价值理念;既是一种映射,也是一种投射。当然,网络空间中的国家治理资源是庞大的、丰富的和多样的,但仍以一种"无序"状态而存在,这就需要我们对其进行适当的引导和转化,将"无序"变为"有序",将"资源"变为"能力"。而在具体转化上,网络空间中的国家治理可依据软性资源和硬性资源的供给,考虑以下三种方式。

　　首先,基础性治理。网络空间是现实空间的投射和反映,网络空间内的基础结构是对现实空间社会结构的反射,现实空间中社会运转的基础是人与人之间的彼此信任以及良好的道德风尚，缺乏信任和道德的社会即使有法律的强力介入也无法实现社会的良好治理。在网络空间内，人与人之间的行为同样也表现为人与人之间的沟通和交流、合作与竞争，只不过这些行为是在虚拟空间发生，并以信息的形式不断传送和输出而已。与此同时，这些活动都是建立在网上人际信任基础之上的。网络空间内的许多软性资源实质上就是网络空间基础性治理的重要来源，例如，个人自律对现存秩序的贡献、道德约束对风险行为的消减、社会资本对人际互信的支持、自治组织对网络缺陷的弥补、心理调适对调节成本的削减等，这些都在一定程度上为网络空间治理奠定了良好的治理基础。

其次，渗透性治理。在网络空间内，除了有一些网络空间资源会直接转化为网络空间治理能力外，还会有一些网络空间资源虽然具有潜在性，但因各种羁绊而不能直接转化为网络空间治理能力，它们需要依托一种间接的机制，例如价值引导、责任结合以及规范内化等渗透性机制才能使其能量得到充分发挥。可见，渗透性治理是指在现实空间资源和网络空间资源无法直接转化为网络空间治理能力的时候，通过一种间接的、婉转的、分线性的方式，运用网络空间资源来实现网络空间治理的过程。不过，限于网络空间内各种利益因素的影响，间接渗透性治理的使用成本较高、用时较长，通常也难以控制，因此，在进行渗透性治理的同时，应该扬长避短，提高治理的针对性和实效性。

最后，介入性治理。在基础性治理的"自然状态"下，网络空间秩序无法有效实现，网络空间内的不雅行为、不当行为、失范行为、侵犯行为和违法行为等都会大量存在，这就迫使政府应主动介入网络空间，对虚拟网络社会进行有效控制，其中"舆论、法律、信仰、社会暗示、宗教、个人理想、利益、艺术乃至社会评价等，都是社会控制的手段，是达到社会和谐与稳定的必要手段"。① 因此，政府对网络社会的控制就应以网络硬性资源的转化为主，网络软性资源的转化为辅，而这主要包括了网络制度对违法行为的规制、行政命令对失范行为的规范、网络监督对不当行为的调节、利益结构对侵犯行为的束缚、技术措施对不雅行为的净化等。当然，需要强调的是，介入性治理应当以基础性治理为基础，我们不能抛开基础性治理而主要开展介入性治理，这样做的后果反而是损害网络治理能力的"自然结构"，相应地也就导致了网络社会秩序混乱，进而可能会投入更多成本来进行后续治理。

网络空间正逐渐成为充满生机与活力、挑战与机遇并存的全新生存空

---

① 郭玉锦等.网络社会学[M].北京：中国人民大学出版社，2009：315.

间,它的出现催生了一个更加复杂的社会生态环境。可以说,网络空间中的国家治理已经成为体现党和政府执政能力的全新领域。从网络空间治理的角度分析,由于网络空间中的问题逐渐呈现出复杂性、反弹性、再生性、复发性等特征,故有效解决网络空间中的问题,维护好网络空间秩序,实现网络空间和谐,采取长期性的监管和良好制度保障是很有必要的。同时,从国家治理体系和治理能力现代化的战略高度出发,网络空间资源应该按照一定的顺序、一定的方式、一定的结构和一定的层次进行有计划的转化。在转化的过程中,国家治理要主动介入网络空间,既让社会有充足的空间,又要发挥国家的主导作用,实现引导与规制并举、现实政治与虚拟空间治理并重,并在网络空间中保证各种制度相互嵌合,各种主体相互作用,各种力量相互制约,最终提升网络空间中的国家治理能力。

第四章　智能时代的国家
安全治理

　　作为新一轮科技革命和产业变革的核心驱动力量,人工智能技术的发展与应用在为社会提供强大发展动力的同时,也对国家安全治理造成了一系列的影响。实际上,人工智能在国家安全治理中的应用极易在"界域与有效性""效能与可靠性"以及"竞争与稳定性"之间出现矛盾,尤其是在因人工智能技术嵌入所导致的力量失衡以及安全格局的转变下,国家安全极有可能在"国家竞争的稳定性、社会治理的有序性与技术应用的稳定性"三方面遭受巨大的冲击。需要指出的是,目前人工智能技术所导致的国家安全风险已经开始逐步显现,而全面评估人工智能技术对国家安全治理带来的机遇与挑战将是解决这一技术安全悖论的关键所在。为此,中国应在紧抓人工智能技术发展契机的同时,加强对这一技术发展潜在风险的研判和预防,从而维护好我国的国家安全与人民利益。

第一节　人工智能:作为新的历史
起点的深刻技术革命

　　一般认为,科学技术的发展及应用是维护国家安全的重要基础。实际上,技术发展本身是以一国的综合实力为基础,并且技术应用形态的多样化、指涉对象的多元化以及涉及领域的广泛性更是进一步扩大了各国间的力量对比。[1] 技术应用在推动社会发展的同时也导致了一系列社会问题的出现,并且这些问题往往无法在现有的社会框架下得到妥善解决。目前来看,随着互联网时代下计算机性能的全方位提升和大数据时代下

---

[1]　Robert Jervis. Cooperation under the Security Dilemma[J]. World Politics, 1978, 30(2): 167-214.

海量数据的积累,人工智能技术依托算法的优化、算力的提高以及数据的几何级增长,终于进入新一轮高速发展期。事实上,人工智能具有高度的技术包容度与统摄力,具备主导技术发展和推动社会形态转变的基本潜质。因此,人工智能被世界各国视为推动新一轮科技革命的关键力量。

从国家安全治理来看,人工智能技术在信息收集、决策制定、方案执行和监控实施等认知域和物理域的应用将极大地提升国家在安全领域的治理水平,进而有效地推动国家安全的内涵及其治理范式的转型与升级。正如人工智能领域的先驱、美国计算机科学家物佩德罗·多明戈斯(Pedro Domingos)所言:"人工智能是保护国家的重要壁垒。"① 然而,人工智能技术的嵌入在提升安全治理效能的同时,还将深化安全向度和扩展安全维度,进而催生一种技术安全悖论。英国哲学家、牛津大学人类未来研究所创始者尼克·博斯特罗姆(Nick Bostrom)指出,"人工智能不仅仅是一种颠覆性技术,它也可能是人类遇到的最具破坏性的技术。"②

为此,多数发达国家政府不仅相继出台了战略规划和配套政策来促进本国人工智能的发展,而且也对人工智能与国家安全的研究同样给予了高度的关注。例如,2017 年 7 月,美国哈佛大学肯尼迪政治学院贝尔弗科学与国际事务中心便发布了《人工智能与国家安全》报告,率先就人工智能与国家安全之间的关系进行了分析,并从隐私、安全、透明、责任等方面对人工智能技术进行了评估。③ 2018 年,来自英国剑桥大学、牛津大学与美国耶鲁大学的 26 名学者、专家联合撰写的《人工智能的恶意使用:预测、预防和缓解》报告,将人工智能技术可能带来的风险划分为:"数字威胁、物理威胁和政治威胁",并从技术安全的维度进行了具体的分析。④ 当然,尽管国内学术界在近些年开始关注人工智能,但对于这一技术的思考仍旧侧重于经济、社会以及伦理等领域。因此,如何在人工智能时代下把握好国家安全治理的机遇以及解决好相应的挑战,显得更为迫切和必要。本书旨在分析人工

---

① Pedro Domingos. The Master Algorithm: How the Quest for the Ultimate Learning Machine Will Remake Our World[M]. Basic Book Press, 2015: 24 - 25.

② Nick Bostrom. Superintelligence: Paths, Dangers and Strategies [M]. Oxford University Press, 2014: 8 - 9.

③ Gregory Allen, Taniel Chan. Artificial Intelligence and National Security [R/OL]. (2018 - 04 - 06) [2019 - 09 - 14]. https://www.cnas.org/publications/commentary/artificial-intelligence-and-national-security.

④ Miles Brundage, Shahar Avin, Jack Clark, et al. The Malicious Use of Artificial Intelligence: Forecasting, Prevention, and Mitigation [R/OL]. (2018 - 02 - 23) [2019 - 09 - 14]. https://arxiv.org/ftp/arxiv/papers/1802/1802.07228.pdf.

智能在国家安全治理中的应用范式，剖析国家安全在人工智能时代可能面临的风险，继而在这一宏观目标的基础上，对我国在人工智能技术发展的路径选择方面进行探讨。

在正式讨论人工智能与国家安全的关系前，我们需要对人工智能这一技术进行简单的梳理。自约翰·麦卡锡（John McCarthy）、马文·明斯基（Marvin Minsky）与纳撒尼尔·罗切斯特（Nathaniel Rochester）等计算机专家于 1956 年首次提出"人工智能"（Artificial Intelligent）的概念以来，这一技术在概念和应用上不断得到扩展和演进。[1] 然而，在此后的几十年内，由于受到诸多主（客）观条件的限制，人工智能并未在产业层面实现应用，相关研究也主要集中于如何运用人工智能进行模式识别以及数据归纳等基础层面。例如，尽管机器学习概念和浅层学习算法早于多年前就被提出，但是由于当时缺乏海量数据的积累以及与之相匹配的高水平计算能力的支撑，故这些算法模型始终无法得到持续的优化与突破性的进步。[2]

进入 21 世纪以来，随着技术的发展与突破，人工智能技术步入了蓬勃发展期。[3] 从本质上说，本轮人工智能技术发展热潮是建立在通用图形处理器（GPGPU）高性能运算架构所形成的计算资源与移动互联网兴起所产生的大量数据的基础上的，而在这两者的催化下则又形成了基于套嵌式的多层次模式识别的深度学习算法。互联网所孕育的大数据时代为深度学习算法的优化提供了海量、多维度的训练数据，并且图形处理器（GPU）芯片也弥补了中央处理器（CPU）在并行计算上的短板，为深度学习的训练提供了大规模、高速率的算力支撑。与此同时，深度学习能够通过组合低层特征形成更加抽象的高层属性与类别，并以自主学习数据的分布特点进行特征判别和逻辑推测，进而构建了以"数据挖掘、自动学习和自主认知"为基本分析路径的机器学习范式。因此，在"数据、算力与算法"三者的共振下，人工智能就逐渐进化为一种能够进行自我学习、自我推理以及自我适应的技术，并具备近乎"人类思维"处理复杂问题的能力。

---

[1] John MaCarthy. A Proposal for the Dartmouth Summer Research Project on Artificial Intelligence [J]. AI Magazine, 2006, 27(4): 12 - 14.

[2] Marvin Minsky, Simon Papert. Perceptrons: An Introduction to Computational Geometry[M]. The MIT. Press, 1987: 12 - 15.

[3] 其标志性事件便是"神经网络之父"杰弗里·辛顿（Geoffrey Hinton）及其研究团队将神经网络带入人工智能技术研究之中，并于 2006 年首次提出了深度学习算法，使人工智能获得了突破性的进展。See Geoffrey Hinton, Simon Osindero, Yee-Whye Teh. A Fast Learning Algorithm for Deep Belief Nets[J]. Neural Computation, 2006, 18(7): 1527 - 1554.

人工智能的进一步发展还催生了强化学习、迁移学习、生成对抗网络等新型算法,并推动了算法模型、图像识别、自然语言处理等方面出现迭代式的技术突破。① 正如图灵奖得主吉姆·格雷(Jim Gray)所言,新的信息技术推动了科学研究的"第四范式"出现——数据密集型科学发现。② 而基于数据、算法与算力驱动的人工智能技术也不仅是这一范式的典型技术代表。实际上,由于人工智能的广泛应用,现已对交通、医疗、教育、法律、金融、传媒等诸多社会领域产生巨大影响。因此,多数研究将人工智能视为第四次工业革命的引领性技术,也将这次革命称为"智能革命"。

目前来看,学界尚未对人工智能研究及其应用领域形成统一的认识,但就当前人工智能的技术研究和应用代表来说,可以将其分为以下六个子研究领域:① 机器学习(machine learning),即通过设定模型、输入数据对机器进行训练,让机器生成特定的算法,并利用这一经由归纳、聚合而形成的算法对未知数据进行识别、判断与预测。③ ② 深度学习(deep learning),主要是指一种基于对数据表征学习的机器学习方法,强调使用特定的表示方法从实例中对机器进行训练。③ 自然语言处理(natural language processing),主要是指实现人与计算机之间用自然语言进行有效通信的理论与方法。④ ④ 计算机视觉(computer version),主要是指使机器能够对环境及其

① 雷·库兹韦尔.人工智能的未来[M].盛杨燕,译.杭州:浙江人民出版社,2016:80-82.

② Tony Hey, Stewart Tansley, Kristin Tolle. The Fourth Paradigm: Data-intensive Scientific Discovery[M]. Microsoft Research, 2009: 1-2.

③ 机器学习主要可以分为五个大类:① 监督学习(supervised learning)。以人为标注的数据集作为训练集,训练目标为从训练集中学习新函数以对新的数据进行标注。② 无监督学习(unsupervised learning)。训练集没有人为标注的结果,但训练目标也是对新的数据进行标注。③ 增强学习(reinforcement learning),又被称为强化学习。训练对象在特定的环境中进行自我训练,并根据周围环境的反馈来做出各种特定行为,以实现最优的映射学习行为与决策。④ 迁移学习(transfer learning)。将已经训练好的源任务(source tasks)的知识或模型的参数迁移到新的目标领域(target domain)。⑤ 半监督学习(Semi-supervised learning)。这是一种介于监督学习与无监督学习之间的方法,更强调让训练对象不依赖外界交互、自动地利用未标记的样本来提升学习性能。关于机器学习的具体介绍,可以参见 Christopher Bishop. Pattern Recognition and Machine Learning[M]. Springer Press, 2007; Kevin Murphy. Machine Learning: A Probabilistic Perspective[M]. The MIT Press, 2012;周志华.机器学习[M].北京:清华大学出版社,2016:2-18.

④ 自然语言处理的主要研究包括:自动摘要、指代消解、语篇分析、机器翻译、语素切分、命名实体识别和词性标注等方向。关于自然语言处理的具体介绍,可以参见 Steven Bird, Ewan Klein, Edward Loper. Natural Language Processing with Python[M]. O'Reilly Media Press, 2009; Daniel Jurafsky, James Martin. Speech and Language Processing[M]. The Prentice Hall Press, 2018;吴军.数学之美(第二版)[M].北京:人民邮电出版社,2012.

中的刺激进行可视化分析的学科。① ⑤ 过程自动化（automation），指采用自动化脚本的方法实现机器的自我运作，并使表征其工作状态的物理参数尽可能接近设定值的一项技术。⑥ 机器人技术（robotics），主要是指具备一定程度的人工智能的多轴可编程设备，是多项人工智能技术的集成与融合发展的结果。基于上述领域，人工智能技术就形成了以纵向的计算芯片、数据平台技术与开源算法为代表的技术生态系统和以横向的智能安防、智能制造、智能医疗与智能零售为代表的应用生态系统。

不同于其他领域的高新科技，人工智能技术具有更强的适用性和前瞻性。具体来看，人工智能具有以下特性：一是通用目的性，即人工智能技术能够同其他各类技术以及物质力量相结合，形成新型综合性集成解决方案（integrated solution）或场景化的一体化应用。因此，作为一种底层的平台性技术，人工智能能够向各类创新性的应用场景和不同行业快速渗透和融合。② 二是自我学习与进化，即人工智能技术基于规则系统、思维逻辑模拟系统以及学习与交互系统，并结合多类交叉学科知识，根据环境的响应和优化规则来实现自我算法的优化。因此，人工智能技术也是一种自感受、自处理、自反馈与自进化的循环系统集成。三是技术的开源性，即人工智能技术以通用性较强的开源框架和分布式的数据库为基础，并且广泛支持 Python、Java 和 Scala 等流行开发语言。当然，人工智能技术的开源性主要集中在基础的开发技术上，多数的受训模型和数据库仍未实现广泛的共享。目前来看，主流的开源机器学习框架有：TensorFlow（谷歌）、Spark（Apache）、CNTK（微软）以及 PyTorch（脸书）等。四是研发的系统性，即人工智能技术的研发对数据、人力以及资本有着一定的前期要求，并且人工智能也具备很强的学科交叉性，涵盖知识抽象、学习策略以及推理机制等主题。因此，技术强国往往在该领域仍具

---

① 英国机器视觉协会（BMVA）将计算机视觉定义为："一种对单张图像或一系列图像的有用信息进行自动提取、分析和理解的技术"。常见的计算机视觉应用主要包括：对数字化文档识别的字符处理技术、对图像进行分析的图像处理技术、从动态视频获取有效信息的视频分析技术以及支持增强现实和虚拟现实的智能技术。关于计算机视觉的具体介绍，可以参见 Simon Prince. Computer Vision：Models，Learning，and Inference［M］. Cambridge University Press，2012；Richard Hartley，Andrew Zisserman. Multiple View Geometry in Computer Vision［M］. Cambridge University Press，2004.

② 麦肯锡全球研究院的研究人员对涵盖 19 个行业以及 9 个业务功能中的 400 多个用例进行了分析，发现人工智能可以在 69% 的潜在用例中改进传统分析技术，并且能够为 16% 的用例提供"绿灯区"（greenfield）式的解决方案，即针对原有无法被解决的难题提供有效的解决方案。See The McKinsey Global Institute. The Promise and Challenge of the Age of Artificial Intelligence［R/OL］.（2018 - 10 - 30）［2019 - 09 - 07］. https：//www.mckinsey.it/idee/the-promise-and-challenge-of-the-age-of-artificial-intelligence.

有一定的先行优势。五是数字性的依赖,即人工智能技术的核心驱动要素为:算法、算力与数据,并且这三者要素形成了相互融合、优势互补的良好关系。这也意味着,哪个国家拥有的计算资源越多、研发的算法越先进、掌握的数据越多,就越有可能在人工智能领域获得更大的优势。

当然,人工智能技术的发展也存在着特定的阶段性。首先,根据学习方式的差异可以将人工智能技术分为:反应型的机器学习阶段(运用一系列初级算法从事实经验中进行归纳学习)、有限记忆型的机器智能阶段(运用一系列高级算法从历史经验中进行预测学习)以及自我意识型的机器自主阶段(不需要外部数据就能从经验中进行自我学习)。① 其次,根据技术解决问题的能力可以将人工智能技术分为弱人工智能(又称"狭义人工智能",Artificial Narrow Intelligence)、强人工智能(又称"通用人工智能",Artificial General Intelligence)。弱人工智能主要是指针对特定任务而设计和训练的人工智能技术,强人工智能则是指具备足够的智能,解决不熟悉的问题以及具备通用化应用能力的人工智能技术。② 再次,根据应用层级可将人工智能技术分为:推动社会生产力进步的通用技术、改革社会秩序的信息化技术以及实现社会形态转变的智能化技术。当然,这一递进式的发展以人工智能技术在全行业、全领域的爆发性应用为基础。③

就当下而言,尽管人工智能技术取得了较大的突破,逐步成为传统行业转型与升级的关键,但是目前的人工智能发展成果主要集中在弱人工智能域内,并且在一些重难点问题上仍旧无法形成实质性的突破,能够跨领域解决问题的通用人工智能的前景仍具有较大的不确定性。因此,人类社会也将在相当长的一段时间内处于人工智能技术的初级阶段。与此同时,尽管人工智能技术已经形成了一定的先期能力优势,但这一技术发展的范式迁移必然有一个过程。在这一纵深发展的过程中,人工智能所造成的社会影响既有其内生的不确定性,又有外部延递的模糊性。因此,对于国家安全而言,人工智能的创新性蕴含了高度的战略价值,但其演进路径的不确定性则带来了相应的风险。

---

① Ruslan Bragin. Understanding Different Types of Artificial Intelligence Technology [EB/OL]. (2017 - 10 - 18) [2019 - 06 - 28].https://www.zeolearn.com/magazine/understanding-different-types-of-artificial-intelligence-technology.

② Max Tegmark. Life 3.0: Being Human in the Age of Artificial Intelligence [M]. Vintage Books, 2017: 50 - 51.

③ Miles Brundage, Shahar Avin, Jack Clark, et al. The Malicious Use of Artificial Intelligence: Forecasting, Prevention, and Mitigation [R/OL].(2018 - 02 - 23) [2019 - 09 - 14]. https://arxiv.org/ftp/arxiv/papers/1802/1802.07228.pdf.

第二节　技术多维嵌入：人工智能在
国家安全治理中的应用范式

作为国际政治与军事战略领域所关注的一大重要议题，"国家安全"（National Security）这一概念最初来自世界强国对于战争与外交实践的总结。根据理论内涵与实践范畴的差异，国家安全大致经历了"以军事安全为内涵的起始阶段、以经济安全为重要关注的双轨发展阶段与以实现综合安全为要求的全面治理阶段"三个主要阶段。[①] 尽管不同时期、不同国家对于国家安全的界定、认识与需求各不相同，但从整体发展趋势来看，国家安全的关注点逐步从传统的军事领域、经济领域向上游区间的科学与技术领域转移，其他有形要素在国家安全中的比重则相对下降。正如英国伦敦政治经济学院教授巴里·布赞（Barry Buzan）所言，新技术演进以及它们在威胁、攻击和稳定战略关系中的作用与影响不仅是国家安全治理的重要驱动力，而且对全球战略关系与国际安全也同样有着极为重要的影响。[②] 与此同时，国家安全的指涉对象与关注领域随着全球化、现代化等因素的嵌入而发生了分野。人类安全威胁多层次的现实呼唤则是导致这一现象发生的直接原因，其中又以发展与和谐为主要议题的非传统安全不断凸显和强化。新现实主义、新自由主义以及建构主义等国际关系理论均对国家安全的这一转向予以了密切关注。[③]

[①] Edward Kolodziej. Security and International Relations [M]. Cambridge University Press, 2005: 12 - 13.

[②] Barry Buzan, Lene Hansen. The Evolution of International Security Studies [M]. Cambridge University Press, 2009: 269 - 270.

[③] 例如，新自由主义的代表人物罗伯特·O.基欧汉（Robert O. Keohane）和约瑟夫·S.奈（Joseph S. Nye）所提出的"相互依赖"理论就认为，在"复合相互依赖"（Complex Interdependence）条件下，国际行为主体及联系渠道的多元化不仅将加剧一系列非传统安全威胁对国际政治的影响，并且国家安全、地区安全与全球安全间的联系将更加密不可分。参见罗伯特·O.基欧汉，约瑟夫·S.奈.权力与相互依赖[M].门洪华，译.北京：北京大学出版社，2012：5 - 6.建构主义中的哥本哈根学派则提出了"古典复合安全"和"安全化"理论，主张在宽泛议程的基础上构建一种"兼容传统主义"的安全分析框架，并希望通过"非安全化"来实现人类社会的和平。参见巴里·布赞.新安全论[M].朱宁，译.杭州：浙江人民出版社，2001：5 - 6.批判理论的代表人物彼得·卡赞斯坦（Peter Katzenstein）则将文化认同原理用于国家安全的分析，并指出国家的安全环境同样深受文化和制度因素的影响。See Peter Katzenstein, ed. The Culture of Security: Norms and Identity in World Politics [M]. Columbia University Press, 1996: 11 - 13.

作为下一轮科技革命的引领性技术，人工智能在国家安全治理领域中的讨论和应用并非一个新鲜事物。早在 20 世纪 80 年代中后期，就有一批专家、学者对此进行了讨论。例如，美国国际关系学者史蒂文·希姆巴拉（Stephen Cimbala）、菲利普·施罗特（Philip Schrodt）以及保罗·莱纳（Paul Lehner）等人从国家安全的角度对人工智能技术可能造成的影响进行了分析。① 实际上，本轮人工智能技术的发展热潮更是进一步深化了其在国家安全中的嵌入程度。笔者认为，可以根据国家安全的主要关注领域，将人工智能在国家安全中的应用范式分为传统安全与非传统安全两个方面。从传统安全领域出发，主要关注人工智能在军事力量与战略对抗中的威胁性使用与控制；非传统安全领域则主要关注人工智能在经济、政治和文化等社会领域中的应用与规范。当然，国家安全治理本身由诸多交叉的治理议题和治理体制所组成，结合人工智能技术应用的特性，这就使得人工智能在国家安全治理中的各类应用所存在的交叉性更为凸显。②

具体来看，人工智能在国家安全中的应用范式主要表现为以下几个方面。

第一，从传统安全来看，人工智能的军事化应用将推动形成新的军事能力和战略博弈模式。目前来看，人工智能军事化应用最为普遍与最为成熟的便是这一技术在战场数据收集与分析上的应用。与传统的数字化、网络化等信息化技术的军事应用不同，基于数据信息全方位收集的基础，人工智能可以更为完整地还原全部战场信息，并据此全盘推演和模拟分析作战策略的预期结果，进而能够更为全面、准确地掌握战场态势，并据此提出更加精确的决策建议。③ 例如，美国国防部成立的"算法战跨部门小组"（AWCFT）便致力于运用人工智能技术对无人机所收集的全动态视频（FMV）数据进行自动化处理，并据此为作战提供全面的数据分析及决策支持。在数据分析应用的基础上，人工智能还将推动传统的指挥模式向智能化指挥与控制机制转变，即在态势认知、战略决策以及行动主体的智能化、自主化的基础上，实现信

① Stephen Cimbala. Artificial Intelligence and National Security [M]. Lexington Books Press, 1987; Philip Schrodt. Artificial Intelligence and Formal Models of International Behavior [J]. American Sociologist, 1988, 19(1): 71 – 85; Paul Lehner. Artificial Intelligence and National Security Opportunity and Challenge[M]. Tab Books, 1989; Adrian Hopgood. Artificial Intelligence: Hype or Reality? [J]. Computer, 2003, 36(5): 24 – 28.
② 卢西亚诺·弗洛里迪（Luciano Floridi）.第四次革命：人工智能如何重塑人类现实[M].王文革，译.杭州：浙江人民出版社 2016：8 – 9.
③ 杜国红,韩冰,徐新伟.陆战场指挥与控制智能化技术体系研究[J].指挥控制与仿真, 2018(3): 1 – 4.

息与作战单元的密切融合。对此，美国布鲁金斯学会则在《人工智能改变世界》的报告中提出了"极速战"（Hyper War）的概念，即人工智能有助于实现从搜索发现目标、威胁评估到锁定摧毁、效果评估的智能化处理，形成高效精确的感知、判断、决策、控制、评估、闭环，从而大幅缩短"感知—决策—行动"的周期，提升作战的整体效率（见图 4-1）。因此，人工智能所具备的自我学习、认知和创造力能显著强化对战场信息的感知与分析能力，打破传统信息化技术对于人工数据分析与决策选择的依赖。

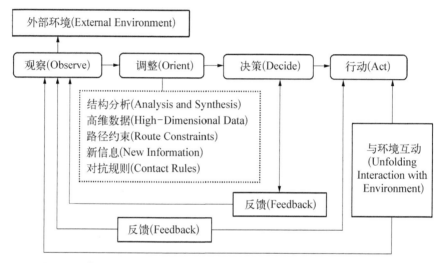

图 4-1　人工智能技术在战场态势感知的路径——以 OODA 循环为例①

　　除了智能化的战场数据分析与决策指挥外，人工智能还将推动智能无人化武器的大规模应用。针对这一点，新美国安全中心首席执行官罗伯特·沃克（Robert Work）与新美国安全中心执行副总裁兼研究主任肖恩·布里姆利（Shawn Brimley）指出，"完全实现机器人作战体系有可能使军事力量与人口基数以及传统的潜在军事力量的有效度量脱钩"，而"消灭敌方有生力量"等作战法则可能失去原有的实际意义。② 美国布鲁金斯学会高级

①　"OODA 循环理论"原为信息战领域的一个概念，该理论认为作战过程是"观察（Oberve）、调整（Orient）、决策（Decide）与行动（Act）"四个环节的不断循环往复的过程，并且在对等作战的前提下获胜的关键就在于更好地完成这一过程。而人工智能的嵌入将推动 OODA 实现智能化的转变：① 态势感知智能化，即采用机器学习等方法，并在先验知识的支持下，与环境的不断交互持续地学习战场环境；② 对抗措施的自我调整，即根据态势感知模块对环境信息的认知，自动合成最佳对抗策略和分配作战资源。

②　Robert Work, Shawn Brimley. Preparing for War in the Robotic Age[R/OL]. (2014-01-22) [2019-08-02]. https：//www.cnas.org/publications/reports/20yy-preparing-for-war-in-the-robotic-age.

研究员迈克尔·汉隆(Michael Hanlon)更是进一步指出,未来战争的革命性技术变化极有可能发生在计算机和机器人的领域,其中人工智能将从机器人、自主化和网络安全三方面推动形成新的军事能力。①

人工智能还将催化诸如算法战、意识战等新型战略对抗方式的形成。以意识战为例,人工智能通过利用算法自主生成内容"子弹"(自动生成具有诱导性或欺骗性的内容)、实施个性化的"靶向"锁定(利用情感筛选锁定最易受到影响的受众)和密集的信息"轰炸"组合而成的"影响力机器"(Influence Machine)来操纵他国国内的社会舆论。② 实际上,这一新型对抗模式能够以更为隐蔽和更具破坏性的方式来加剧敌对国家社会内部的两极分化,进而干扰其内部政治事务与破坏其现有政府的合法性。例如,"剑桥分析公司"(Cambridge Analytica)被爆出利用人工智能技术对美国民众的性格特征、政治倾向等进行估计及分类,并据此分别投放不同的、有针对性的政治广告新闻,从而达到干预民众的投票等政治行为的目的。③

当然,人工智能技术应用的全质性还能使其能够同多种物质力量相结合,进而在态势感知、威胁分析、策略生成以及攻防对抗等方面形成更为有效的作战能力。例如,基于人工智能技术的优化,作为致命性自主武器系统(LAWS)应用代表的无人机就对战场数据进行更为全面的智能化收集、处理与判断,并据此实现自主飞行控制、作战目标识别、作战任务分配与系统自我协调,组建成"蜂群"式的有机作战整体。④ 而这一"蜂群"所具备的智能化与集群化的特性能够通过数据共享而实现"多中心化"的协同作战,并使无人机群的作战效能达到饱和,最大限度地发挥集群作战的优势。⑤

① Michael Hanlon. Forecasting Change in Military Technology, 2020 - 2040 [R/OL]. (2018 - 09 -19) [2019 - 09 - 06]. https://max.book118.com/html/2018/1203/5020102301001333.shtm.
② "影响力机器"概念由美国陆军协会陆战研究所最早提出,这一作战模式的目的在于以更低的成本、更为隐蔽的方式来干扰民众情绪和操纵社会舆论,从而在对手内部制造分裂,并削弱其民众的意志。See Christopher Telley. The Influence Machine:Automated Information Operations as a Strategic Defeat Mechanism [EB/OL]. (2018 - 09 - 24) [2019 - 09 - 12]. https://www.ausa.org/sites/default/files/publications/LWP-121-The-Influence-Machine-Automated-Information-Operations-as-a-Strategic-Defeat-Mechanism.pdf.
③ 何瑞恩,扎克·巴林.人工智能时代的中美关系 [EB/OL]. (2019 - 05 - 17) [2019 - 09 -11].http://www.daguoce.org/article/83/551.html.
④ Paul Scharre. Army of None:Autonomous Weapons and the Future of War [M]. W. W. Norton & Company, 2018: 12 - 15.
⑤ Amy McCullough. SWARMS Why They're the Future of Warfare [J]. Air Force, 2019, 102(3): 36 - 37.

　　可见，人工智能不仅能够通过强化物理效能、生物效能或者重塑武器能量来源、作用原理等纯粹的技术层面来影响战争形态，并且还能够从战略决策与作战指挥等主体选择层面来推动战争形态变革。需要说明的是，当前人工智能技术的军事化应用多数仍停留在以信息技术和精确打击武器为核心的"初智"阶段。因此，人工智能技术的军事化应用仍存在着较大的不确定性，①但可以明确的是，占据人工智能技术高地的国家将在对抗中获得更大的主动权，并且国家之间的对抗也将不再局限于装备层面的较量。相反，对抗与竞争领域将随着技术的发展而不断被拓宽，技术储备、数据知识、创新实力、协同能力的对抗也将达到传统战争不可想象的高度。当然，如果伴随着技术的突破，人工智能也有可能推动战争从"精确化"向"智能化"转变，使其跃升成为整合多项战略技术支撑的"高智"阶段，进而对传统国家安全乃至国际安全领域产生更大的影响。

　　第二，从非传统安全来看，人工智能技术能够为各类社会风险的应对提供更为精准的预测、感知和纠错机制。与传统安全不同，人工智能在非传统安全领域的应用主要是从知识生产与问题分析角度进行切入的。实际上，以大数据分析为基础对安全态势感知的预测本身就着眼于关联共现关系的冲突特征模式识别。② 人工智能技术的嵌入则有助于实现这一过程的智能化，进而统合安全中的"预测、防御、检测与响应"来构建一种自适应安全架构。③ 在这一架构中，人工智能技术能够基于时间轴自主地对多源数据进行全方位的感知、挖掘与清洗，并对大量模糊的非结构化数据进行聚合、分类与序列化处理，从而多角度、动态化地对危险来源进行目标检测、跟踪和属性提取。④ 在此基础上，人工智能技术便能够构建相应的模型来捕捉各

① Vincent Boulanin, Maaike Verbruggen. Mapping the Development of Autonomy in Weapon Systems[M]. Sweden Stockholm International Peace Research Institute, 2017: 16 - 17.

② 董青岭.大数据安全态势感知与冲突预测[J].中国社会科学,2018(6): 182.

③ "自适应安全架构"是由美国加特纳咨询公司提出的面向下一代的安全体系框架，其组成主要分为四个维度：① 防御指一系列用于防御攻击的策略集、流程和产品，其关键目标在于减少被攻击面。② 检测指用于监测逃过防御网络的威胁的工具，其关键目标在于降低威胁造成的"停摆时间"以及其他潜在的损失。③ 响应指用于调查和修复被检测阶段所分析出的威胁，其关键目标在于提供入侵认证和攻击来源分析，并产生新的防御手段来避免未来事故。④ 预测指基于防御、检测、响应结果不断优化基线系统，其关键目标在于精准预测未知的威胁。See Neil MacDonald, Peter Firstbrook. Designing an Adaptive Security Architecture for Protection From Advanced Attacks [M]. Gartner Group, 2014: 3 - 4.

④ Anna Buczak, Erhan Guven. A Survey of Data Mining and Machine Learning Methods for Cyber Security Intrusion Detection [J]. IEEE Communications Surveys & Tutorials, 2017, 18 (2): 1153 - 1176.

类风险因子的作用路径及推断其发生的概率,并根据当前的分析结果主动、快速地选择应对策略,从而能够不断优化安全防御机制和从容应对潜在的安全威胁。①

目前,人工智能技术已在经济安全、医疗保护、环境安全、网络安全、能源安全、打击恐怖主义和跨境犯罪等诸多领域得到较为广泛的应用。

一是在危机预测方面,人工智能不仅能够扩大危机预测的适用范围,而且还能提高预测的准确性和时效性,进而为维护社会稳定构建一种预测型防护机制。② 对此,英国艾伦图灵研究所特别项目主任艾伦·威尔逊(Alan Wilson)及其研究团队认为,人工智能可以通过扩大数据收集、减少信息未知性以及建立相关分析模型来更好地预测战争及其他冲突发生的可能性,并及时介入其中,以遏制这些社会冲突可能带来的负面影响。③ 当然,人工智能技术同样可以应用于全球范围内的自然灾害和其他社会危机的预警。例如,公共卫生部门能够利用人工智能技术来对实际疫情数据进行分析,并更准确、有效地对各类传染疾病进行跟踪和预防,从而更高效地利用公共卫生资源。④

二是在反恐方面,人工智能可以基于已有的恐怖活动案例对恐怖组织的优先目标、网络结构及其行动路径进行智能化的分析,并据此来预测潜在的恐怖行为、甄别恐怖活动嫌疑人以及制定相应的反恐方案。⑤ 例如,美国亚利桑那州立大学的网络社会学智能系统实验室便利用机器学习以及神经网络等人工智能技术对 2014 年 6 月 8 日—2014 年 12 月 31 日发生的 2200 起"伊斯兰国"(ISIS)的恐怖袭击及其军事行动进行了分析,并据此构建了

---

① Lars-Erik Cederman, Nils Weidmann. Predicting Armed Conflict: Time to Adjust Our Expectations? [J]. Science, 2017, 355(6324): 474.

② David Vergun. Artificial Intelligence Could Aid Future Background Investigators [EB/OL]. (2019 - 04 - 08) [2019 - 09 - 17]. https://www.defense.gov/Explore/News/Article/Article/1808092/artificial-intelligence-could-aid-future-background-investigators/.

③ 该研究所开发的"全球城市分析弹性防御项目"(Project on Global Urban Analytics for Resilient Defence)、美国洛克希德马丁公司开发的"综合危机预警系统"(Integrated Crisis Early Warning System)、美国政府所资助的"政治不稳定任务工作小组"(Political Instability Task Force)所研发的政治风险预测模型等均已将人工智能用于风险预测模型的构建。See Weisi Guo, Kristian Gleditsch, Alan Wilson. Retool AI to Forecast and Limit Wars [EB/OL]. (2018 - 10 - 15) [2019 - 10 - 11]. https://www.nature.com/articles/d41586 - 018 -07026 - 4.

④ Trang Pham, Truyen Tran, Dinh Phung, et al. Predicting Healthcare Trajectories from Medical Records: A Deep Learning Approach[J]. Biomedical Informatics, 2017, 69(3): 218 - 229.

⑤ Patrick Johnston, Anoop Sarbahi. The Impact of US Drone Strikes on Terrorism in Pakistan and Afghanistan[J]. International Studies Quarterly, 2016, 60(2): 204.

一个模拟该恐怖组织行动的模型,以此来推导"伊斯兰国"各类恐怖活动的发生规律以及同联军反制行为之间的关系。①

三是在安防方面,人工智能技术能够推动被动防御安防系统向主动判断与预警的智能安防系统升级。一方面,经由人工智能算法所训练的人脸识别、图像识别与视频结构化等技术能够有效地提高安防部门识别罪犯的能力,并根据罪犯的相关信息给出更优的判定结果。② 另一方面,公安部门也能够利用机器学习,对犯罪区域及其他环境数据集进行分析,从而来预测可能发生犯罪的地区,并据此优化相应警力资源的部署。③ 正如美国斯坦福大学"人工智能百年研究"(AI100)项目小组所指出的,人工智能技术不仅可以辅助公安部门及其他安全部门进行犯罪现场搜索、检测犯罪行为和开展救援活动,而且还可用于排列警务任务的优先次序以及分配相关的警力资源。④

四是在网络安全方面,人工智能有助于实现"端点检测响应"(Endpoint Detection Response)和"网络检测响应"(Network Detection Response),即人工智能技术能够在信息交互的过程中提前对网络威胁进行评估与研判,并智能化地对不合理的行为进行及时阻断,实现防护边界泛网络化,以适应网络空间安全边界的扩张,进而为网络安全的机密性、可用性和完整性提供更为有效的防御工具。⑤ 美国电气和电子工程师协会(IEEE)在其发布的《人工智能与机器学习在网络安全领域的应用》中指出,基于人工智能技术所构建的网络安全系统能够对网络安全漏洞进行及时的检测,并规模化、高速度地对网络安全威胁做出应对,进而能够有效提升网络安全系统的防护能力。⑥ 此外,人工智能技术还可用于网络文本、图片、

---

① Andrew Stanton, Amanda Thart, Ashish Jain, et al. Mining for Causal Relationships：A Data-Driven Study of the Islamic State[M]. International Conference on Knowledge Discovery and Data Mining, 2015：2137 - 2146.

② Richard Berk. Asymmetric Loss Functions for Forecasting in Criminal Justice Settings [J]. Quantitative Criminology, 2011, 27(1)：107 - 123.

③ Beth Pearsall. Predictive Policing：The Future of Law Enforcement? [J]. National Institute of Justice Journal, 2010(4)：16.

④ One Hundred Year Study on Artificial Intelligence (AI100). Artificial Intelligence and Life in 2030[EB/OL]. (2016 - 09 - 09) [2019 - 09 - 21]. https：//max. book118. com/html/2017/0313/95215173.shtm.

⑤ Jian-hua Li. Cyber Security Meets Artificial Intelligence：A Survey[J]. Frontiers of Information Technology & Electronic Engineering, 2018, 19(12)：1462 - 1474.

⑥ IEEE. Artificial Intelligence and Machine Learning Applied to Cybersecurity [EB/OL]. (2017 - 10 - 9)[2019 - 09 - 11]. https：//www. ieee. org/content/dam/ieee-org/ieee/web/org/about/industry/ieee_confluence_report.pdf.

视频和语音内容的识别、检测与分类,并且对于网络技术的各类场景化应用提供辅助工具,进而从网络内容安全与物理网络系统安全方面来赋能网络安全。①

五是在金融安全方面,人工智能的应用有助于提高金融体系的安全度和稳定性。一方面,人工智能可以通过构建反洗钱、反欺诈以及信用评估等智能模型,为开展多源金融数据整合与交易逻辑校验等金融风控业务提供更为有效的工具。② 公认反洗钱师协会(ACAMS)就高度肯定了人工智能技术在反洗钱领域的应用价值。③ 目前,摩根士丹利、汇丰银行和高盛等多家金融机构已将人工智能技术应用于风险评估、交易筛查、交易监控等具体金融风险控制场景。④ 另一方面,人工智能还有助于构建金融知识图谱或关联网络,从而提升金融预测的效能与延展金融风控的覆盖范围。针对这一点,金融稳定理事会(FSB)认为,监管部门可以将人工智能技术运用于监测流动性风险、资金压力、房价和失业率等市场变化趋势,从而更为准确地把握当下的经济形势与金融环境。⑤

总体来看,人工智能基于进化赋能的实践应用,在国家安全治理中存在着一定的技术发展正循环,这一广域治理的特征不仅意味着人工智能将成为保障国家安全的重要驱动力,而且也将进一步拓展国家安全治理的理念、方式与界域。实际上,由于传统安全与非传统安全往往是相互影响的,因此,科技在两者之间的应用也存在着一定的交叉。人工智能技术在国家安全治理中的应用也具有这一特性,并且人工智能所具有的通用性更是模糊了其在传统安全与非传统安全中的应用边界。例如,在传统安全中的无人机"蜂群"可以用于遥感测绘、森林防火、电力巡线、搜索救援等非传统安全类活动,而用于标记照片和识别商品的图像识别算法也可被用于分析作战

① 网络内容安全是指网络环境中产生和流转的新型内容是否合法、准确和健康;网络物理系统安全则是指网络技术的现实应用是否会对资产、人身及自然环境等要素造成潜在的安全威胁。参见腾讯公司安全管理部、赛博研究院.人工智能赋能网络空间安全:模式与实践[R].深圳,上海:腾讯安全管理部、赛博研究院,2018:10-15.
② Richard Lowe. Anti-Money Laundering: the Need for Intelligence [J]. Financial Crime, 2017, 24(3): 472-479.
③ Gurjeet Singh. How AI is Transforming the Anti-Money Laundering Challenge [EB/OL]. (2017-08-10)[2019-09-11]. https://www.corporatecomplianceinsights.com/ai-transforming-anti-money-laundering-challenge/.
④ Aline Dima, Simona Vasilache. Credit Risk Modeling for Companies Default Prediction Using Neural Networks[J]. Economic Forecasting, 2016, 19(3): 127-143.
⑤ Financial Stability Board. Artificial Intelligence and Machine Learning in Financial Services: Market Developments and Financial Stability Implications [EB/OL].(2017-11-1)[2019-09-11].https://www.fsb.org/wp-content/uploads/P011117.pdf.

单元所捕获的战场信息。① 因此，人工智能在传统安全与非传统安全两个领域之间存在着相互支持的作用。当然，由于受到数据样本的不完全、算法优化的高要求以及模型构建的复杂性等要素的限制，人工智能在现阶段的实际应用过程中仍存在着明显的缺陷。② 而我们对于人工智能在国家安全治理中应用的认知，仍旧是建立在当前已知技术应用的基础上的，只能根据现有的和大致能预见到的人工智能技术及其发展趋势来探讨其已经和可能在国家安全治理中的应用。③

第三节　安全格局之变：人工智能在 国家安全治理中的风险识别

科技革命的发生往往会对国家力量对比、地缘政治结构以及社会治理等多个方面产生深远的影响，进而也就会从多个领域对国家安全治理造成根本性的挑战。例如，科技革命所带动的军事变革可能会加剧大国间的战略竞争，扩大全球战略失衡的风险，并导致对抗规模更大、速度更快以及强度更高。科技革命所推动的社会形态转变将使得经济安全、金融安全、信息安全、文化安全、环境安全等非传统安全领域面临新的"安全困境"（Security Dilemma）。④ 如上文所述，随着人工智能实现了新一轮的技术突破，这一技术对于国家安全的重要意义得到了极大提升，但同时，人工智能对于国家安全及其战略行为模式不仅具有极强的"破壁效应"，同时这一技术的应用也存在着超出预期设想的可能。因此，人工智能技术也将从国家战略竞争的稳定性、社会治理的有序性以及技术应用的稳定性等方面对国家安全产生一定的冲击。此外，人工智能综合应用所存在的交叉性还将放大这些冲击所带来的风险。

一、人工智能或将打破现有国际战略竞争的平衡状态

军事安全是国家传统安全领域探讨的首要议题，而科技对于军事力量

---

① Michael Mayer. The New Killer Drones: Understanding the Strategic Implications of Next-Generation Unmanned Combat Aerial Vehicles[J]. International Affairs, 2015, 91(4): 778.

② 董青岭.机器学习与冲突预测——国际关系研究的一个跨学科视角[J].世界经济与政治,2017(7): 116.

③ 傅莹.人工智能对国际关系的影响初析[J].国际政治科学,2019(1): 17.

④ John Herz. The Security Dilemma in International Relations: Background and Present Problems [J]. International Relations, 2003, 17(4): 41.

的发展作用直接影响了国际体系的权力分配,尤其是某项新科技的军事化应用往往存在打破原有国家间的力量对比的可能,并且应用水平的差异性则更易加剧国家间的军事战略竞争。① 从这一角度出发,人工智能对于国家安全的影响可以分为以下三个方面。

第一,从竞争领域来看,人工智能所具有的应用全质性也意味着这一技术的军事化应用不会局限于某类单一的武器或作战平台,而是将在各个军事领域内实现全面扩散。因此,拥有人工智能技术优势的一方将研发出打击效用更大和预期风险更低的攻击设备,并且人工智能所导致的这一力量差距很难用数量叠层或策略战术等手段进行中和或弥补。同时,人工智能还将为各类小规模、短时间、低烈度的快速打击、非传统的战法及非战争的军事行动提供技术支撑。这些非常规的军事行动的出现与进化本身就可能导致现有战争样式和交战规则发生转变,进而在某种程度上导致战争界限更加模糊。② 而人工智能军事化应用图景的不明确及其技术演进路径的不确定更是将加剧国家间的这一战略竞争。此外,现有的军备控制体系与国际裁军协议并未将人工智能军事化应用涵盖在内,并且各方也尚未就这一议题形成广泛的共识。③ 全球性规制的缺失也可能进一步扩大人工智能军事化应用所导致的无序竞争格局。

第二,从冲突成本来看,人工智能的军事化应用不仅能够实现作战效率的全方位提高,并且还能够以无人化的作战形式来降低可能造成的伤亡。针对这一点,美国学者迈克尔·迈耶(Michael Mayer)认为,新型无人武器的发展不仅提供了可升级的远程精确打击能力,而且使用这种武器对己方作战人员几乎毫无损伤。④ 实际上,包括损益、周期、规模以及性质等诸多因素在内的预期成本对于战争决断及其进程形成了相应的限制。⑤ 而人工智能的介入则将显著地降低战争的预期成本,即原有制衡战争的两大主要因素——军事成本与国内政治代价在一定程度上被削弱了(甚至消失)。⑥ 此外,人工

---

① William McNeill. The Pursuit of Power: Technology, Armed Force and Society Since A.D. 1000 [M]. University of Chicago Press, 1982: 22 - 23.

② 王逸舟.全球主义视野下的国家安全研究[J].国际政治研究,2015(4): 103.

③ 冯玉军,陈宇.大国竞逐新军事革命与国际安全体系的未来[J].现代国际关系,2018 (12): 12 - 20.

④ Michael Mayer. The New Killer Drones: Understanding the Strategic Implications of Next-Generation Unmanned Combat Aerial Vehicles[J]. International Affairs, 2015, 91(4): 767.

⑤ James Walsh, Marcus Schulzke. The Ethics of Drone Strikes: Does Reducing the Cost of Conflict Encourage War? [M]. U.S. Army War College Press, 2015: 4 - 5.

⑥ Andrea Gilli, Mauro Gilli. The Diffusion of Drone Warfare? Industrial, Organizational and Infrastructural Constraints[J]. Security Studies, 2016, 25(1): 76 - 77.

智能军事化应用所带来效用的提高也可能导致国家更倾向于使用这一技术。乔治梅森大学教授杰里米·拉布金（Jeremy Rabkin）与加州大学伯克利分校教授约翰·柳（John Yoo）认为，在动用大规模的军事响应的情况下，各国可能会更加会频繁地采取人工智能等作战效能更高和战争成本更低的新技术来达到目标。① 可见，尽管人工智能的军事化应用带来了一系列战略收益，但同时也降低了战争的门槛及其负面效应，进而极有可能从技术层面导致各行为主体选择对抗。

第三，从核威慑体系来看，人工智能技术的介入可能对这一建立在"确保相互摧毁"原则基础上的体系造成巨大的冲击。实际上，国际行为体之间的战略互动往往是一种基于"不完全信息"的博弈过程，这也是核威慑体系存在的前提之一。② 然而，根据兰德公司所发布的《人工智能对核战争风险的影响》报告显示，技术优势方可以运用人工智能技术对敌方安全基础设施实行大规模监控，并据此确定对手的行为模式与实施更具有针对性的反制措施。③ 显然，拥有人工智能技术优势的一方能够对原有不确定的战略意图以及复杂的对抗情况进行全景式的智能化分析，从而能够在核威慑的决策下做出更加灵活、准确的战略判断与选择。④ 与此同时，人工智能所导致的军事竞争领域的扩大也可能催生新型不对等的战略威胁手段。例如，人工智能可以实现天基武器情报和武力的实时整合，并且能够以智能化的方式提升轨道武器的精准度，进而构建一个更为有效的反导防御系统，这一不对等战略威胁手段的出现则可能导致技术弱势方所具备的威慑战略趋于低效或者无效，进而同样对现有的战略威慑体系造成较大的冲击。⑤ 因此，正如美国哈德逊研究所高级研究员安德鲁·克雷皮内维奇（Andrew Krepinevich）所言，新兴技术的出现将模糊常规战争与核战争间的界限，并且不对等的军

---

① Jeremy Rabkin, John Yoo. Striking Power: How Cyber, Robots, and Space Weapons Change the Rules for War[M]. Encounter Books Press, 2017: 3 - 5.

② 唐世平.一个新的国际关系归因理论：不确定性的维度及其认知挑战[J].国际安全研究,2014(2): 5 - 6.

③ Edward Geist, Andrew Lohn. How Might Artificial Intelligence Affect the Risk of Nuclear War? [EB/OL]. (2018 - 05 - 28) [2019 - 09 - 12]. https: //www. rand. org/pubs/perspectives/PE296.html.

④ Pavel Sharikov. Artificial Intelligence, Cyberattack and Nuclear Weapons: A Dangerous Combination[J]. Bulletin of the Atomic Scientists, 2018, 74(6): 368 - 373.

⑤ Kenneth Waltz. Realist Thought and Neorealist Theory[J]. International Affairs, 1990, 44 (1): 21 - 37.

事能力同样具有打破核威慑平衡的可能。①

　　综上可知,无论是军事竞争的领域,还是对抗冲突的意愿,抑或是核威慑体系,人工智能技术均有可能对现有的博弈结构造成极大的冲击。其中,人工智能技术相对薄弱的国家将在战略判断、策略选择与执行效率等多方面处于绝对劣势,占据技术优势的国家则将通过占据新的技术制高点来获得全面超越传统力量对抗的能力。在这一状态下,各国对于实力差距、国家安全与利益冲突的担忧将会更加明显,进而导致各国在人工智能发展上的不对称性也将逐步放大为国家安全偏好上的差异性。① 技术强国在选择武力对抗时所获得的收益将不断增加,技术弱国则更难以凭借常规的对抗手段对外形成有效的制约。② 因此,技术强国所具备的"积极幻想"的适应性优势使其更易形成获取霸权的进攻性需求,即技术强国在战争方面的决策可能变得更加宽松,并更加倾向于实现人工智能的大规模军事化应用。③ ② 技术弱国所处的被动位置使其形成获取维护安全的防御性需求,即技术弱国更易于倾向采取激进的反制措施,并倾向寻求人工智能武器的扩散以获得新的制衡手段。此外,由于各国无法直观地判断相互间在人工智能技术上的差距,更可能导致各国不得不做出最为极端的选择,即将潜在对手的威胁最大化(见图4-2)。④

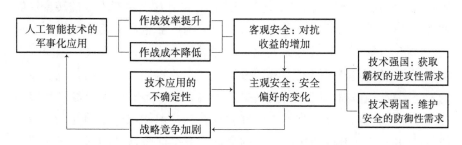

图4-2　人工智能军事化应用之下国家安全偏好的转变

　　这样看来,国家安全的客观外延性与主观意向性极有可能发生重叠,即因人工智能技术发展的差异性所导致的"生存性焦虑"存在被放大为"生存

① Andrew Krepinevich. The Eroding Balance of Terror: The Decline of Deterrence [J]. Foreign Affairs, 2018, 97(2): 62-74.

② Perry World House. Artificial Intelligence beyond the Superpowers [EB/OL]. (2018-08-16) [2019-09-13]. https://thebulletin.org/2018/08/the-ai-arms-race-and-the-rest-of-the-world/.

③ Dominic Johnson. Overconfidence and War: The Havoc and Glory of Positive Illusions [M]. Harvard University Press, 2004: 4-5.

④ Michael Horowitz. Artificial Intelligence, International Competition, and the Balance of Power [J]. Texas National Security Review, 2018, 1(3): 41.

性威胁"的可能，而"客观安全与主观安全的丧失将导致国家行为大幅度的偏离理性轨道"。因此，无论是技术强国还是技术弱国均有在人工智能军事化应用中强化战略竞争的倾向。① 可见，非对称的人工智能技术发展所导致的力量失衡以及安全格局的转变有可能打破原有战略平衡状态，进而导致国际体系出现更大的不确定性与不稳定性。

二、人工智能或将扩大国际行为主体的能力代差

军事能力与经济实力是一国在国际社会中塑造自身权力的两大重要来源，但就现代社会的发展而言，后者对于国家安全的重要性更为凸显。② 作为一种生产力革命的手段，人工智能对于经济发展的重要性是不言而喻的。然而就目前而言，发达国家在人工智能技术的发展上仍处于绝对的优势地位，多数发展中国家在这一技术上则存在着天然的缺陷。因此，尽管人工智能技术的应用能够有效推动社会整体的发展，但是这一内嵌的技术霸权逻辑则将导致国际竞争中出现更多的消极因素，并且还将加剧全球发展中的不均衡与不公正。③

第一，人工智能所推动的生产方式变革将对全球性的整合与现代性的扩散产生一定的限制。人工智能在产业层面应用的核心逻辑在于通过智能机器人来实现社会生产的自动化与智能化。尽管这一生产方式的转变能够实现社会生产力的释放，但同时也将对现有的产品生命周期和国际分工模式造成极大的冲击，尤其是无人化生产方式的应用将稀释发展中国家在劳动力资源上所具备的比较优势，部分制造加工业将回流到自动化程度较高的发达国家。在这种情况下，发展中国家难以通过自身的人口红利来吸引国际产业的转移，进而面临着外资红利与全球技术知识外溢的红利缩减的风险。同时，人工智能应用所导致的全球产业链向价值链的跃升将使得具备技术优势的发达国家获得引领新一轮产业升级的能力。针对这一点，麦肯锡全球研究院在其报告中指出，占据人工智能技术高地的发达国家和地区将在目前基础上获得 20%~25% 的经济增长，而新兴经济体和发展中国

---

① 美国约翰·霍普金斯大学教授阿诺德·沃尔弗斯（Arnold Wolfers）将国家安全分为：客观安全与主观安全。"安全在客观意义上表现为已获得的价值不存在威胁，在主观意义上则表明不存在一种恐惧——这一价值受到攻击的恐惧。"See Arnold Wolfers. National Security as an Ambiguous Symbol[J]. Political Science Quarterly, 1952, 67(4): 481-502.

② William McNeill. The Pursuit of Power: Technology, Armed Force, and Society Since A.D. 1000 [M]. University of Chicago Press, 1982: 22-23.

③ Alexander Gerschenkron. Economic Backwardness in Historical Perspective [M]. Harvard University Press, 1966: 52-54.

家则仅能获得一半的经济增长。① 此外,人工智能技术还将导致发达国家与发展中国家之间出现新的技术围墙。例如,以色列耶路撒冷希伯来大学历史系教授尤瓦尔·赫拉利(Yuval Harari)指出,在人工智能时代,技术强国所"天然"具有的垄断数据的能力可能导致少数几个大国掌控全球的数据信息,而技术弱国则极有可能面临"数据殖民"的危机。② 这样看来,尽管发展中国家也将在智能革命中获得更好的发展机会,但是原有全球化所带来的"现代性扩散"可能难以再为发展中国家的产业升级与社会转型提供有效的支撑,部分发展中国家甚至可能面临被全球价值链淘汰的风险。③

　　第二,人工智能技术创新与应用的高门槛将导致发展中国家面临"技术边缘化"的风险。④ 从技术创新来看,多数发展中国家在人工智能的技术创新与投资能力上非常薄弱。例如,根据加拿大人工智能孵化公司发布的《2019 年全球 AI 人才报告》显示,全球范围内的 72% 人工智能技术人才被美国、中国、英国、德国和加拿大五国所包揽,而排名前 18 强的国家则包揽了 94% 的人才。⑤ 根据全球知名创投研究机构发布的 2020 年《人工智能企业 100 强榜单》显示,在百强榜单中有 65 家企业来自美国,并且专利申请数量最多的公司也同样来自美国。⑥ 与此同时,人工智能技术的前期研发与布局也需要投入大量的成本,并且其发展初期存在着"索洛悖论"的难题,即人工智能所推动的社会生产率的提升与技术进步之间存在迟滞,并且劳动生产率的提升难以同步转化为人们收入的普遍增长和消费成本的普遍下降。⑦ 对于发展中国家来说,人工智能技术研发的高昂成本本身就是难以

① Jacques Bughin, Jeongmin Seong, James Manyika, Michael Chui, Raoul Joshi. Notes from the AI Frontier: Modeling the Impact of AI on the World Economy[EB/OL].(2018 - 09 - 04)[2019 - 09 -13].https://www.mckinsey.com/featured-insights/artificial-intelligence/notes-from-the-AI-frontier-modeling-the-impact-of-ai-on-the-world-economy#.

② Yuval Harari. Who Will Win the Race for AI? [J]. Foreign Policy, 2019, 1(231): 52 - 54.

③ 刘中民.西方国际关系理论视野中的非传统安全研究[J].世界经济与政治,2004(4): 32 - 37.

④ 高奇琦.人工智能时代发展中国家的"边缘化风险"与中国使命[J].国际观察,2018 (4): 39.

⑤ Element AI. 2019 Global AI Talent Report[R/OL].(2019 - 04 - 02)[2019 - 09 - 14].https://www.elementai.com/news/2019/2019-global-ai-talent-report.

⑥ CB Insights. AI 100: The Artificial Intelligence Startups Redefining Industries [EB/OL]. (2020 -03 - 03)[2020 - 06 - 26].https://www.cbinsights.com/research/artificial-intelligence-top-startups/.

⑦ 根据麦肯锡全球研究院模拟计算显示,人工智能的初创成本将消耗近五年内潜在收益的 80%,到 2030 年则将下降至 26% 左右,但在技术创新的累积效应和功能互补的影响下,人工智能的中长期发展将带来巨大的收益。麦肯锡全球研究院预计到 2030 年,人工智能可使全球 GDP 增加 13 万亿美元左右,即为全球 GDP 年均增速贡献 1.2%。

负担的,并且这一技术应用与吸收所需经历的缓慢的"燃烧周期"更是加重了其实现技术应用的负担。从这一角度来看,那些技术条件和资本基础薄弱的发展中国家在人工智能领域丧失了实质性的发展机会。①

第三,人工智能的过度竞争还将催生新的地缘政治风险与技术风险。由于发达国家在人工智能技术的原发性创新与价值定义上具有绝对的先发优势,因此,这些国家往往能够在人工智能的标准及治理规则的制定上也发挥出极强的主导作用。在这种情况下,技术强国凭借自身在人工智能技术上的优势而成为新的权力中心,其他技术弱国则将参与由技术强国所构建的技术秩序,因此,技术弱国对技术强国就形成了新的技术性依附。然而,人工智能作为一项集成式的平台性技术,本身就涉及算力、数据与算法等多方面的技术,这就使得各国在人工智能领域的竞争本身就带有全域式竞争的趋势。在这一依附关系下,这一全域式竞争的趋势就从技术强国之间的局部竞争扩大为全球性的竞争,即个别技术强国的主观竞争意愿将体现为国家之间的技术竞争现实。而这种格局一旦形成就极易导致各国在人工智能领域的竞争超出正常的范畴,甚至可能引发各国采取诸如技术封锁、技术对抗等更为激进的技术发展策略。② 然而,过度竞争会导致人工智能的发展出现更为无序的状态,尤其是技术割裂所造成的技术生态的封闭与失序极易诱发一系列的新生技术风险。例如,不同的人工智能系统本身就存在着兼容性的问题,并且这些系统之间的安全防护协议的差异也可能导致出现一定的安全漏洞,而在技术对抗或者封锁的状态下,各国难以通过合作来共同解决这些问题。③

三、人工智能或将使资本与技术获得"超级权力"

在技术发展和治理需求的推动下,市场中的结构性权力往往会出现持续性的扩张。尽管政府仍将具备一定的数据资源优势,但是治理难度的增加及技术应用的不充分也可能导致政府不得不将部分的治理权力让渡给一些科技巨头企业。正如美国经济学家、诺贝尔经济学奖得主约瑟夫·斯蒂格利茨(Joseph Stiglitz)所言,人工智能技术的复杂性以及科技企业的优势将导致后者在相关技术治理准则的制定中拥有相当大的

---

① 封帅.人工智能时代的国际关系：走向变革且不平等的世界[J].外交评论(外交学院学报),2018(1)：144.

② Brad Allenby. Emerging Technologies and the Future of Humanity[J]. Bulletin of the Atomic Scientists, 2015, 71(6)：29 – 38.

③ Kareem Ayoub, Kenneth Payne. Strategy in the Age of Artificial Intelligence[J]. Journal of Strategic Studies, 2016, 39(6)：793 – 819.

话语权。① 科技巨头企业也将凭借自身在人工智能技术以及产品的供应上的重要作用,获得相应的社会治理权力与能力。因此,人工智能将在一定程度上强化资本权力的垄断地位,其中科技巨头企业极有可能成为新型的权力中枢。

目前来看,多数重要的人工智能领域的突破性成果都是出自 Alphabet、②国际商业机器公司(IBM)、微软(Microsoft)、亚马逊(Amazon)和苹果(Apple)等科技巨头企业所支持的研究平台,并且这些巨头企业也通过收购与兼并来强化自己在人工智能技术生态的战略优势。例如,根据相关部门的统计,上述所提及的科技巨头企业就在过去的 17 年内分别收购了 200 多家人工智能创业公司。③ 因此,这些科技巨头企业极有可能成为人工智能时代的巨头企业。这样来看,科技巨头企业所构建的是一种自上而下的、全产业链式的人工智能技术生态,并且这一生态体系在发展初期是不同专业领域的企业以开放、互动的形式共建而成的。因此,人工智能技术的竞争要素集中度会随着这一过程而不断集中,因而更易形成"赢者通吃"的寡头竞争格局。例如,尽管当前多数科技巨头企业所提供的人工智能算法多是开源的,但这些算法(与 Linux 等经典开源软件不同)在战略、设计和开发上仍是封闭和不透明的,并且初创企业几乎难以摆脱对这些开源算法的依赖。④ 此外,数据、算法等人工智能的核心要素在一定程度上可以脱离主权和地理空间的限制,并且人工智能技术的诸多特性本身就便利于垄断行为的实施。因此,科技巨头企业的活动空间将随着人工智能技术的发展而得到持续性的扩张,相关监管部门的监管也将由此面临着更大的挑战。⑤

与此同时,人工智能的发展还将推动新一轮的"温特尔主义"(Wintelism)的形成。⑥ 科技巨头企业在数据、算力与算法上的优势地位决

---

① Ian Sample. Joseph Stiglitz on Artificial Intelligence:"We're Going Towards a More Divided Society"[EB/OL].(2018 - 09 - 10)[2019 - 09 - 13]. https://www. theguardian. com/technology/2018/sep/08/joseph-stiglitz-on-artificial-intelligence-were-going-towards-a-more-divided-society.

② Alphabet 是谷歌重组后的"伞形公司"(Umbrella Company)的名字。

③ CBinsights. The Race For AI:Google, Intel, Apple In A Rush To Grab Artificial Intelligence Startups[EB/OL].(2018 - 02 - 27)[2019 - 09 - 13].https://www.cbinsights.com/research/top-acquirers-ai-startups-ma-timeline/.

④ Arif Khan. The Tech Oligopoly:Disrupt the Disruption [EB/OL].(2019 - 05 - 04)[2019 - 09 - 13].https://www.diplomaticourier.com/posts/the-tech-oligopoly-disrupt-the-disruption.

⑤ 高奇琦.人工智能时代的世界主义与中国[J].国外理论动态,2017(9):45.

⑥ "温特尔主义"(Wintelism)一词取自微软的操作系统"Windows"和英特尔"Intel",是指科技巨头围绕产品标准在全球范围内有效配置资源,并通过制定结构性的行业标准和模块化生产的模式,从而形成标准控制下的产品模块生产与组合,以及对其他企业形成在产业链上的控制。See Jeffrey Hart, Sangbae Kim. Explaining the Resurgence of U. S. Competitiveness:The Rise of Wintelism[J]. The Information Society, 2002, 18(2):1 - 12.

定了它们具备操纵全球人工智能产业结构与技术实践的能力。对于主权国家而言,为了确保自身在人工智能技术上处于绝对领先地位,技术强国(相对于技术弱国)与市场结构性权力之间形成一种相互利用与共谋的关系,即两者极有可能通过制定行业标准、模块化生产等策略来主导人工智能技术的发展。美国纽约大学信息法研究所研究员茱莉亚·波尔斯(Julia Powles)将此称为:"因技术发展而形成的力量转移与结合"。① 然而,对于人工智能而言,这种技术发展的模式却可能导致两方面的不良后果:① 从内部视角来看,为了充分抢占人工智能技术的高地,政府会给予科技巨头企业更多的权力让渡,继而导致这些巨头企业的垄断地位被不断强化,并对技术创新、产业制造以及社会治理等方面造成极大的挤出效应。② ② 从外部视角来看,这一发展模式极易扩大国家利益与企业利益在人工智能技术发展上所具有的一致性,并使得企业间的商业性竞争上升为国家间的战略性竞争,进而导致人工智能面临更多的消极竞争因素。③ 显然,这两种情况均不利于人工智能技术的可持续发展,并且也容易导致各类主体在这一技术竞争脱离正常的范畴,进而从技术发展和竞争秩序两方面对国家安全造成极为不利的影响。

四、人工智能或将导致社会治理面临新的挑战

人工智能技术的发展与应用将推动生成新一轮的技术革命和产业革命,但同样不可忽视的是,人工智能技术的介入也将从利益再分配、法律规范和伦理道德等多个层面对社会治理形成新的冲击。与此同时,人工智能本身存在运作的自主性、参与的多元性和风险的不可预知性等特征,对社会治理也提出了更高的要求。因此,人工智能对于社会治理所带来的一系列新挑战也是国家安全治理需要重点关注的领域。

当前人工智能对于社会治理最为突出的影响便是这一技术应用所可能导致的社会结构性失业问题。根据麦肯锡全球研究院 2018 年 9 月发布的《前沿笔记:人工智能对全球经济影响的模拟计算》显示,根据不同的使用场景,到 2030 年,智能代理和机器人将取代 4 亿—8 亿个工作岗位。其中,

① Julia Powles, Hal Hodson. Google Deepmind and Healthcare in an Age of Algorithms[J]. Health and Technology, 2017, 7(4): 352.
② 詹姆斯·亨德勒,爱丽丝·穆维西尔.社会机器:即将到来的人工智能、社会网络与人类的碰撞[M].王晓等,译.北京:机械工业出版社,2017: 27.
③ 最为典型的便是当下的中美两国在 5G 技术上的竞争,例如 WIFI 联盟、SD 存储卡协会、蓝牙技术联盟、JEDEC 固态技术协会等国际技术组织在美国的行政影响与司法威慑下,暂停或者部分暂停了华为在其组织内的会员资格。

以重复性劳动与低水平数字技能为特征的岗位需求在未来 20 年内将下降近 10%,而非重复性活动或高水平数字技能的岗位需求则将获得相应的份额。① 这就意味着,人工智能将导致依靠重复性劳动的劳动密集型产业和依赖信息不对称而存在的部分行业遭受极大的冲击。② 实际上,这种失业的主要原因并不在于技术替代,而是在于人工智能嵌入所导致的社会技能结构和人才供需之间的不平衡。然而,人工智能技术本身无法均等地渗透到所有国家、地区、产业和经营主体,其带来的经济增长也同样难以以涓流的方式惠及所有群体。然而,恰恰是这种不平等与不对称扩大了人工智能所造成的社会各产业间、群体间与阶层间在发展能力、资源占有程度与社会影响力等方面的失衡。③ 因此,人工智能所导致的这一结构性失业不仅可能降低劳动参与率与加剧收入的"二元"分化,而且社会贫富差距扩大、阶层流动性减弱以及社会包容度衰减等问题也将由此变得更为突出。

　　数据隐私也是当前人工智能发展需要解决的问题。人工智能技术对用户隐私的侵权主要表现为:个人数据的不当收集、数据收集方滥用、数据二次使用与扩散。实际上,人工智能技术研发本身就是以大数据技术为支撑的。然而,数据的高度依赖性要求用户让渡一定的个人数据使用权,并且人工智能所形成的用户画像还将对用户的隐私进行进一步的"窥探"。例如,将个人的浏览记录、聊天内容和购物过程等数据片段进行组合,就可以勾勒出用户的行为轨迹,并据此推断出个人偏好、性格特征和行为习惯。此外,在现行的网络数据安全架构下,对于个人数据的被遗忘权、携带权等新型数据权利未能形成社会共识性的保护机制,数据跨境流动管理等全球数据管理更是处于真空地带。例如,尽管微软近期出于隐私的考虑,删除了旗下的公开人脸识别数据库 MS Celeb,但这些数据早已在业内进行了广泛传播,并

---

① Jacques Bughin, Jeongmin Seong, James Manyika, et al. Notes from the AI Frontier: Modeling the Impact of AI on the World Economy[EB/OL].(2018-09-04)[2019-09-11].https://www.mckinsey.com/featured-insights/artificial-intelligence/notes-from-the-AI-frontier-modeling-the-impact-of-ai-on-the-world-economy#0.

② 部分学者甚至否定了人工智能应用对于长期的经济增长的作用。例如,伊曼纽尔·卡斯特格(Emanuel Gasteiger)和克劳斯·普雷特纳(Klaus Prettner)基于"戴蒙德模型"(Overlapping Generation Models)对人工智能应用对于经济长期的影响进行了分析,认为"由于机器人的使用将抑制工资的增长,投资的增长也由此受到了抑制,而这最终将导致经济的停滞"。See Emanuel Gasteiger, Klaus Prettner. On the Possibility of Automation-Induced Stagnation[EB/OL].(2017-02-24)[2019-09-13].https://www.econstor.eu/bitstream/10419/155784/1/882225014.pdf.

③ Samuel Kaplan. Humans Need Not Apply: A Guide to Wealth and Work in the Age of Artificial Intelligence[M]. Yale University Press, 2015: 31.

且基于这些数据而优化的算法更是无法消除其内嵌的对于个人隐私的破坏。①

数据质量缺陷以及算法平衡价值观念缺失所导致的算法歧视也是人工智能对社会治理所形成的一大挑战。实际上，算法的数据运用、决策机制以及结果表征等仍是基于开发者的主观价值选择而形成的，开发者的潜在性偏见由此也可能被嵌入其中。此外，人工智能技术的甄别逻辑来自输入数据，如果数据本身不完整或者存在某种倾向性，算法就可能会把数据中的干扰因素或数据噪声进一步放大或固化，进而导致"自我实现的歧视性反馈循环"。② 例如，根据美国公民自由联盟（ACLU）的一项测试显示，由亚马逊所开发的 Rekognition 图像识别技术错误地将 28 名美国国会议员识别为犯罪嫌疑人，并且其中有色人种议员占比达到了 39%；而根据美国麻省理工学院媒体实验室的研究显示，该技术也无法可靠地识别"女性和皮肤黝黑的人"，其中 19% 的女性形象被误判为男性，而黑皮肤女性在其中占比为 31%。③ 这种因数据或算法而导致的种族歧视、性别歧视等社会偏见得到技术性的强化，进而对公民的相关权利造成一定的威胁，并对社会秩序的稳定造成相应的破坏。

五、人工智能或将加剧"技术恐怖"现象的发生

人工智能自身的技术自主性、高度复杂性和风险存续性可导致其技术失控，存在更大的破坏性，使国家安全可能面临"技术恐怖"的困境。根据德勤（Deloitte）发布的《悬而未决的 AI 竞赛——全球企业人工智能发展现状》报告显示，当前人工智能发展最突出的三大技术风险分别是："网络安全漏洞、人工智能决策的潜在偏见以及基于人工智能的建议做出错误决策。"④

---

① MS Celeb 数据库拥有将近 10 万人的面部信息，但部分数据的采集并未得到用户的授权。与此同时，在微软删除该资料库前，国际商业机器公司、松下电气、辉达、日立、商汤科技、旷视科技等多个商业组织均使用了这一数据库。See Madhumita Murgia. Microsoft Quietly Deletes Largest Public Face Recognition Data Set [EB/OL].(2019 - 06 - 18)[2019 -09 - 13]. https：//www.ft.com/content/7d3e0d6a-87a0-11e9-a028-86cea8523dc2.

② Richard Berk. Machine Learning Risk Assessments in Criminal Justice Settings [M]. Springer-Verlag Press, 2018：22 - 23.

③ Russell Brandom. Amazon's Facial Recognition Matched 28 Members of Congress to Criminal Mugshots[EB/OL].(2018 - 01 - 26)[2019 - 09 - 13]. https：//www.theverge.com/2018/7/26/17615634/amazon-rekognition-aclu-mug-shot-congress-facial-recognition.

④ Deloitte. Future in the Balance? How Countries are Pursuing an AI Advantage [R/OL]. (2019 -05 - 28)[2019 - 09 - 21]. https：//www2.deloitte.com/content/dam/insights/us/articles/5189_Global-AI-survey/DI_Global-AI-survey.pdf.

其中,前两者主要是从人工智能技术本身出发的。英国牛津大学人工智能治理中心研究员雷姆科·泽维斯洛特(Remco Zwetsloot)则将人工智能在技术层面的风险划分为:"事故风险和滥用风险"。① 实际上,人工智能不仅存在因恶意使用所导致的技术外溢风险,而且也面临着因技术失控或管理不当所导致的技术内生风险。

从技术外溢风险来看,人工智能技术的成熟以及相关数字资源的开放不仅会催生新的技术扩散风险,而且人工智能本身的技术漏洞也会增加其被攻击或利用的可能。一方面,犯罪分子不仅可以更为便捷、隐蔽地进行小型无人攻击系统及武器的自主研发,而且也能通过对人工智能应用的破坏来获取新型的犯罪能力。② 例如,机器学习中所使用的神经网络已在无人驾驶、机器人等领域得到了广泛应用,但原本无害的神经网络可能在遭受对抗样本攻击或遭遇数据劫持后就极易出现隐藏性的偏差,而犯罪分子就能够通过这些人工智能装置来发动非接触式的攻击。③ 另一方面,人工智能技术研发的秘密性、分散性与不透明性加大了打击技术犯罪以及调控技术稳定性的难度,并且人工智能技术应用边界的模糊性更是加剧了管控技术扩散的难度。④ 例如,在开源编程逐渐兴起的条件下,人工智能技术的研发便能够在相对秘密的情况下进行,并且相关研究项目的参与者也具有一定的分散性,进而导致监管者难以对公共危险源进行识别,并且无法对这些参与者进行有效的监管。⑤

从技术内生风险来看,不确定的技术缺陷与安全防护措施的不完善是极易导致人工智能技术出现这一风险的主要原因。人工智能所具有的"自

① Remco Zwetsloot, Allan Dafoe. Thinking About Risks From AI: Accidents, Misuse and Structure [EB/OL]. (2019 - 02 - 11) [2019 - 09 - 13]. https://www.lawfareblog.com/thinking-about-risks-ai-accidents-misuse-and-structure.

② David Hastings Dunn. Drones: Disembodied Aerial Warfare and the Unarticulated Threat [J]. International Affairs, 2013, 89(5): 1243.

③ Mary Cummings. Artificial Intelligence and the Future of Warfare [EB/OL]. (2017 - 01 - 26) [2019 - 09 - 21]. https://www.chathamhouse.org/publication/artificial-intelligence-and-future-warfare.

④ 秘密性是指人工智能的研究与开发所需的可见设施相对较少;分散性则是指人工智能的研究与开发无需所有部件、人员同时就位;不透明性是指人工智能的运行可能处于秘密状态,并且不能被反向工程控制。当然,这些特征并不是人工智能技术所独有的,信息时代的许多科技同样也具有这些特征。但是,人工智能研究与开发的分散程度和规模以及交互程度都远远超过以往的任何科技。See Matthew Scherer. Regulating Artificial Intelligence Systems: Risks, Challenges, Competencies and Strategies [J]. Harvard Journal of Law & Technology, 2016, 29(2): 363 - 364.

⑤ 马丁·福特.机器人时代[M].王吉美,牛筱萌,译.北京:中信出版社,2015:36.

我学习"能力使其能够在不需要外部控制或者监督的情况下，就能自主地完成某些任务。正如斯坦福大学人工智能与伦理学教授杰瑞·卡普兰(Jerry Kaplan)所言，"机器学习系统能够发展出自己的直觉，并依照这一直觉来行动"。① 但是如果人工智能跃升成为具有"自主思维"的主体，形成了自身运行的"技术理性"，那么，人工智能就将具备去本地化控制的能力。然而，在人工智能的运行过程中，算法并不会对决策结果进行解释，也无法确定某个特定的数据实例是否会对决策产生干扰。② 因此，使用者无法充分理解算法运行的原理，并也无法完全掌控智能系统的决策及其实施进程，进而被动地陷入一种"算法黑箱"(Black Box)的状态。③ 同时，尽管人工智能有助于实现决策的强理性与概率化的变革，但是情感、道德等主观性因素无法被充分嵌入这一决策机制，甚至有可能被完全排除在外。这意味着，人工智能难以充分地识别非人道行为，甚至可能自发制定出既定目标之外的非意图性目标。④ 此外，基于历史数据的算法模型对潜在的突发性变化并不具备完全的预判能力与应变能力，并且监管环境、风险环境或风险策略等基础条件的变化对于人工智能也具有一定的实时性要求，因此，一旦人工智能不能及时对此进行调整，则同样也可能带来相应的风险。

不难看出，无论是因技术滥用而导致的技术外溢风险，还是因技术缺陷而产生的技术内生风险，人工智能在某种程度上的确存在失去人为有效控制的可能。"一个真实环境中的人工智能系统会面临数据安全、模型/算法安全、实现安全等多方面的安全威胁。"⑤当然，人工智能技术的内生风险要比其外溢风险更难以进行控制，并且前者所可能造成的危害也比后者更为严重，尤其是当人类失去对人工智能技术的本地化控制时，就难以再对人工智能技术的研发与应用进行有效的监管与控制。在这一状态下，国家安全

---

① Jerry Kaplan. AI's PR Problem[J/OL]. (2017 - 03 - 03)[2019 - 06 - 21].https：//www.technologyreview.com/2017/03/03/153435/ais-pr-problem-2/.

② ENISA. Towards a Framework for Policy Development in Cybersecurity —— Security and Privacy Considerations in Autonomous Agents[EB/OL].(2019 - 03 - 14)[2019 - 09 - 13].https：//www.enisa.europa.eu/publications/considerations-in-autonomous-agents.

③ Mike Ananny, Kate Crawford. Seeing without Knowing：Limitations of the Transparency Ideal and Its Application to Algorithmic Accountability[J]. New Media & Society, 2016, 20 (3)：975.

④ 封帅,周亦奇.人工智能时代国家战略行为的模式变迁——走向数据与算法的竞争[J]. 国际展望,2018(10)：57.

⑤ Meredith Whittaker, Kate Crawford, Roel Dobbe, et al. AI Now Report 2018[R/OL]. (2018 -10 - 16)[2019 - 09 - 13]. https：//ainowinstitute.org/AI_Now_2018_Report.pdf.

就可能面临着更多因人工智能技术滥用及其演进路径不确定所导致的"技术恐怖"现象。

综上所述,人工智能技术的发展及应用将对国家安全带来新的挑战。一方面,人工智能技术的介入将加速新型军事能力和战略博弈模式的形成,打破传统的战略对抗模式及其博弈的平衡,进而导致国际体系出现更大的不稳定性与不确定性。另一方面,尽管人工智能技术的应用将有力地推动新一轮产业革命,但同时也将扩大国际行为主体间的能力代差、扩大资本垄断技术与市场的能力,导致社会治理面临诸如:算法歧视、数据垄断以及隐私保护等问题,并催生一系列"技术恐怖"的现象。需要指出的是,人工智能技术所导致的国家安全风险已经逐步开始显现,并且上述所提及的部分风险也是其他新兴技术应用的共有特性。因此,国家安全在技术共振之下更有可能面临系统性风险。

第四节　对中国的启示:人工智能时代下的国家安全治理路径选择

在国家目标和利益的追求序列中,国家安全应是核心问题,而人工智能技术发展浪潮将导致国家安全治理格局的转变。对于兼具大国与发展中国家双重身份的中国而言,人工智能技术的发展及其应用所带来的挑战与机遇尤为突出。一方面,人工智能技术不仅是我国抓住新一轮科技革命机遇的重要性因素,而且也是保障我国国家安全的重要驱动力。正如习近平总书记在中央政治局集体学习上所指出的,加快发展新一代人工智能是我们赢得全球科技竞争主动权的重要战略抓手,是推动我国科技跨越发展、产业优化升级、生产力整体跃升的重要战略资源。[1] 另一方面,中国国家安全本身在经济、政治、军事、社会、宗教、网络、能源和环境等各个领域均面临着多种威胁与挑战。[2] 而人工智能技术的嵌入则将引发更多的安全风险,并且技术研究整体图像的不明晰以及安全治理机制的时滞性还将进一步放大这些安全风险。因此,我们既要紧抓人工智能技术发展的契机,推动、容纳和接受这一新兴技术的突破和创新,更要重视这一技术对国家安全所可能造

---

① 习近平.确保人工智能关键核心技术牢牢掌握在自己手里[EB/OL].(2018-11-01)[2019-06-12]. https://www.sohu.com/a/272543285_633698.

② 复旦大学国际关系与公共事务学院"国务智库"编写组.安全、发展与国际共进[J].国际安全研究,2015(1):4.

成的系统性风险。

一、持续完善人工智能技术发展的战略布局

对于中国而言，人工智能技术的发展不仅有助于加快转变经济发展方式，而且更是维护国家安全与提升国际竞争力的关键所在，而这一技术自主性的提升更是能在一定程度上减少安全领域的外部脆弱性，尤其是在技术竞争加剧的时候，这一自主性的保障将变得更为重要。目前来看，我国已经将发展人工智能上升至国家战略的高度，并初步构建了支持人工智能技术发展的政策框架，以期在推动新旧动能转换中充分发挥人工智能的作用。然而，我国人工智能的发展相对更加偏好于技术相对成熟、应用场景清晰的领域，对基础理论、核心算法、芯片制造、关键设备等基础技术领域的研究和创新却重视不足。

笔者认为，我国人工智能发展战略还需要对以下三个问题进行深入思考：一是如何处理我国人工智能技术发展不平衡、不充分的问题，即如何解决我国人工智能发展在人才、资金、体制和产业链上所存在的协调性问题。根据德勤发布的报告显示，尽管中国人工智能领域的投（融）资占到了全球的60%，但是中国成熟专精型人工智能企业的比例却仅占全球的11%。二是如何实现人工智能发展过程中的正外部性与负外部性之间的平衡。正外部性主要是指人工智能的发展能够显著地促进其他新技术的创新和应用，而负外部性则是人工智能发展所导致一系列社会问题。三是如何实现人工智能技术研发的成果保障与地位维护。例如，我国人工智能企业采用的基于图形硬件的编程技术（GPU）多数由三大巨头英特尔（Intel）、超威半导体（AMD）和英伟达（NVIDIA）所提供，并且所使用的人工智能技术开源框架也均非自主搭建。

从上述问题来看，人工智能发展战略的完善可从以下三方面着手。

第一，强化对人工智能技术发展的敏感性与理解力，突出强调对人工智能核心技术的把控，构建自主可控、可持续发展的人工智能的技术创新体系和应用产业体系，从而加强人工智能技术的自主性和掌握发展的主动权。

第二，创新人工智能发展的生态布局，在体制机制、人才培养、产业扶持和资金保障等方面提供更多、更全面的配套政策，建立强有力的公私伙伴关系以推动政策与各类社会资本的共同发力，从而加强技术与产业紧密结合的相互增益和提升人工智能技术发展的可持续性。

第三，克服研发端到部署端的功能孤岛，将包容性原则和开放性原则充分纳入人工智能技术发展的战略规划中，从而加快技术成果转移和促进其

他前沿技术的共同发展。例如,在保护数据隐私和数据安全的前提下,开放卫星图像、交通数据、金融数据等数据集供公众使用,并制定数据集的使用标准、分类标准和共享标准,进而为人工智能技术的发展构建开放、灵活的数据生态。

二、构建人工智能技术的风险评估机制与保障体系

减少国家安全治理体系调试决策失误的风险和成本的关键在于安全意识的强化和对风险应对机制的构建。[1] 根据美国国际战略研究中心(CSIS)发布的《人工智能与国家安全: AI 生态系统的重要性》报告显示,安全可靠的技术基础是搭建良性人工智能技术发展的生态系统所不可或缺的一部分。[2] 因此,减少人工智能技术发展与应用所带来的社会风险也同样需要构建完整的风险评估机制及保障体系,并从安全技术和安全管理等层面来协同防范安全风险。因此,我们应在综合考虑人工智能技术发展状况、社会环境、伦理价值等因素的基础上,加强对数据垄断、算法歧视、隐私保护以及伦理道德等问题的预判,并为人工智能技术的发展制定相应的规范框架。例如,对于人工智能所可能导致的结构性失业进行系统性评估,并据此及时、合理地调整人才技能结构,使其适应新时期经济发展的需要。

与此同时,针对人工智能技术应用可能带来的法律、安全和伦理问题以及各个发展阶段所存在的潜在风险,可建立诸如技术风险评估机制、灾难性风险管理机制和技术错误纠正机制等相关可管理安全机制,并从算法容错容侵设计、漏洞检测和修复、安全配置等方面来增强人工智能技术自身的安全性。[3] 此外,还应提高人工智能技术的可检验性来加强技术应用的透明度与信任度,即人工智能技术中的算法与数据在一定的条件下应当被完整地保存和查验,相关企业也应为了公众利益放弃妨碍进行问责的商业秘密与法律主张,尤其是在具有高风险的公共领域内应尽量减少使用具有黑箱特性的人工智能技术。[4] 当然,也要积极发展和应用各类新型技术以弥补

---

① 梅立润.人工智能如何影响国家治理:一项预判性分析[J].湖北社会科学,2018(8):27.

② 该报告将人工智能生态的构建分为四个重要组成部分,除了安全可靠的技术基础外,还包括良好的投资环境和政策体系、熟练的劳动力和充分的知识管理与获取、处理和利用数据的数字生态等三个方面。See Lindsey Sheppard, Andrew Hunter. Artificial Intelligence and National Security, The Importance of the AI Ecosystem [EB/OL].(2018-11-25)[2019-09-11].https://www.csis.org/events/artificial-intelligence-and-national-security-importance-ai-ecosystem.

③ Karen Yeung. Algorithmic Regulation: A Critical Interrogation [J]. Regulation & Governance, 2017, 12(6):22.

④ Will Bunch. AI is not a Quick-Fix Solution for Discrimination [EB/OL].(2018-11-07)[2019-09-12]. https://hrexecutive.com/ai-is-not-a-quick-fix-solution-for-discrimination/.

人工智能技术所带来的缺陷。例如，区块链技术的应用便能够有助于解决人工智能在数据隐私、安全等方面的问题，从而打破现有的数据寡头垄断，助力人工智能技术的良性发展。

三、规范技术设计的价值向度以引导技术发展

虽然人工智能技术本身是中性的，但要避免"技术的贪欲"带来的不良后果。将预设的价值向度嵌入人工智能的算法之中，并制定相应人工智能的正义目标，就能够在一定程度上减少人们对其的不当使用或恶意利用。针对人工智能的价值向度，美国皮尤研究中心（Pew Research Center）提出了三点建议：一是人工智能技术研发应以全球民众的利益为第一要义。为此，需要加强国际合作以共同推动技术的发展以及应对可能的挑战。二是人工智能的价值向度必须突出"人性化"。为此，必须确保人工智能能够满足社会与道德的责任。三是人工智能技术的使用应坚持以人为本。为此，需要通过适时地改革政治与经济体系来提高人机合作的效率和解决技术应用所导致的治理赤字问题。①

结合当前人工智能的发展态势，我们仍需要规范人工智能发展的技术伦理和价值取向，从思想源头上增强对人工智能技术风险的预警能力和社会控制能力，确保技术与人性之间的平衡。一方面，要加强技术伦理规范性和建构性的统一，通过恰当的技术设计规范和制约实现正面伦理价值的"预防式置入"，将人工智能伦理从抽象准则具体落实到相应的技术研发与系统设计中，进而确保技术管理的"工具主义"性质与社会治理的价值理念相兼容。② 另一方面，要努力贯彻"以人为本"的技术发展观，促进科学与人文精神的充分融合与互补，以保证人工智能的人性化转向。当然，对人工智能技术的风险管控应该力求在机会和风险之间取得平衡，即在人工智能技术的发展与国家安全的维护之间保持平衡，并根据具体情况对相应监督机制进行调整，避免陷入因泛技术安全化误区所导致的"技术滞涨"困境。③

---

① Janna Anderson, Lee Rainie, Alex Luchsinger. Artificial Intelligence and the Future of Humans [EB/OL].（2018 - 12 - 10）[2019 - 09 - 11]. https：//www. pewinternet. org/2018/12/10/concerns-about-human-agency-evolution-and-survival/.

② Roger Brownsword. Technological management and the Rule of Law [J]. Law, Innovation and Technology, 2016, 8(1)：101.

③ Salil Gunashekar, Sarah Parks, Joe Francombe, et al. Oversight of Emerging Science and Technology：Learning from Past and Present Efforts around the World [R/OL].（2019 - 03 - 21）[2019 - 09 - 11]. https：//www.rand.org/pubs/research_reports/RR2921.html.

四、构建社会治理新型框架以承接技术更新

人工智能技术在思维层面、技术层面、价值层面上显示出巨大的包容性、广泛渗透性、发展主导性,但越是这样强大的力量,就越有可能面临惯性束缚与治理困境。美国纽约大学 AI Now 研究所指出,对于人工智能技术的道德承诺、责任制度以及实践规范应当由相关治理机制进行承接,否则,这些规范和准则很少能够得到执行。[1] 换而言之,规范人工智能技术发展以及降低其安全风险需要对政治、经济和社会等治理结构进行改革。因此,推进人工智能的健康发展,就必须充分把握人工智能的技术属性与社会属性高度融合的特点,协调利益关系,及时化解冲突,注重激励发展与合理规制的协调,进而为人工智能的持续发展构建相应的社会治理机制和路径。

从这个角度出发,构建新型治理框架的首要工作就在于构建涵盖技术开发、行业监管和公共治理等在内的体系化的法律和规范,增强技术风险决策和立法的针对性与可操作性,并适当扩大特定部门和机构的权力,使其能够更充分地对人工智能技术进行监管。同时,明确设计者、使用者、监管者之间的权责关系,形成"行为—主体—归责"的体系,并将技术应用的公共安全纳入现有的监管框架,减少因责任不明确所导致的"追责缺口"的机制问题。[2] 此外,还应搭建起连接"行动者网络"和"利益相关者"讨论与合作的新平台,鼓励各级政府与学术机构、非营利组织和私营部门开展广泛对话和持续合作,努力创造一个政府、技术专家、公众等多元一体化的治理决策参与机制,从而减少政策制定者、执行者与技术研发群体间的信息不对称,提高相关部门判别和应对人工智能技术风险的能力。[3]

五、加强全球合作以提升技术风险管控的效能

国家安全治理本身与全球安全治理之间存在高度的关联性,而且国际组织、非政府组织、企业、社会团体等多元主体也对治理过程、议题和效能发挥着重要的影响。[4] 目前来看,人工智能的国际规则主要由西方发达国家的企业或机构来推动制定,这意味着从全球层面整体考虑的全球性人工智

---

① Meredith Whittaker, Kate Crawford, Roel Dobbe, et al. AI Now Report 2018 [R/OL]. (2018 - 10 - 16) [2019 - 09 - 12].https://ainowinstitute.org/AI_Now_2018_Report.pdf.

② Bernd Stahl, David Wright. Ethics and Privacy in AI and Big Data: Implementing Responsible Research and Innovation[J]. IEEE Security & Privacy, 2018, 16(3): 30.

③ 庞金友.AI 治理:人工智能时代的秩序困境与治理原则[J].人民论坛·学术前沿, 2018(10): 16.

④ 蔡拓,杨雪冬,吴志成.全球治理概论[M].北京:北京大学出版社,2016: 12.

能治理机制是缺位的。① 同时,全球主要国家对于人工智能技术开发与应用的具体规则仍未形成统一的共识,并且各国在人工智能的部署原则上及发展程度上所存在的差异加剧了非理性竞争。此外,在当前全球贸易关系相对紧张的局势下,以美国为首的发达国家正逐步加大人工智能军事化应用的研发力度,并以国家安全为由来限制人工智能技术在全球范围内的推广与共享。然而尽管当前各国在人工智能技术上的竞争日趋激烈,但这不应被视为一场"零和博弈"。全球科技的进步本身需要各国的参与,而技术风险的防范更是需要各国的合作。对此,布鲁金斯学会外交政策研究员瑞安·哈斯(Ryan Hass)和扎克·巴林(Zach Balin)认为,尽管人工智能技术对国际关系造成了巨大压力,但同时也将为各国提供潜在的合作机会。② 有鉴于此,应对人工智能可能带来的技术风险需要全球社会的共同参与。

根据当前全球人工智能的发展态势,当务之急在于加快制定符合国际关系准则和人类道德约束的技术开发控制协议或公约,推动国际社会在一些根本性、原则性的规则和伦理上达成共识,进而构建具有科学性、系统性、前瞻性的人工智能标准规范体系,并力促国际认同技术风险的治理框架和协调一致的治理机制的形成。同时,应为人工智能技术的发展搭建更为广泛的国际合作与治理网络,推动全球分散的、相对孤立的治理程序与要素资源的积极整合,构建以主权国家、非政府组织、市民社会和跨国公司为主体的综合治理体系。此外,积极推动国际开展持续、直接、权威的多边沟通,对于人工智能技术开展合作性与建设性的管理,确保人工智能技术的和平开发和加强对国际性技术风险事故的防范能力。③ 当然,我们更要明确和坚持人工智能技术发展的和平导向,即在人工智能技术的军事化应用中应当保持极大的克制性,兼顾多方的利益考虑,在技术发展和国家竞争中实现适当的平衡,确保人工智能为人类所用,并促进全人类平等受益,尤其是作为在人工智能发展上拥有全方位资源优势的中国与美国,更应充分发挥各自在人工智能领域的优势,积极在这一技术领域找到合作的出口,为全球人工智能技术的合作与竞争发挥良性的示范作用。

事实上,新的科学技术发展与国家安全治理息息相关,并且随着技术进

---

① 高奇琦.全球善智与全球合智：人工智能全球治理的未来[J].世界经济与政治,2019(7)：20.

② 何瑞恩,扎克·巴林.人工智能时代的中美关系[EB/OL].(2019－05－17)[2019－09－11].http：//www.daguoce.org/article/83/551.html.

③ 鲁传颖,约翰·马勒里.体制复合体理论视角下的人工智能全球治理进程[J].国际观察,2018(4)：73.

步,持续动荡与不确定的风险会不断累积,国家安全治理格局的转变也将是不可避免的结果。与此同时,国家安全治理对于技术升级的方向同样存在着一定的影响,尤其是当国家安全压力增大时,技术的投入极易向与安全相关的领域倾斜。但是,安全和发展是一体之两翼、驱动之双轮。发展是安全的基础,安全是发展的保障。① 因此,把握科技的发展主动权与应对好相应的技术风险是保障未来国家安全的重要命题。

作为一种框架性的底层技术,人工智能将对国家发展产生根本性的推动作用,也将为国家安全治理带来广泛而深刻的结构性挑战。一方面,"在未来的技术竞赛中,最成功的国家将是那些积极变革并且能够跟上技术进步的国家"。② 尤其是在当前全球技术及知识外溢红利逐步减弱的趋势下,已被嵌入多个应用场景的人工智能极有可能将成为下一轮技术革命与产业革命的关键点。另一方面,人工智能将成为国际战略竞争与合作的又一重要领域,但在当下国家实力对比变化和战略政策调整的大背景下,各国在人工智能技术上的战略竞争的可能性或将远超合作的可能性。在这两方面的交叉下,对于人工智能技术的发展需求将优先于对这一技术安全性的考量。然而,人工智能不仅将对全球价值链的整合与社会的公共管理造成极大的影响,而且其演进路径的不确定也将可能导致诸多的技术风险。因此,在这一发展需求优先和技术风险凸显的状态下,人工智能可能导致在国家安全中出现更多的不稳定因素。

当然,新技术的正向良性发展的关键不仅在于推动技术的创新与完善,而且更取决于人类的有效规制与引导。因此,对于中国而言,如何统筹人工智能技术发展与国家安全治理,并实现这两者综合成本的明确化、内部化与协调化将是未来工作的重点之一。在这一过程中,最为重要的仍是保持我国在人工智能技术领域的领先性与自主性,并通过多样化方式对这一技术发展存在的潜在风险进行研判和预防,进而充分维护好自身的战略利益。同时,我们还应积极主持、参与全球人工智能相关标准的构建,提升我国在人工智能技术发展上的国际道义的制高点、议程设置能力与话语权。此外,我们还应积极地同各国在人工智能技术的发展上展开深度对话,力促在人工智能的战略竞争与合作上形成"竞争性共荣"(Competitive Coprosperity),进而塑造一种能够推进务实合作和建设性竞争、有效管控技术风险与防范重大冲突的国际秩序。

---

① 冯维江,张宇燕.新时代国家安全学——思想渊源、实践基础和理论逻辑[J].世界经济与政治,2019(4):23.
② 冯昭奎.科技革命发生了几次——学习习近平主席关于"新一轮科技革命"的论述[J].世界经济与政治,2017(2):23.

第二编 | 网络技术有效介入和治理优化的协同分析

第五章 从无序到协同：网络
治理的价值追寻

网络技术的发展和更新改变了旧有的网络行政生态，网络公民的增加和互动推动了网络空间力量的增长，为适应网络行政生态的变化、提高公共服务质量、更好地履行政府职能和完成治理目标，网络政府也在网络空间膨胀和网络空间倒逼的情势下逐渐调整自身的价值理念、权力结构和职能体系，实现公共治理的转向。

第一节 公共领域的形成与
网络空间的缘起

网络政府的出现建立在网络空间兴起的基础之上，网络空间的兴起则建立在公共领域与私人领域分离的基础之上。公共领域与私人领域的分离为公共领域的结构转型提供了重要的现实背景，在公共领域结构转型过程中，以网络技术为核心的新手段和新工具将网络空间推上了现代公共领域的舞台。在这个舞台上，这种新手段和新工具不断地膨胀，逐渐蔓延到现代生活中的各个领域。

一、公共领域与私人领域的分离

公共领域最早出现在古希腊时期，亚里士多德所说的"城邦"即为公共领域的重要表现，他认为，"城邦虽然在发生程序上后于个人和家庭，在本性上则先于个人和家庭……我们确认自然生成的城邦先于个人，就因为（个人只是城邦的组成部分）每个隔离的人都不足以自给其生活，必须共同集合于城邦这个整体（才能让大家满足其需要）"。① 可见，这一时期出现的公共领

---

① 亚里士多德.政治学[M].吴寿彭，译.北京：商务印书馆，2008：8-9.

域是建立在私人领域的基础之上，同时私人领域的存在也无法脱离公共领域而存在，国家与社会处于一种"胶合"状态，政治社会等同于公民社会和文明社会，但这一时期自由民所活动的公共领域与每个人所特有的私有领域之间存在泾渭分明的界限，参与公共生活的人有严格的要求，参与公共领域活动的人在地位、财产、职业、言行和品德方面都存在限制。"实际上，我们不能把维持城邦生存的所有人们，全都列入公民名籍……最优良的城邦型式应当是不把工匠作为公民的……仅仅一部分不担任鄙俗的贱业的人们才具备这些好公民的品德"。① 这一时期，私有领域与公有领域的"胶合"以及私有领域进入公有领域的种种特权限制使这一时期的公共领域的范围和作用受到限制，其还处于一种功能不健全、发展不完善的初步阶段。

中世纪，虽然国家与公民社会逐渐分离，但这种分离还十分缓慢，国家与社会之间的界限仍模糊不清，因此这一时期实质上并不存在现代意义上的"公共领域"和"私人领域"对立的状态。这一时期，公共领域仍具有特权性质，随着民主政治的发展，议会制和代议制等政体形式成为公共生活的核心，这种由自然状态过渡到政治状态，以让渡个人自然权利为条件建立起来的"保护"个人利益的政体结构实质上已成为封建特权阶级活动场所，它代表了少部分人的特权和利益。卢梭所曾说："人是生而自由的，但却无往不在枷锁之中。自以为是其他一切的主人的人，反而比其他一切更是奴隶"。② 人可以追求参加公共生活的自由，但是个人必须遵守其让渡个人权利而签订的公约，而决定这些"公约"的人正是制定这些公约的特权阶级，这些特权阶级所代表的是公民的所有权而非公民本身，因此，正是公民自己建立起来的公约限制了公民的自由，社会契约使人们被迫放弃自由。在失去自由、实际上不平等的社会里，公共领域的活动受到限制，许多原本可以参加公共活动的人被排斥在公共领域范围之外。

欧洲文艺复兴和启蒙运动后，封建制经济逐渐解体，新兴的资本主义经济开始萌芽，17 世纪中叶的英国革命和 18 世纪的法国大革命推翻了君主专制制度，建立了代议制民主，这为市民社会的兴起、工商业的自由开展以及私人领域的独立存在提供了重要的制度基础，这一时期公共领域的范围已经得到较大扩张，它"包括教会、文化团体和学会，还包括了独立的传媒、运动和娱乐协会、辩论俱乐部、市民论坛和市民协会，此外还包括职业团体、政

---

① 亚里士多德.政治学[M].吴寿彭，译.北京：商务印书馆，2008：129 - 130.
② 卢梭.社会契约论[M].何兆武，译.北京：商务印书馆，2009：4.

治党派、工会和其他组织等"。① 国家与社会逐渐分离,随着市民社会的发展,在民众中形成了一个市民阶层,他们拥有共同的利益基础,试图通过公共舆论压力对权力施加压力,"这种公共舆论以书籍、报纸、杂志等为共同的素材,以咖啡馆、沙龙、宴会等形式进行讨论,这样逐渐形成了一个文学公共领域"。② 最初文学公共领域以文学探讨为主,后来发展成为对权力的批判和限制,资产阶级利用文学公共领域批判特权利益,为资产阶级公共舆论服务,因此,"政治公共领域是从文学公共领域产生出来的,它以公众舆论为媒介对国家和社会的需求加以调节"。③ 无论是文学公共领域还是政治公共领域,它们在西方资本主义发展和资产阶级革命过程中都形成了具有独立批判功能的一个公共空间,尽管后来几个世纪中国家与社会此消彼长的关系在不断波动,但公共领域与私人领域相互分离、相互对立的状态一直存在。

二、网络政治的发展与网络空间的兴起

公共领域与私人领域的分离是网络政治发展的重要基础,公共领域的出现为政治批判的生存提供了现实基础。而公共领域体现的形式多种多样,随着网络这一工具的产生,依附于网络空间的政治制度、政治行为和政治体制成为人们频繁沟通、交流和发表言论与演说的重要媒介。从20世纪60年代产生于美国的阿帕网到20世纪90年代蓬勃发展的因特网,短短几十年的发展网络对经济领域、文化领域、军事领域和政治领域产生了重大影响,网络在政治领域影响的不断加深促进了网络政治学④的诞生,网络政治学作为现代与传统相结合的一个新兴产物,其关注的中心是虚拟世界的政治以及网络对真实世界中政治的影响。

网络政治学的具体研究内容也是随着网络对政治生活的影响而不断变化的,以我国电子政务研究为例。20世纪80年代,我国党政机关开始实施

---

① 哈贝马斯.公共领域的结构转型[M].曹卫东,王晓珏,刘北城等,译.上海:学林出版社,1999:29.

② 季乃礼.哈贝马斯政治思想研究[M].天津:天津人民出版社,2007:84.

③ 哈贝马斯.公共领域的结构转型[M].曹卫东,王晓珏,刘北城等,译.上海:学林出版社,1999:35.

④ "网络政治学"目前在国内外有多种翻译。Cyberpolitics(网络政治学)、Virtual Politics(虚拟政治学)、Politics on the Net(网络政治)等都可以统译为"网络政治学"。Cyber Democracy(网络民主、赛博民主)、Digital Democracy(数字民主)、Electronic Domocracy(电子民主)可以统译为"网络民主"。参见李斌.网络政治学导论[M].北京:中国社会科学出版社,2006:8-9.

信息化建设,国家批准成立了信息管理办公室,负责推动国务院有关部委经济信息系统的建设工作。1985 年启动"海内工程",正式开始在政府机关中推行办公自动化;1987 年重新组建国家信息中心;1989 年启动国务院办公厅组建的全国第一代数据通信网,实现了全国政府系统第一代电子邮件系统的应用;1993 年启动"三金工程";1999 年启动"政府上网工程";2000 年提出了"三网一库"的蓝图;到 21 世纪初期,我国电子政务发展不断深化,以电子政务为媒介的领导体系、服务体系、问责体系等不断完善,网络对政府的影响越来越大。① 网络政治学的研究并不局限于网络对政府的影响,同时还包括网络对代议制民主、国家主权、政治参与、政府体制、政治文化以及政治格局的影响等内容。② 同样,对这些主体的研究也随着网络对政治生活的影响不断变化而变化。

网络技术的发展使网民数量呈几何倍数增长。截至 2020 年 3 月,我国网民规模为 9.04 亿人,互联网普及率达 64.5%,庞大的网民构成了中国蓬勃发展的消费市场,也为数字经济的发展打下了坚实的用户基础。③ 网民数量的增长促进了网络空间的扩展,同时使网络政治学研究的现实意义更加凸显,微博、博客、网络论坛、网络社区等网络新工具的出现加速了网络空间的扩展,尤其是向政治生活领域的扩展促进了网络政治学研究内容的不断更新。毫无疑问,网络空间的出现、扩展和膨胀对传统公共领域的内涵和外延产生了巨大影响,"公共领域的问题是对任何一种民主进行再定义的核心所在……集会、新英格兰市政大厅、村教堂、咖啡屋、酒馆、公共广场、乡村剧社、联合礼堂、公园、工厂的餐厅,甚至是街头角落等都是公共领域。今天,这些地方大多还在,但已不复是政治讨论和活动的组织中心了……媒介尤其是电视与其他形式的电子传媒孤立了市民,并替换了旧式政治空间中的自我。"④以前需要借助于现实公共空间才能完成的沟通与评论现在可以通过网络虚拟空间高效率、短时间内完成,这打破了传统公共领域的空间限制,使得公共空间中的批判更加独立、开放和平等。网络空间构成了一个全新的公共领域,是公共领域的一次重要转型,由此,网络公共空间成为信息交流、公民批判和政治参与的重要公共领域。

---

① 徐双敏.电子政务概论[M].武汉:武汉大学出版社,2009:265-275.
② 李斌.网络政治学导论[M].北京:中国社会科学出版社,2006:12-46.
③ 中国互联网络信息中心.第 45 次中国互联网络发展状况统计报告[R/OL].(2020-04-28)[2020-06-25]. http://www.cac.gov.cn/2019-02/28/c_1124175677.htm.
④ 马克·波斯特.互联网怎么了[M].易容,译.开封:河南大学出版社,2010:187.

第二节　网络空间的膨胀与
公共治理的交织

随着网络空间的兴起和发展,提供网络空间的媒介和手段越来越丰富,这一方面主动激发了人们参与网络空间活动的积极性,另一方面也被动地使部分人们卷入网络空间,尤其是随着网络技术使用的简单化、便捷化,降低了网络使用的门槛,将原本被排斥在网络之外的人们重新吸纳为网络空间的积极活动者,使网络主体的队伍不断扩大。由此,网络空间的不断膨胀与政府治理能力之间产生了剧烈矛盾,网络空间的膨胀使公众对政府公共服务的质量要求不断提高,对网络空间治理的呼吁也越来越强烈。

一、网络空间的属性与公共行政的变迁

网络公共空间作为一种虚拟的公共领域,是一种全新的传媒介质,促使私人生活走向公共化,却不会造成哈贝马斯(Habermas)所担忧的公共领域被瓦解的状况。虽然形式上不同于哈贝马斯所讨论的传统公共领域,但是在功能上却能充分发挥传统公共领域的优点,具有开放性、匿名性和互动性的特征。① 网络空间作为一种公共交流的媒介,其政治价值体现的是公众所关注的公平、回应和参与。网络空间的这些特征和属性一方面在其自身的更新和扩展能力下向政治、经济、文化等各个领域蔓延,另一方面,网络空间的膨胀给政府管理和政府能力带来了巨大的挑战。在传统公共行政时期,正因为工业革命促进了西方资本主义的发展,同时工业化和城市化的进程不断加深,应时代而生的政治—行政二分法、科学管理理论和一般管理理论满足了当时社会发展的效率需求。这一时期的西方行政理论,例如韦伯(Weber)的官僚制理论、怀特(White)的理论行政学思想、古利克(Gulick)的一体化行政思想和厄威克(Urwick)的系统化行政管理原则等,都体现了时代的效率要求。这一时期行政学的基本信念是:"真正的民主和真正的效率是统一的,经济和效率是行政管理的基本准则。"②政府与公民之间的关系是管理与被管理的关系,政府结构的设计仅围绕效率目标进行,并不体现

① 徐婷,王健.公共领域、交往理性与网络空间中的主体性构建[J].理论界,2009(6):37-39.
② 丁煌.西方行政学说史[M].武汉:武汉大学出版社,2004:68.

公平性与人文关怀的价值诉求。

随着两次世界大战结束,其既带给人们惨痛的教训,即过分注重效率价值的追求,同时也带来了西方社会运动的兴起,一股自上而下的社会力量迫使政府将效率目标转向追求公平的价值目标。这一时期处于传统公共行政学向新公共行政的转型期,以有限理性人的决策模式理论、公共人事管理理论和折中行政观为代表的行政理论都意识过度追求效率的非科学性。"1968年弗雷德里克森等一批年轻的公共行政学者在纽约锡拉丘兹大学的明脑布鲁克会议中心召开会议,采用新的研究方法探讨公共行政学的发展趋势,会议中倡导关注社会公平、意义和价值,这标志着新公共行政时期的开启。"①这一时期的公共行政理论更加关注公平与价值,政府更加关注公民的参与性以及自身的回应性。同在这一时期的西方网络技术的发展也开始起步,但这一时期的网络技术应用仅限于一些特殊领域,并未在真正意义上扩展到社会各个领域,政府管理的模式仍然建立在传统的管理理论之上,但这一时期政府在不断改善与社会之间的关系,公平正义的价值观念深植于政府理念之中,而且政府也意识由网络带来的挑战将会迫使政府转型。

"1991年9月来自美国的73位学者汇集于公共管理硕士(MPA)项目发源地雪城大学(Syracuse University)麦克斯韦学院(Maxwell School),举行第一次美国的公共管理学术研讨会(The National Public Management Research Conference),这可以说是公共管理新范式诞生的象征性标志。"②公共管理时期不但注重效率目标,同时也注重公平目标,例如企业家政府理论既要求引入竞争机制,又要求政府具备"顾客意识";新公共服务理论强调既要重视公民权,又不能忽视生产率;公共行政学则主张应该综合运用管理、政治和法律三种途径。"三种不同的研究途径,对公共行政的运作,倾向于强调不同的价值和程序、不同的结构安排,亦用不同的方法看待公民个人。"③因此,公平与效率兼顾的价值观念在政治和行政领域不断蔓延。与此同时,这一时期公民社会的兴起与网络技术的发展交织在一起,对政府管理产生了重大挑战,正是在这一背景下,公共管理的价值取向转向公平与效率的双重目标。一方面,政府对公平与效率双重目标的追求催生网络工具的出现和扩展;另一方面,网络工具的剧增和膨胀对政府的要求越来越高,

---

① 丁煌.西方行政学说史[M].武汉：武汉大学出版社,2004：305.
② 陈振明.公共管理学——一种不同于传统行政学的研究途径[M].北京：中国人民大学版社,2003：13.
③ 戴维·H.罗森布鲁姆,罗伯特·S.克拉夫丘克.公共行政学：管理、政治和法律的途径[M].张成福等,译.北京：中国人民大学出版社,2002：16.

政府在公平与效率价值主导的运行负荷下表现出明显的不足和无力，尤其是最近几年公民借助网络空间的舆论压力对政府的廉洁性、服务性、回应性和责任性的要求越来越高，政府能力在网络空间的舆论压力下丧失了供需平衡，但在公共管理理论的指导下，政府力图通过政府治理和网络空间治理来恢复这种平衡。

二、现代网络空间的膨胀与网络空间治理的呼吁

网络空间作为公众批判、公民沟通和公共活动的虚拟空间，其对净化贪污与腐败、促进清廉与兼顾公平与效率都具有重要作用，但随着网络空间的不断发展和膨胀，网络公共领域的问题和矛盾也越来越突出。"起初，网络乌托邦的观点认为互联网能够克服诸如地理、社会阶层、种族与民族、年龄、性别等差异，鼓励公民参与，促进社会互动和表达。后来，反网络乌托邦发现互联网可以缩小参与者范围、煽动种族分裂、限制言论、降低自尊、侵蚀文化传统、减少社区参与、限制社会联系、助长儿童色情、引发情感诈骗、暗许剽窃和滋长成瘾行为等。"①"万维网和整个互联网经济的快速发展也不是没有社会代价的……很容易传播诽谤、谎言和色情信息……很容易侵犯版权……很容易监视用户的行为，侵犯他们的个人隐私。因此互联网的巨大功能可能被滥用，导致侵害私有财产、蔑视传统道德规范的行为。"②"伴随着网络的繁盛，愚昧和低品位，个人主义和极权统治也大量出现。"③"现代科技为我们提供了获取信息的捷径，却同时也给我们的公民权带来威胁。"④网络空间在急剧膨胀的过程中产生了许多问题和矛盾，这种矛盾将传统与现代相结合，在虚拟与现实之中不断转换，对公民的生活产生极大的威胁和隐患，也给政府管理带来了赋含时代特征的难题和挑战。

基于网络空间膨胀所产生的问题以及政府能力的有限性，对网络空间进行治理的呼吁越来越强烈。关于治理的定义十分繁多，俞可平认为治理有四个特征：一是它不是一整套规则，也不是一种活动，而是一个过程；二

---

① 詹姆斯·E.凯茨，罗纳德·E.莱斯.互联网使用的社会影响[M].郝芳,刘长江,译.北京：商务印书馆,2007：18－24.

② 理查德·斯皮内洛.铁笼，还是乌托邦——网络空间的道德与法律[M].李伦等,译.北京：北京大学出版社,2007：1－2.

③ 安德鲁·基恩.网民的狂欢——关于互联网弊端的反思[M].丁德良,译.海口：南海出版社,2010：1.

④ A.G. NOORANI. Cyberspace and Citizen's Rights [J]. Economic and Political Weekly, 1997(1)：1299.

是治理过程的基础不是控制，而是协调；三是治理的主体既可以是公共部门，也可以是私人部门；四是治理不是一种正式的制度，而是持续的互动。① 因此，网络空间治理是指在网络平台背景下，为维护和促进公共利益，包括政府、非营利组织、私人部门和公民个人在内的多方主体参与公共事务、处理公共问题和协调各方矛盾而相互沟通、相互合作的过程。

网络空间治理中应该注意三个问题。首先，网络空间治理主体应该多元化，应该既包括公共部门、私人部门、第三部门，也包含公民个人。"网络空间治理需要公私部门之间的新型合作，科技的复杂性及其快速变动性使传统管理方式在许多领域都存在问题，尽管会有特例存在，例如医疗信息的保护，但规制框架需要共同合作，因为自我管理、公共监督和公共惩罚相混合的模式将会更有效。"② 其次，网络公共空间治理应该注意整体协调和互动。例如"网络空间草根政治运动是草根力量以维护其利益为目的，运用网络技术组织的抗争性集体行动，对其政治治理必须坚持整体性治理原则，引导与规制并举，现实政治与虚拟空间治理并重。"③ 再次，应注意网络空间的可治理性、合法性、有效性和责任性问题。网络空间具有开放性、匿名性和互动性，这种特性使网络空间涉及的问题和利益十分复杂，难以治理，可能影响治理的有效性。另外，"网络空间不是法定实体，对它的治理缺乏明确对象"，④ 这也对治理的合法性和责任性产生影响。总之，尽管网络空间治理还存在许多需要注意的问题，但是其对网络隐私、网络知识产权、网络政治参与、网络伦理道德和网络互动与表达等问题提供了有效的解决路径。

网络空间治理的呼吁推动了公民参与网络互动。公民积极参与网络空间治理，例如公民举报网络色情网站、提供网络犯罪的证据、联合抵制"人肉搜索"、揭发网上邪教传播、屏蔽网络虚假信息、安全提示网络黑客攻击等。公民与政府、行业组织的合作在很大程度上缓解了政府维护网络安全的压力，净化了网络空间，促进了网络空间良性发展。同时，网络空间治理也推动了公民对政府的监督，例如，2018 年 5 月网民对"严书记女儿"事件的舆论监督及网民对蒲某权钱交易的揭露等，都体现了公民借助网络空间互动对政府工作人员的监督和批评，实现了对政府公务员不正当行为的矫正。另外，网络空间治理的开启促进了政府自身主动与公民之间的对话和沟通。

① 俞可平.治理与善治[M].北京：社会科学文献版社，2000：25.
② STEPHEN J. KOBRIN. Territoriality and the governance of cyberspace [J]. Journal of International Business Studies, 2001, 32(4): 687 - 704.
③ 谢金林.网络空间草根政治运动及其公共治理[J].公共管理学报，2011(8)：35 - 43.
④ 周义程.网络空间治理：组织、形式与有效性[J].江苏社会科学，2012(1)：80 - 85.

截至 2019 年 1 月,全国各地省市县三级党政"一把手"通过人民网"地方领导留言板",答复约 2.2 万项网民留言,同比增长 47%;各地网民留言约 3.1 万条,同比增长 56%。此外,诸如济南的《作风监督面对面》、西安的《电视问政》等节目在新媒体上的广泛传播也充分调动了多方主体参与网络空间治理,这不仅能推动网络空间本身的治理,而且还能推动多方主体在虚拟与现实世界之间转换,促进现实世界中的矛盾在虚拟世界中得以解决。总之,在网络空间膨胀的背景下,政府在注重网络空间治理的同时也应重视网络政府自身的治理。

第三节　网络空间推动与 政府转型方式

网络空间的膨胀推动了网络空间力量的增长,由网络空间力量增长带来的话语权优势和集体行动的便利促成了网络空间力量推动问题及时得到解决。网络对政府决策和执行产生了深刻影响,迫使政府研究更好的方案来提高政府服务的质量。

一、网络空间推动的多种形式重叠：公共舆论与公共安全

一些直接或间接的现实事件在网络空间的传播促使人们对社会伦理和政府行为进行反思,这些形式包括：公民社会的批评和指责、领域专家的分析与质疑、行业组织的反对和抗议、社会精英的激愤与行动以及弱势群体的抱怨与诉求,等等。网络空间中各种形式的言语表达和讨论以及由此延伸至现实空间中的集体行动和群体行为相互交杂、重叠,使政府在这种情势下不知所措或者疲于应对,最终导致政府丧失了目标。

在网络空间推动的多种形式中有两种形式对政府管理和社会稳定产生了重要影响,即公共舆论与公共安全。被誉为行政学开山鼻祖的托马斯·伍德罗·威尔逊(Thomas Woodrow Wilson)说过,"在行政管理活动当中,群众舆论将起什么作用？准确的答案似乎是：公共舆论将起权威性评判家的作用。"[①]当然,他当时所指的公共舆论是现实中的人与人之间的对话所形成的形势,在网络空间中所产生的公共舆论同样也能起到权威性"评判家"的作用。公共安全是一种重要的形式,这种形式对社会的影响更深刻。例

---

① 丁煌.西方行政学说史[M].武汉：武汉大学出版社,2004：27.

如,国外学界对"法国黄马甲事件"的分析,人们在关注骚乱发生原因的同时也在关注社交媒体在骚乱中所扮演的推波助澜的角色,法国警方认为,以推特(Twitter)、脸书(Facebook)为代表的社交网站为传播煽动信息、组织串联犯罪活动,为"作奸犯科"者寻衅滋事提供了太多的"便利"。目前国内出现的许多群体性事件也或多或少地通过网络空间进行传播,这使网络空间既成为政府治理的重要领域,也成为网络主体滋生事件的重要空间。

公共舆论和公共安全是网络空间推动机制产生的两个核心表现形式,政府治理网络空间以及由网络空间衍生的现实空间领域的矛盾和问题需要重点以公共舆论方案和公共安全方案为突破口,寻求治理之道。

二、网络空间推动的公共舆论方案

网络空间推动的公共舆论形式具有爆发突然、难以预测、传播迅速、波及面广和影响深刻的特点,这需要政府及时采取有效措施控制应对网络空间所产生的公共舆论。公共舆论方案可以总结为"三个政府",即构建参与型政府、服务型政府和回应型政府。

参与型政府是指在网络空间膨胀的背景下,政府应该鼓励公民和其他社会组织积极参与网络空间治理,而不是政府"单干"。"在网络媒体环境下,以真实、真诚、平等、公开的形式让公众参与事件的讨论,让不同观点相互对话,通过主体间互动交流、真诚协商,将舆论危机引向有利于发展的方向。"①政府应该从以下三方面构建参与型政府。

一是拓展公民参与网络空间的平台。目前我国政府针对网络舆论的措施以压制为主,网络空间平台受到严格限制,这种管理模式反而引发了关于政府的更多"话题",尤其是在政府管理不好的情况下,更催生了公民对政府的信任问题。因此,拓展公民参与网络空间的平台才能真正使政府公信力建立起来。

二是建立公民平等参与的对话机制。在网络空间的对话中,许多政府官员仍旧保持陈旧的官僚作风,"官僚语言"与"公民语言"之间无法平等对话,加深了官民之间的隔阂,而平等的对话机制是打破这一隔阂的重要手段。

三是鼓励网络空间内的真诚沟通。日本松下电器的创始人松下幸之

---

① 张勤,梁馨予.政府应对网络空间的舆论危机及其治理[J].中国行政管理,2011(3):46-49.

助曾告诫世人："伟大的事业需要一颗真诚的心与人沟通。"①在网络空间内只有通过真诚地与人沟通和互动才能保持持续的和谐状态，否则，迟早会生变。

服务型政府要求政府在治理网络空间时应坚持公民本位、社会本位的原则为民众服务。美国亚利桑那州立大学（Arizona State University）公共事务学院院长登哈特（Denhardt）认为，"政府的职能是服务，而不是掌舵"。②这体现了政府的服务应该以公民为中心，而不是以服务媒介为中心。政府应该重点从以下三方面构建服务型政府。

一是政府网站设计应坚持以人为本的原则。一方面，政府网站的设计应该人性化，有利于公民快速便捷地获取个人信息；另一方面，政府应该注意保护公民的隐私和安全。

二是政府信息应公开透明、获取便利。政府信息公开应该以"公开为原则，不公开为例外"，因为"在确保国家安全、法人利益和公民隐私不受侵犯的前提下，政府实行信息公开，是对公民权利（知情权）的一种基本尊重"。③

三是政府要有"顾客导向"意识。顾客对于企业相当于公民对于政府，企业为提高效率在服务顾客，而政府没有效率压力在管理公民。实际上，政府应该借鉴"顾客导向"意识，因为"顾客驱使的制度迫使服务提供者对他们的顾客负有责任……不受政治影响……更多的革新……在不同服务之间做出选择……浪费较少……成为更加尽责的顾客……创造更多公平机会"。④ 只有政府具有"顾客导向"意识，政府网络空间才能得到有效治理。

"有时治疗比疾病本身更糟，信息社会中信息的流动是禁止不了的，SARS疫情未公开期间，中国人就是通过短信、电话、聊天室或邮件的方式得知消息的，官方的禁止与封杀，只是造成了民间更大的恐慌与不安"。⑤ 对信息的禁止流动只会更容易引起以讹传讹的恶性循环，只有将问题清晰地呈现在公民面前，并做出及时回应才能有效制止公民之间传播的负面舆论。因此，网络空间的不断发展要求政府是一个回应型的政府，政府应该以解决公共问题和社会问题为责任，及时快速、稳定持续地对社会做出回应，而不

---

① 周三多.管理学[M].北京：高等教育版社,2006：255.
② 丁煌.西方行政学说史[M].武汉：武汉大学出版社,2004：409.
③ 陶文昭.电子政府研究[M].北京：商务印书馆,2005：183.
④ 戴维·奥斯本,特德·盖布勒.改革政府：企业家精神如何改革着公共部门[M].周敦仁等,译.上海：上海译文出版社,2006：130-135.
⑤ 赵瑞琦,刘慧瑾.论中国网络空间的缺陷与对策[J].南京邮电大学学报（社会科学版）,2010(3)：44-48.

是遮遮掩掩、封闭消息。一个高效的回应型政府不但具有较高的亲和力和鼓动力，而且具有较高的执行力和公信力。构建一个有效的回应型政府应该从以下两个方面着手。

一是建立稳定、持续、可靠的回应机制。建立常态的回应机制，例如网络信访回访、网络听证机制和官员网络对话等，保证网络空间主体有对象可倾诉、有问题能反映、有矛盾可解决。

二是树立政府权威，提升政府公信力。"政府公信力与政府的影响力和号召力成正比，公信力的强弱直接决定政府影响力和号召力的大小。"①因此，较高的政府公信力是保证政府有效回应的重要前提。

三、网络空间推动的公共安全方案

网络空间推动的公共安全形式具有开放性与隐蔽性、迅速性与迟滞性以及虚拟性和现实性的双重特点，这些性质对政府监督的有效性将产生负面的消解作用，使政府监督流于形式。针对这些特点，有效规避网络空间推动下的公共安全问题需要构建"三个政府"，即法治型政府、监督型政府和责任型政府。法治型政府要求政府在净化网络空间和规范网络空间秩序过程中应该做到有法可依、有法必依、执法必严、违法必究，实现依法治网的目的。早在1997年中国共产党第十五次全国代表大会上就提出了依法治国，建设社会主义法治国家的治国方略，并在两年后的《中华人民共和国宪法修正案》中将依法治国确认为重要的社会发展目标。② 将法治提高到宪法的高度，其重要性不言而喻。法治是治网的基础，网络空间的隐蔽性、虚拟性、开放性等特征使政府监管比较困难，只有在全社会建立起法治意识，公民在网络空间的行为才能进行有效规制。网络在最近十几年中发展十分迅猛，网络立法的速度无法与网络自身发展的速度匹配，许多新特点和新现象都游离于网络立法范围之外，这就亟须科学、合理、系统的网络空间管制法律的出台。另外，在网络空间治理中应该注意，"网络空间的秩序，是一种投射、重构与超越，不是对个体自由活力的否定，而是充分保证并有组织地引导每一个体的自由活力、自由意识。"③政府在依法治网的同时应该注意保持网络空间的活力，不能将管治变为"管死"。

不受制约的权力必然是腐败的，同样，不受监督的网络空间也将是混乱

①　王晓芸.突发公共事件中的政府公信力建设[J].求实，2011(1)：187－189.
②　张红.构建和谐社会与法治建设探微[J].理论月刊，2006(3)：33－35.
③　张果，董慧.自由的整合，现实的重构——网络空间中的秩序与活力探究[J].自然辩证法研究，2009(11)：73－78.

不堪的。起初，"网络监督不同于'权力制约权力'的监督模式，这是一种'权利制约权力'的监督模式，其最大的意义乃在于普通平民化身为监督者，使监督成为一种民主生活方式。"①这种多数对少数的监督对网络空间推动的行为起到了推波助澜的作用，实质上，在网络空间膨胀扩大公民话语权的同时也不能为之所障目而忽视了政府对网络空间监管的本职工作，监督应该是相互的，当监督的一方占上风时，这种监督必然造成秩序的混乱。因此，构建一个良好的监督型政府是有效解决网络空间公共安全问题的必要选择。政府在对网络空间的监管过程中应该注意以下两个问题：一是网络监督中的官民互动。网络空间作为一种虚拟空间，其无中心、无边界、开放自由、隐蔽难辨，从而加大了政府监督的难度。鼓励官民互动，通过公众参与获取有效的监督信息是政府有效监督的重要捷径，也是政府把握整个网络安全的有效渠道。二是网络监督中的"度"。网络监督中的底线是公民的隐私，过度监督公民的网络行为将适得其反，并最终使政府监督在监督中沦陷。

责任型政府要求政府主动承担责任，积极回应公民对政府的质疑。"勇于承担责任是政府在面对网络舆论危机时，特别是舆论危机刚爆发时的首要原则"。② 一些政府机关工作人员对社会公共事件往往倾向于采取封闭措施，当封闭不了时才不得已公开，这样做往往不利于政府形象的树立，并进而削弱政府权威和政府公信力。网络空间主体十分庞大，网民会因政府回避或遮掩而引发不满，使原本信息不对称的情形自动转化为信息对称，使政府的遮掩行为不攻自破。网络时代不同于传统文明时代，信息封闭和推卸责任的做法是行不通的。因此，构建一个责任型政府具体应该从以下三方面着手。

一是提高政府公务员网络责任意识。我国政府公务员网络责任意识不强，严重影响了政府形象，甚至引发了公民的泄愤行为。例如，新冠肺炎疫情期间的湖北红十字会事件、③武汉小区造假事件等。④ 网络谣言扩散快、影响广，如果政府公务员不具有网络责任意识则很可能造成不良影响。

二是建立健全的网络问责机制。"成功的网络问责应该具备网络问责

①　吕静锋.从权力监督走向权利监督——网络空间下的民主监督刍议[J].深圳大学学报(人文社会科学版)，2010(5)：53－57.
②　谢金林.网络空间政府舆论危机及其治理原则[J].社会科学，2008 (11)：28－35.
③　湖北红十字会接连出错，到底咋回事？[EB/OL].(2020－01－31)[2020－06－26].http：//news.ifeng.com/c/7th2J9qCADy.
④　民政部回应武汉小区造假事件：严重损害党和政府形象[EB/OL].(2020－03－09)[2020－06－26].https：//www.sohu.com/a/378661298_260616.

主体的积极参与、网络问责环境良好、问责信息及时公开、问责事由确凿等基本要素，但网络问责必须以传统的体制内问责作为最终保障。"①网络问责机制的有效运行最终还应归根于政府体制内的问责。

三是完善网络信访中的执行机制。目前许多网络信访大都侧重对网络空间内的问题和矛盾的收集，通过网络信访反映的问题能在现实中解决的凤毛麟角，因此，改善网络信访中的执行机制是政府实现责任型政府的重要对策。

第四节　网络空间膨胀中公共治理的回归

网络空间的兴起、发展和膨胀使网络政府的价值、权力和功能在不断转换，由最初的传统政府到电子政府，再到网络政府的转换过程，体现的不仅仅是网络技术的升级换代，更体现了政府价值、权力和功能的不断调整和本位回归。目前，国内网络空间膨胀已对政府形成倒逼之势，这种倒逼实质上是网络政府的又一次转型，政府的价值理念、权力实质和基本功能将随着网络政府转型的轨迹逐渐回归"元态"。

一、网络空间膨胀中的价值回归：工具理性转向价值理性

网络技术的发展推动了网络政府的建设。在电子政务领域，我国网络基础设施得到了跨越式发展，信息产业、信息技术、信息安全和信息资源开发不断发展，办公自动化系统、政府信息资源管理、决策支持系统以及政府信息门户网站、公共服务系统和十二金工程等都取得长足发展。② 网络技术的发展在很大程度上改变了我国行政生态，与传统政府管理方式相比，网络政府框架的复杂化和网络技术运用的多样化促进了具有角色性的网络政府在公共物品提供和社会管理中效率的提升，但是网络政府在追求其价值理性的过程中却容易丧失价值理性的追求，因为政府过于注重追求政府价值理性的手段而忽视了价值理性目标。正如《网民的狂欢——关于互联网弊端的反思》一书中所言："网络最重要的一方面是：任何人（甚至一位 16 岁的女孩）

---

① 周亚越，韩志明.公民网络问责：行动逻辑与要素分析[J].北京航空航天大学学报（社会科学版），2011(5)：1 - 5.

② 徐双敏.电子政务概论[M].武汉：武汉大学出版社，2009：270 - 275.

都可以写下自己的思想，引来一大群人的关注，但荒唐的是没人知道她是否真的孤独或者是否真的只有16岁"。① 政府过多地关注怎样让人"表达思想"，却忽视了"关注思想"。

在当前网络空间膨胀的背景下，网络政府的价值观念应该从工具理性回归价值理性。政府建立起来的初衷并不是寻求高超的技术，而是为了谋求人们的整体福利。同当时马克斯·韦伯(Max Weber)设计的官僚制一样，他的初衷是追求理性和合理化，但是人们在他设计的"金字塔"里"追求理性、合理化，把管理作为一种手段，最后却在合理化中丧失了自我，管理变成了目的本身。"②为防止重蹈覆辙，在网络政府追求先进的网络技术和信息管理体制的时候，政府不能忽视其自身的责任性，在现代网络技术发展的过程中，政府应该注重将政府的价值理性糅入网络技术的研发之中，体现政府关心的不只是效率，而且关注公平价值的实现。从政府信息门户网站的空洞化到政府门户网站内容的及时更新、从政府信息的单向发布到政府微博的互动、从网络对话到网络问责等一系列政府行为的变化可以看出，我国网络政府在网络空间推动的情势下正在由工具理性回归价值理性，开始更加关注人的价值。

二、网络空间膨胀中的权力回归：管理型转向治理型

传统的政府管理形式是政府运用经济政策、行政手段和法制工具等对社会行为和社会事务进行调节和管理，政府权力运行依附于上尖下宽的金字塔模型，无论是财政、人事还是行政权力都由上至下逐级下放，权力流沿着金字塔向下逐级传递。随着网络政府的构建和网络空间的兴起，政府传统的权力结构和管理形式在应对网络生态下的社会事务时表现出反应迟钝、管理缺位和效率低下等特点。更重要的是，"公民可以利用因特网监督他们的政府，胜于政府用它监督公民，它可能会变成自下而上的控制、合作甚至是决策的工具。"③传统的政府管理模式正面临严峻的解构危机，主体单一、方向单一、方式简单的管理模式在网络发展的背景下，不仅不能有效地解决产生于虚拟与现实之间的社会问题，反而有可能引发新的矛盾和问题，因此，一种寻求多方参与、互动、协调的治理模式应运而生。

---

① 安德鲁·基恩.网民的狂欢——关于互联网弊端的反思[M].丁德良，译.海口：南海出版社，2010：76.

② 丁煌.西方行政学说史[M].武汉：武汉大学出版社，2004：79.

③ 曼纽尔·卡斯特.网络星河——对互联网、商业和社会的反思[M].郑波，武炜，译.北京：社会科学文献出版社，2007：200-201.

治理模式中权力运行最大的特点是分权，在以前传统管理模式下权力主要集中在政府部门，而在治理模式中无论是政府部门、私人企业、社会组织还是公民个人都拥有处理公共事务的权力，对某一问题的解决采取多方参与、共同协商、相互对话、讨论决定的协同治理模式，这种权力模式既体现了大多数人的利益，也有利于问题的解决，它实际上是权力由"社会状态"到"自然状态"的一次回归。在网络空间膨胀的情形下，政府部门信息向度和权力向度的矛盾越来越大，信息流的分散性、去中心化和非时空束缚性要求政府权力结构也应该分散，要压缩权力的等级结构使其扁平化，而等级化的权力结构仍旧在传统模式的惯性下运行。为了适应新的行政生态，政府应该打破传统的管理模式，放松对权力的控制，组织各种社会主体参与公共事务的治理，只有这样，网络政府才能在权力上实现顺利转型，社会才能得到更好的治理和发展。

三、网络空间膨胀中的功能回归：官僚式转向服务式

在官僚式政府模式下，政府"行动迟缓、效率低下和刻板，而且无人情味"。[①] 随着行政生态的变化，这种政府模式受到网络空间冲击的频率越来越高，越来越多的公民在网络空间对政府官僚式的行政模式表示不满。从行政领域来看，传统官僚制政府职能过多注重政治领域和经济领域的发展而忽视了社会领域的发展；从管理手段来看，传统官僚式政府过多地运用行政手段而忽视经济手段和法律手段；从运行方式来看，传统官僚式政府注重微观、直接的管理方式而忽视宏观、间接的调控方式；从职能关系来看，传统官僚式政府部门间关系不顺、职责不清。[②] 在网络空间膨胀过程中，如果政府依旧按照传统官僚式政府功能运行，则可能将面临网络空间倒逼的两种重要形式，即网络舆论和公共安全的压力。传统的官僚式政府功能已经脱离了当前社会发展的实际，它是在网络生产力水平低下或者国内特殊建设时期才适用的功能模式，我国传统政府功能模式已不能满足和适应公民对政府职能的需求。

随着网络空间声势的壮大，政府迫于舆论压力开始将政府工作的重心逐渐由政治转向经济和社会、文化等领域，对网络空间的治理也更倾向于运用经济手段和法律手段。同时，微观、直接的干预方式越来越少，宏观、间接

① 戴维·奥斯本,特德·盖布勒.改革政府——企业家精神如何改革着公共部门[M].周敦仁等,译.上海：上海译文出版社,2006：12.

② 黎明.公共管理学[M].北京：高等教育出版社,2006：107-111.

的调控的方式在网络空间内运用得越来越多,政府部门间的职能关系也越来越清晰,尤其随着大部制改革、省直管县改革、行政审批制度改革、社会管理创新、大力发展文化产业等政策和规划的推出,不仅体现了网络空间力量对政府新陈代谢强有力的促进作用,而且还反映出政府公共服务意识在网络空间推动下越来越高。政府部门的功能回归不是一蹴而就的,而是一个漫长的过程。政府功能的回归不仅涉及调整和改善,而且还与诸多公民和组织的利益以及国家发展的远期规划密切相关,因此,政府功能的回归只能采取"渐进调适"的模式。目前,政府部门在提高公共服务质量上所作的政治改革和社会改革正是政府功能由官僚式向服务式回归的重要体现。

第六章　从局部到整体：网络舆论的疏导治理

20世纪90年代以来，以网络为核心的信息技术得到迅猛发展，重大技术创新不断涌现，信息产品日益普及。时至今日，网络已经高度渗透至人类的政治、经济、文化等各个领域，正在逐渐改变着人类传统的生产方式、学习方式和生活方式。政治是人类活动的重要领域，毫无疑问，网络对人类政治生活的高度渗透也正日益改变着人类的政治生活方式。网络带来了一场舆论形成、发酵与高涨的革命，网络政治时代自由、开放、便捷的网络平台使舆论表达跨越了时间和空间的限制和障碍，各种组织以及个人打造"自由意见的市场"正在成为现实。在此背景下，如何有效回应网络舆论已成为政府亟待解决的重要问题，这不仅关系服务型政府的有效构建，而且对政府公信力建设和社会公共安全也具有重要影响。

第一节　网络舆论治理与政府回应的兴起

在学术理论探讨中，政府回应是近些年来公共行政学领域的热门话题，其缘起于公共行政价值和理念的演变和发展，引起了学术界的广泛关注。政府回应与"新公共服务"理论密切相关，其代表人物罗伯特·登哈特（Robert Denhardt）和珍妮特·登哈特（Janet Denhardt）认为新公共服务基本的理念是，全体公民才是国家、政府乃至全部国有资产的所有者，所以，政府的基本职能既不是也不应是"掌舵"或"划桨"，而是回应公民诉求，为公民提供服务。新公共服务理论的兴起推动了政府回应模式的发展。"政府回应首先体现的是一种关系，即政府对社会的利益关切进行必要的答复过程。在这一过程中，政府与公民形成了互动关系。一方面，公民通过一定渠道反映自身关切，从而影响政府施政；另一方面，政府通过回应对公民的意见进行反馈，从而完善公共治理"。① 美国学者格罗弗·斯塔林（Grover Starling）对政府回应的定义最为经典，"政府回应意味着政府对公众接纳政策和公众提出诉求要做出及时的反应，并采取积极措施来解决问题。一般公众大多赞成或喜好政府具有回应、弹性、一致、稳定、廉洁、负责等特性，政府必须快速地了解公众的需求，不仅包括回应公众事前的表达需求，更应洞悉先机，以前瞻性的行为来研究和解决问题。政府回应强调及时与主动，政府应该是'第一时间''第一地点'地出现在现场，定期主动地向公众征询意见、解释政策和回答问题。"②我国明确提出将政府回应作为一个独立问题来研究的学者何祖坤认为："政府回应，就是政府在公共管理中，对公众的需求和所提出的问题做出积极敏感的反应和回复的过程。"③而著名学者俞可平则将回应作为善治的基本要素之一，他认为，回应的基本意义是：公共管理人员和管理机构必须对公民的要求做出及时和负责的反应，不得无故拖延或没有下文。在必要时还应当定期地、主动地向公民征询意见、解释政策和回答问题。④ 他从责任政府的角度来理解政府回应的内涵："一个责任政府，不仅要在公民对其提出直接的诉求时被动地有所作为，更要在公民没有直接诉求时主动地有所作为，创造性地履行它对公民所承担和许诺的各种责任。"⑤

在现实社会实践中，改革开放使我国逐渐由计划经济体制步入市场经济体制，社会关系日趋复杂，利益主体不断多元化，利益表达和利益诉求也随之趋向多元。在我国现行的政治制度框架下，政治表达和利益诉求的渠道比较有限，长时间处于这种制度供需不平衡的状态下逐渐形成了政治表达和利益诉求的"堰塞湖"。网络舆论平台的出现，为排除这样的"堰塞湖"提供了一条新的排泄渠道。"所谓网络舆论就是在互联网上传播的公众对某一焦点所表现出的有一定影响力、带有倾向性的意见或言论。"⑥由于网络的匿名性、便捷性、快速性以及覆盖面极大，使得利益表达更为简单、方便。在互联网时代，由于处于网络公共领域中的每一个人都可以用网上调查、微博、新闻跟帖、网络签名、评论转发等形式，轻而易举地成为网上信息的创造者和传播者，这就为公民利用网络技术工具开辟一个表达自我、参与

① 陈新.民主视阈中的政府回应：内涵、困境及实践路径[J].兰州学刊,2012(3)：2020－204.
② 格罗弗·斯塔林.公共部门管理[M].陈宪等,译.上海：上海译文出版社,2003：132.
③ 何祖坤.关注政府回应[J].中国行政管理,2000(7)：7－8.
④ 俞可平.治理和善治引论[J].马克思主义与现实,1999(5)：37－41.
⑤ 俞可平.增量治理与善治[M].北京：社会科学文献出版社,2003：149.
⑥ 谭伟.网络舆论概念及其特征[J].湖南社会科学,2003(5)：23－28.

互动的舆论平台提供了可能。① 网络空间虽是虚拟的,然而却与现实密不可分。因为有了网络这个"互联互通、自由表达、平等对话"的舆论传播载体,人们相对容易在网络公共领域表达诉求和提出政治见解,网络还将政治表达中空洞的人民还原成生动的个体,沟通者可以在虚拟的现实中直接发表意见,从而保障沟通中个性的释放,进而激发起公众关注政府的作为和参与公共事务的积极性。随着网络舆论的兴起,我国公共行政被推向网络关注的中心,这对政府能力建设提出了更高要求。许多政府部门和政府官员未能及时转变思维方式和行为方式,在面对网络舆论时表现出漠视和抵触的态度,并沿用传统的行政管控方式回应网络舆论,这样非但不能达到管理效果,反而会引发政府与社会之间更大的冲突。

对此,政府对网络舆论的回应方式应该适时发生转变。在"非典"事件之前,我国网络发展正处于起步阶段,网络舆论力量还没有整合为"集体行动",网络空间内的批判和舆论对政府行政影响还十分有限,因此,政府在此时期基本采用不回应的方式,但在"非典"事件之后,网络工具独特的网络舆论价值瞬间显现,网络舆论对公共安全和政府公信力函数的影响十分突出,为此,政府在回应网络舆论缺乏经验和不成熟的背景下采取了消极、被动的回应方式。汶川大地震以来,这种消极的回应方式越来越受到网络舆论的批评,这种消极、被动的回应方式与人文关怀与服务型价值的理念背道而驰,尤其是在现代"科层理念解构"的网络背景下,开诚布公的公平对话与以人为本的公民参与理念越来越成为现代网络舆论的主导。因此,我国网络舆论的回应方式在网络治理生态变化下也正由被动回应阶段向以因势利导、平等对话为导向的主动回应阶段逐渐转变。这样,网络舆论治理也就应运而生。

第二节　政府回应网络舆论的
政治意蕴

在网络时代背景下,随着公共权力主导舆论这一局面迅速发生改变,政府回应网络舆论更是被赋予了多方面的政治含意。

首先,政府回应网络舆论进一步彰显了民主政治的价值。英国学者杰

---

① 王文科.网络问政：民意的舆论诉求与政府的规制供给[J].福建行政学院学报,2011(2)：
　5-10.

弗里·托马斯(Geoffrey Thomas)视回应规则为民主的核心内容之一，"每一个声称自己是民主政体的政权，都要说明(无论有多少合理性)它如何确保一致，如何让统治行为合乎其影响的人们的愿望。"①责任政府是民主政治的重要组成部分。通过现代民主方式产生的政府承担着服务公众、对公众负责的义务。责任政府的一个基本要求就是积极有效地回应公众的利益诉求。从当前现实情况来看，网络舆论折射了现实民意中的利益诉求，其本质上是民众利益诉求的形成与汇聚。现实民意表达与传递渠道及其效用的不足间接地推动了网络舆论的高涨。网络舆论蕴含的是公众的利益诉求。另外，现代国家普遍实行代议民主制，由选民通过投票选举出代表组成代议机构来掌握公共权力。在代议民主制下，选民将国家管理权赋予了公共行政部门，国家权力依然为民众所有，民众与公共权力部门之间是一种授权与被授权的关系。现代民主实现了主权和治权的分离，政府的权力源于公民的授权，政府有义务对公民的诉求进行回应。因此，如果政府漠视网络舆论、消极对待网络舆论，在某种程度上就是在漠视公众利益、没有履行对公众的责任，责任政府也就无从谈起。只有在公共权力及时有效地回应包括网络舆论在内的民众利益关切、切实保障公民的知情权时，民主政治的价值才能得以彰显。

其次，政府回应网络舆论有助于推动政府决策的民主化和科学化。按照美国政治学家戴维·伊斯顿(David Easton)的政治系统分析框架，公共决策过程可被看作是一个由政策输入、政策转换、政策输出三大环节构成的完整系统。② 在政策输入过程中，大量准确的信息是政府公共决策成功的重要保障，而网络舆论是一个能反馈社会公共事务信息的重要渠道。网络会选择恰当的时机，通过扩大政策诉求群体，形成强烈的公众舆论，向政府决策部门施压，促使调整或制定政策进入政府议程。当民意表达出现较为一致的倾向时，网络实际上就为推进政策输入提供了动力。值得注意的是，在涉及社会公共事务或者公共权力等诸多问题上，虽然网络舆论夹杂着不少虚假、情绪化的信息，但也含有大量较高知识水平和认知水平、对社会公共事务有着客观和理性的分析、评价和建议。另外，有学者认为，互联网是"为公民而设计的、由公民来监控的世界范围内的传播"，它"挑战现存的政治等级制度垄断有影响力的传播的局面"。③ 公民社会借助网络工具迅速走进

①　杰弗里·托马斯.政治哲学导论[M].顾肃,刘雪梅,译.北京：中国人民大学出版社，2006：189.
②　戴维·伊斯顿.政治生活的系统分析[M].王浦劬等,译.北京：华夏出版社，1991：85.
③　詹姆斯·卡伦.媒体与权力[M].史安斌,董关鹏,译.北京：清华大学出版社，2006：222.

社会舞台,其强大的舆论压力要求政府及时掌握社会多元的利益表达及其诉求,制定合理的公共政策,准确、合理地回应网络力量。因此,政府在回应网络舆论过程中应吸纳网络民意,与网民保持良好互动,这样才能提高公共决策的公众参与度,促进公共决策低成本落实,最终实现决策的科学化和民主化。

最后,政府回应网络舆论有利于公众监督和制约公共权力。接受公众监督和制约是公共行政过程中的重要一环。对公共权力进行监督和制约也是公民的重要权利。脱离公众监督和制约的政府及其官员,极易出现贪腐、渎职、严重的官僚主义等背离公共利益的现象。而通过网络平台对政府进行舆论监督和制约能够在一定程度上规范政府及官员的行为。同时,网络舆论有助于推动政府权力运作的透明化和公开化,使公众能够及时监督和制约政府行为。政府积极回应网络舆论能够增进公众对社会公共事务的了解和认知,从而为公众监督和制约政府及官员行为提供客观条件。

第三节 中国政府回应网络舆论的现状与问题

网络舆论在我国兴起时间不长却发展迅速,网络舆论的“威力”开始为众人所熟知。我国政府在起初解决这些问题时表现出缺乏经验和不够成熟的特点,回应略显被动,但随着网络舆论的进一步发酵,政府开始转变管理方式,采取积极回应的态度与公民进行及时、有效的沟通。经过一段时间的适应,政府逐渐摸索出了一套有效的网络舆论回应机制。

一、我国政府回应网络舆论的现状

(一)我国政府回应网络舆论的效力日益增强

网络舆论规模的迅猛扩张给政府部门回应网络舆论造成了客观压力,而近些年来我国不少政府部门或者官员因为漠视网络舆论付出了代价,这为政府部门和官员回应网络舆论提供了不少经验教训。因此,经过对网络舆论的不适之后,政府部门和官员在回应网络舆论的时机选择和处理效率方面都发生了显著的变化。政府回应网络舆论的速度越来越快,回应效果明显改善。不少案例的最后处理结果都表明,政府能够在一定程度上采取符合网络舆论期待的行动。

（二）我国政府回应网络舆论的渠道初具规模

在吸取了 2003 年 SARS 造成的公共危机的教训之后，我国各级政府开始建立新闻发言人制度，定时召开新闻发布会，发布公众关注的有关信息以回应社会舆论尤其是网络舆论。国办发〔2018〕123 号文要求政务新媒体是："突发公共事件信息发布和政务舆情回应、引导的重要平台"。截至 2019 年 12 月，我国共有政府网站 14474 个，主要包括政府门户网站和部门网站。其中，国务院部门及其内设、垂直管理机构共有政府网站 912 个；省级及以下行政单位共有政府网站 13562 个，分布在我国 31 个省、自治区、直辖市（简称省份）和新疆生产建设兵团。这些政府门户网站广泛宣传党和政府的政策措施，为公众了解社会公共事务提供了一个窗口，特别是随着微博用户的爆炸式增长，微博的"病毒式"传播威力以及设置议程的超强能力已为政府和社会熟知，许多政府部门和官员都开设了政务微博或个人微博。根据中国互联网信息中心（CNNIC）第 45 次调查报告显示，截至 2019 年 12 月，我国 31 个省份均已开通政务机构微博。

（三）我国政府回应网络舆论的主动性日益增强

在网络政治参与效度不断增强的背景下，政府回应的主动性也随之增强。近年来，不少政府官员通过网络平台与网民进行信息交流和沟通。中央政府、省级政府和县级政府的很多官员与网民进行网络交流和沟通，在"两会"期间两者之间的互动尤为活跃。与此同时，随着网络新媒体技术的发展，一些政府部门也利用网络新媒体，例如微博回应网络舆论。政府官员思维的转变以及网络技术的发展拓宽了政府回应网络舆论的方式和路径，增强了政府回应网络舆论的积极性和主动性。

二、我国政府回应网络舆论中存在的问题

（一）我国政府回应网络舆论的方式欠科学

面对蓬勃发展的网络舆论，我国政府回应网络舆论的方式显得较为单一，对立思维根深蒂固。例如，召开新闻发布会是现在很多地方政府部门回应网络舆论的重要方式，但很多时候面对网络舆论潮水般的质疑，很多地方政府的新闻发布会的效果往往不尽如人意，例如，新闻发言人通常只是念新闻通稿；发言人回答记者提问时间短，甚至干脆不回答记者提问；非专业人士临时担任新闻发言人；等等。一些新闻发布会或者发言人回应舆论的方

式不恰当,引起民众更多的质疑,从而使新闻发布会答疑解惑的作用大打折扣。目前,我国一些地方政府及官员一旦发现对自己不利的网络舆论,往往会采取不理、拖延、搪塞,更有甚者则采取删帖、封堵甚至断网等行为,使政府一开始就在网络舆论中处于被动地位,民众的质疑也随之而来,导致事件到后来"越描越黑",这表明政府还是过分强调对社会舆论特别是网络舆论进行管控,漠视社会和社会公众对公共行政主体及其行为进行制约和监督的权利,忽视了公共行政过程中的公众利益和民意诉求,这在很大程度上抑制了公众的政治参与,扩大了二者的对立,也削弱了政府的回应能力。

（二）我国政府回应网络舆论的制度机制运行失真

首先,在运行机制层面,虽然自中央政府启动"政府上网"工程以来,各级政府大多建立了门户网站,提供了很多政府信息,但客观事实是,很多政府网站只是在单向发布信息,而且信息发布频率比较低,网页信息更新速度较慢。同时,政府门户网站与网民的双向互动仍然比较少,没有利用好其作为回应网络舆论的平台作用。

其次,政府回应网络舆论的制度化程度较低。虽然随着网络舆论态势的不断增强,政府也在或多或少地回应网络舆论,但是其回应方式和效果却体现出了鲜明的地区差别和主政官员的个人施政风格,这一点在政务微博的地域分布以及政务微博级别分布上体现得尤为明显。从地域分布情况来看,目前,政务微博已全面覆盖全国所有省级行政区,华东、华南、华北等区域政务微博开通情况好于中西部地区,各地微博问政开通情况排名与所在区域经济、政治等发展情况排序大体一致。截至 2019 年 12 月,经过新浪平台认证的政务机构微博为 13.9 万个。我国 31 个省份（除港、澳、台地区）均已开通政务机构微博。其中,河南省各级政府共开通政务机构微博 10185 个,居全国首位;其次为广东省,共开通政务机构微博 9587 个,①这充分说明基层政务微博是支撑全国政务微博发展的基石,是政务微博生态良性发展的重要组成部分。东部沿海地区的政务微博运营水平整体较高,例如,十大党政新闻发布系统微博中有八个来自东部地区。

（三）我国政府官员回应网络舆论的能力与信息素养不足

在现代社会,随着市场经济的发展以及市民社会的壮大和成熟,传媒产业也随之兴盛。传媒成为引领社会舆论的重要主体,在很大程度上能够影

---

① 2011 年中国政务微博报告[J].新闻界,2012(5)：47-54.

响社会舆论的走向。传媒与网络技术的无缝对接更是为传媒产业的网络化发展提供了强劲的动力。我国政府回应网络舆论在很大程度上就是和传媒从业人员特别是与记者打交道。出于传媒行业激烈的竞争以及职业敏锐性，记者等传媒从业人员往往比普通人更能够及早知晓社会事件，并且迅速做出基本判断，借此向政府官员提出问询或质疑。而现实情况是许多政府官员的网络知识和网络思维不能满足当前网络技术发展的要求，从而影响了政府有效回应网络舆论。

第四节　当前中国政府回应网络舆论的理路优化

从上述对我国政府回应网络舆论的现状与问题的分析中可以看出，政府回应网络舆论虽然取得了较大的进步，但是离公众的期待却还有一段距离，尤其是从政府回应网络舆论存在的问题进行分析，我们可以看出政府对待网络舆论仍然体现出较强的行政管控色彩。政府官员过度相信行政管控回应网络舆论的效果实际上是在自欺欺人，对于缓解网络舆论压力毫无意义，相反还会大幅度降低公众对政府部门及官员的信任，造成公共权力的信任危机，不利于找到合适方法解决问题。因此，对网络舆论进行以因势利导、平等对话为特征的柔性治理尤为必要。柔性治理是政府回应网络舆论的另一种思维和理路，能够在一种程度促使政府恰当应对网络舆论以及缓解政府舆论压力，摆脱行政管控方式，回应网络舆论危机所造成的现实困境。构建网络舆论的柔性治理理路，需要政府从以下三个层面入手。

一、科学建立网络舆论回应机制

将政府现有回应网络舆论的有效方法和措施制度化是构建网络舆论柔性治理机制中的重要一环。面对不时爆发的网络舆论危机，如果政府部门仅停留在盲目应对、被动处理、消极回应的层次上，那么其结果可想而知。因此，在总结和吸取以往政府回应网络舆论的经验与教训的基础上，科学建立网络舆论回应机制十分必要。构建网络舆论回应机制包括以下三个方面。

一是建立能够对网络舆论做出及时、快速、恰当反应的网络舆情处理机制。通过近年来政府与网络舆论之间的互动，政府也逐步摸索出了一些回应网络舆论的方式、方法，但从实践及效果层面来看，很多方式、方法是临时性的、应急性的、被动的，并且缺乏科学性，从而导致回应效果不佳，甚至引起更大的舆论风暴。网络舆论处理机制需要政府在吸取以往经验教训的基础上建立网络舆论回应的处理预案，以免回应网络舆论时措手不及。

二是建立及时发布公众所关注信息的机制。政府应主动出击，掌握网络舆论的主动权。从过去很多政府回应网络舆论的案例来看，及时发布公众十分关切的有关信息是迅速平息网络舆论的关键所在。在披露社会事件时，政府公开、果断的方式有益于截断流言传播、揭露虚假消息、促进社会安定和提升政府公信力。及时、全面地发布网络舆论关注的信息是最大限度地压缩流言传播空间以及引导网络舆论的必然要求。

三是建立灵敏、高效、准确的网络舆情信息收集、分析和处理机制，以便及时掌握网络舆论热点问题，为可能要应对的网络舆论做一些相关的准备工作。网络舆论的形成、发酵及平息是一个较为完整的过程。在这个过程中，如果政府能够及时发现苗头，掌握相关信息，对于恰当回应网络舆论十分有利。同时，对于漠视网络舆论、不恰当回应网络舆论的政府部门和官员应该追究其责任。通过建立长效的网络舆论问责制，使政府部门及官员增强恰当回应网络舆论的能力和素质。

二、强化网络舆论治理的体系与制度建设

强化网络舆论治理体系和制度建设就是要防止政府回应网络舆论时出现顾此失彼的尴尬局面，使政府回应网络舆论的过程能够环环相扣、紧密衔接。网络舆论治理的体系与制度建设应从以下两方面着手。

一是立法机构应该根据网络舆论状况以及当下政府回应的发展现状，制定相关的法律法规，以此形成网络舆论治理的法律体系。从当前情况来看，我国有关网络舆论治理的法律规范比较分散，没有形成体系，这在一定程度上制约了网络舆论治理的法治化水平。

二是进行政府公共管理制度改革。改革开放 40 多年来，我国经济得到了迅速发展，社会也随之发生了翻天覆地的变化，计划经济体制时代建立的公共管理制度已不能适应我国经济社会的进一步发展要求。现代公共管理的主要特征之一就是服务与管制相结合，重在公共服务。建设服务型政府是现代公共管理制度改革的重大目标。服务型政府要求政府具备较强的回应力。政府是公共利益的信托者，肩负着重大的责任。公共部门和公共管理者必须及时回应公民的诉求，捍卫并实现公共利益，这也是其政治责任。

三是推动政治体制改革。需要指出的是，在中国社会转型、体制转型快速进行之际，也积聚了大量的社会矛盾和冲突，某些因素更是导致激化社会

矛盾和冲突的导火索，很多对现实社会矛盾和冲突强烈不满所产生的愤懑情绪迅速涌向网络虚拟空间，其原因在于，当前行政管理体制在某些方面难以适应迅速变化的经济和社会状况，更难以有效应对当前经济和社会发展中出现的矛盾和冲突，从而导致行政管理体制与社会之间的紧张关系。公民参与管理渠道的狭窄以及效率低下也在很大程度上制约了公民诉求的表达路径。因此，扩大公民有序参与管理是当前政治体制改革的重要目标。有效应对网络新媒体给公共行政带来的挑战，关键还在于向社会组织和公民赋权，培育和壮大公民社会，不断推动行政管理体制改革与创新，以推进民主政治的发展。

三、提升各级政府官员回应网络的能力与素养

毫无疑问，在政府回应网络舆论过程中，政府官员扮演着重要角色，他们与社会公众直接接触和沟通，肩负着整合和传递利益诉求以及传达政府政策措施的重任。他们的言行、作风和工作能力直接影响着政府回应网络舆论的效果。政府回应网络舆论模式由刚性管控向柔性治理的转变也迫切需要政府官员能够转变某些工作方式和思维方式，努力提升网络舆论柔性治理所需的能力和素质。网络技术飞速发展所带来的一项重大变化就是打破了传统的官僚等级结构，为公众与政府官员的直接对话和交流提供了高效的技术平台。同时，网络舆论的高涨也使网络监督、网络问政和网络质询成为一种常态。政府的一言一行都在公民的视野之下，这对政府的行为方式和政府官员素质提出了更高要求，否则将削弱官民互信，影响社会稳定。在公共舆论话语体系越来越包容和草根化的情境下，各级政府、官员以及官方媒体都需要适应公共舆论话语方式的变革，少说官话、套话，使政府回应更贴近社会生活，更易为大家所接受。在网络时代，网络舆论柔性治理需要广大政府官员积极学习和研究网络舆论，积极应对网络舆论给公共行政带来的挑战，努力抓住网络舆论对提升公共服务质量带来的机遇。网络舆论的发展对政府官员的素质提出了更高的要求，一方面，政府官员应利用互联网及时发现问题，并密切关注公众的利益诉求；另一方面，应正确应对网络舆论的挑战，善用网络语言来回应网民诉求。

第七章 从一元到多元：公共风险的控制应对

网络空间力量的迅速膨胀使网络空间秩序的供给与需求产生脱节,这给网络空间的有序活动带来了较大风险,尤其是我国目前正处于社会转型期,转型期的各种制度建设还不全面,网络空间内也缺乏系统、协调、有效的秩序规制。在网络空间力量迅速壮大和转型期制度不健全的背景下重建网络空间秩序,实现网络空间的协调、有序已成为当今我国政府必须面临的一个重要难题。

第一节 网络空间与现实空间转换中的双重风险

风险是指一种不确定性的可能状态,它特指一切自然存在和社会存在相对于人的生存和发展而言可能形成的一种损害性关系状态。① 网络空间作为一种依托现代网络技术而新兴的公共领域,其对人的生存和发展产生了直接或间接的重要影响。它在虚拟与现实之间的转换,既给人们的生活带来了积极的影响,同时也给社会健康和有序发展带来了重大风险。网络空间与现实空间的转换给我国社会带来的风险主要体现在两个方面:一是网络空间力量激化了现实空间中的矛盾的风险;二是现实空间中的问题向网络空间转移的风险。

一、虚拟力量向现实社会转换的风险

"风险的本质并不在于它正在发生,而在于它可能会发生"。② 同样,网

---

① 刘岩.风险社会理论新探[M].北京:中国社会科学出版社,2008:46.
② 芭芭拉·亚当,乌尔里希·贝克,约斯特·房·龙.风险社会及其超越:社会理论的关键议题[M].赵延东,马缨等,译.北京:北京出版社,2005:3.

络空间中存在的问题并不在于它正在产生,而在于它可能会产生并且从虚拟空间向现实空间转换,由虚拟问题转变为现实问题。换而言之,网络空间风险的危害性不在于其既存事实,而在于其存在的潜在性。既存问题可以通过提前拟定对策消减或规避风险,而潜在问题则难以预测。自 1994 年互联网在我国开始兴起以来,网络空间力量在转型期"社会自治运动"的推动下不断高涨和膨胀,网络虚拟力量推动现实危机的风险也越来越大。

从微观角度而言,这种由虚拟向现实转换的风险主要体现在以下几方面。一是网络欺诈。当网络空间中的行为被镶嵌在现实社会基础之上时,网络空间内的个体行为将对现实空间构成重大风险。网络欺诈是发生在网络虚拟空间中的行为,但其又是建立在现实社会基础之上的。网络欺诈是网络空间内的虚拟行为对现实社会秩序造成的影响,需要社会法律秩序进行约束的行为,其建立在现实与虚拟的共同基础之上,超越了现实。二是信任问题。信任没有时空限制,能在现实与虚拟之间进行转移。正因为如此,因网络空间内的言论自由导致的信任匮乏正在逐渐向现实空间蔓延。三是信息伤害。信息伤害包括：主观信息伤害和客观信息伤害。主观信息伤害是利用虚拟空间内的时空无限性将矛盾转移到现实社会,从而达到损害相关对象的目的;客观信息伤害是指通过发布信息等网络空间行为无意识地对相关主体产生消极影响的行为。主观信息伤害和客观信息伤害都可以将虚拟力量转换成现实危机。四是消极的网络文化。网络空间内的长期活动形成了网络空间文化,网络空间文化包括消极的和积极的两种网络文化。积极的网络空间文化对社会风险具有消减和规避作用,而消极的网络空间文化则会加剧和强化公共风险。

虚拟力量向现实社会转换所存在的风险具有以下三个特点：一是来源的主观性。"引发风险的因素既来自自然界,也来自人类本身,而且后者已经成为风险的根本性来源"。[①] 虽然虚拟空间客观存在,但虚拟空间内产生的问题源于人类活动,大多是人的主观意识作用的结果。二是转换的低成本。从虚拟空间向现实空间的转换成本低于从现实空间向虚拟空间的转换成本,从虚拟向现实的转换因依托网络技术而简化了人们的操作行为,超越了时空限制,因此风险转换成本低。三是预测的失效性。网络空间公共风险的现实转换基于虚拟空间的行为和活动而运行,而这些行为和活动依托于现代网络技术,但"技术不能决定自身的发展路径,

---

① 杨雪冬.风险社会与秩序重建[M].北京：社会科学文献出版社,2006：17.

也不能保证被理性使用"。① 因此,非理性与技术的结合导致了风险的难以预测。

二、现实活动向网络舆论转换的风险

亨廷顿认为现代性产生稳定性,而现代化则产生不稳定性。② 贝克(Beck)认为风险可以被定义为一种系统地处理由现代化本身引发和带来的危害与不安全的方式。③ 亨廷顿和贝克都认为风险产生于现代化,然而在发展中国家,风险既源于现代化的不确定性,也源于现代性的不确定性。④ 现代性存在风险是因为现代性的自反性,而现代化存在风险是因为现代化的过程性。网络作为一种新兴的技术,其本身就是人类追求现代性而产生的,网络空间的逐渐发展则是网络现代化的一个重要前提,因此,网络技术的发展和网络空间的兴起既是人类实现现代性的重要行为,也是追求现代化的重要过程。同时,这些行为也是社会现实活动向网络虚拟空间转移的过程,在伴随现代性与现代化的行为与过程中,由现实向虚拟的空间转换必然存在较大风险,这些风险主要表现在以下几个方面。

一是矛盾转化。现实社会空间中的问题和矛盾可以通过网络空间的传播和发酵转化为网络空间内的问题和矛盾,这种矛盾的转化维度主要有四种,即小矛盾转化为大矛盾、大矛盾转化为小矛盾、无矛盾转化为有矛盾以及有矛盾转化为无矛盾。矛盾转化的结果受多种因素影响,例如,征地拆迁、医疗纠纷等问题向网络空间转化就受利益集团、传播结构、网络文化以及政府政策等多种因素影响,往往结果难以控制。

二是多重人格。现实空间中的自我与网络空间中的自我因现实与网络的限制条件的不同而表现出不同特点,现实空间中无法表现的自我有时可以通过网络空间得以表达,如果这种表达向不良方向发展,可能会导致社会人格分裂的风险。

三是缺陷规避。现实生活中的人都不是完人,而在网络空间中则不然。现实空间中的个体为追求自身完美,往往会规避现实生活中诸如人际关系、财产地位以及容貌气质等缺陷,转而花高成本完善网络空间中的角色扮演,

① 简·E.芳汀.构建虚拟政府:信息技术与制度创新[M].邵国松,译.北京:中国人民大学出版社,2010:11.
② 塞缪尔·P.亨廷顿.变革社会中的政治秩序[M].李盛平等,译.北京:华夏出版社,1988:45.
③ 大卫·丹尼.风险与社会[M].马缨等,译.北京:北京出版社,2009:30.
④ 张海波.中国转型期公共危机治理:理论模型与现实路径[M].北京:社会科学文献出版社,2012:102.

这种由现实向虚拟转换的过程给社会带来了较大的公共风险。

四是信息外泄。现实生活中的个人信息通过网络空间传播而暴露于公众，这些信息可能为各种行为所利用，使个人承担各种可能突如其来的风险。

现实活动向网络舆论转换所存在的风险具有以下几个特点。

一是参与主体的虚拟性。由现实空间向网络空间转化的重要目的之一就是规避现实空间矛盾主体的法律责任，因为网络空间"是以互联网为载体，以各种符号为传播媒介，由网站、网民共同对信息进行处理和结构化而形成的，并不是客观世界中的真正空间"。[①] 参与主体可以以一种虚拟身份摒弃道德和法律约束，无所顾忌地发表自身观点，宣泄自身情绪。

二是传播方式的隐蔽性。一方面，由于现实问题转换到虚拟空间后，关注问题的主体不只是利益相关者，与之无关的利益人群出于维护社会正义和公平的角度会抛出话语，而这些利益无关者因信息不对称而处于一种相对隐蔽的状态；另一方面，由于互联网络符号系统的多样性，各种风险传播符号难以识别，使得传播方式隐蔽，难以察觉。

三是风险程度的倍增性。现实空间的矛盾受时空限制，一般问题的传播范围和速度有限，而"通常一个地方性事件经由网络聚焦、放大和传播，可以成为一个全国性事件，突破事件所发生的地域范围"。[②] 当现实问题转换成网络问题时，其风险程度将呈几何倍数扩大。

第二节 网络空间秩序预测 失败的不确定性

我国正处于社会发展的关键期，社会问题在虚拟空间与现实空间的相互转换存在双重风险，这对社会稳定、健康发展产生了重大负面影响，因此，建立有效的网络空间秩序，有效预防和规避公共风险成为当前政府的重要任务，然而网络空间秩序对公共风险的预防和规避并不十分有效，因为"人类行为的复杂性和科技的精尖端发展，使高科技武装下的人类行为的负面效应也愈发隐蔽，从而导致风险的隐蔽性和无法预测性"。[③] 归根结底，这

---

① 张勤,梁馨予.政府应对网络空间的舆论危机及其治理[J].中国行政管理, 2011(3)：46 - 49.

② 严峰.网络群体性事件与公共安全[M].上海：上海三联书店, 2012：115.

③ 葛笑如.中国风险社会的公共治理之道[J].中共四川省委省级机关党校学报,2012(6)：89 - 95.

种预测失败主要是因为网络空间的不确定性,而这种不确定主要由信息不足、信息过多和信息扭曲三种情况叠加造成。

一、"信息不足"带来的公共风险

"风险代表了世界的一种状态,在这种状态中,后果的不确定性和人们对后果的关注之间存在关联"。① 人们对后果不确定性的关注主要采取预期评估的方式进行应对,因此,风险客观存在的特征以及行为者对风险的态度、认知和判断共同决定了公共风险的应对措施和制度安排,不同情境下的应对措施与制度安排则形成了不同集合策略的秩序。网络空间秩序是根据网络空间的风险特征和网络空间主体的行为特征而形成的应对策略与制度安排的集合。信息不足是网络空间秩序预测失败而导致公共风险存在的重要原因之一。孙武曾说过:"知彼知己者,百战不殆;不知彼而知己,一胜一负;不知彼,不知己,每战必殆。"② 可见,信息对决策和胜利具有关键作用,信息不足可能使其面临较大的失败风险。同样,网络空间内的问题与现实空间中的问题相互转换也面临诸多不确定因素,例如,征地拆迁矛盾的转化问题,现实空间中征地拆迁矛盾双方可能因矛盾僵化而转移到网络空间,网络空间中的行为主体因对现实空间中事态进展信息掌握不明确而做出与自身定势思维或自身利益相符的行为反应,这些行为可能像费孝通先生所说的"差序格局"一样,"像石子一般投入水中……像水的波纹一般,一圈一圈推出去,愈推愈远,也愈推愈薄"。③ 这些因信息不足而做出的行为可能包含着某种价值倾向,从而增加公共风险。

信息不足主要表现在围绕问题的双方或多方对问题信息获取不足,信息不足对网络空间秩序正确预测风险的影响主要体现在以下三个方面。

第一,可能引发集体无意识行为。在信息不足的网络空间可能因为各个主体信息有限而盲从跟风,例如,2018 年受福建泉港石化企业碳九泄漏污染当地盐场一事的传播影响,福建泉州地区开始发生食盐抢购现象,许多城市出现排队购盐、超市断货、吃碘盐防辐射等各种消息,并通过网络和手机四处传播,搅得不少人心神不宁,跟风加入购盐的队伍当中。

第二,可能出现网络空间监管漏洞。网络空间的有效监管依赖于大量可靠、真实的信息,信息不足可能导致网络空间监管漏洞。例如网络毒品销

---

① 大卫·丹尼.风险与社会[M].马缨等,译.北京:北京出版社,2009：10.
② 孙武.孙子兵法[M].呼和浩特：远方出版社,2007：33.
③ 费孝通.乡土中国[M].北京：北京出版社,2004：34.

售,由于售毒者通过各种特殊符号和隐含特殊意义的语言文字在网络空间中进行传播和沟通,方式隐蔽、难以察觉,使许多在现实空间内难以完成的"买卖"在虚拟空间内顺利完成。

第三,可能导致决策依赖事后结果。在信息不足的情况下一般有两种选择:一是承担决策失败的风险,即时做出决策;二是拖延决策时间,依赖事后结果进行决策。由于"互联网逐渐成为思想文化的聚散地和社会舆论的放大器",①一般政府更倾向于选择后者,这样可以降低网络舆论的风险。

二、"信息过多"带来的公共风险

当前处于一个信息大爆炸的时代,许多决策失败的原因更多地归因于信息过多而不是信息过少,尤其随着微博的广泛运用,当前网络空间信息急剧增长,因为"微博具有内容碎片化、使用方式便捷、传播迅速、交互性强等特点,用户可以通过微博融合的多种渠道(包括网页、手机、即时通信、博客、SNS 社区、论坛 BBS 等)发布文字、图片、视频、音频等形式的信息"。② 网络空间内信息的无序交织和迅速膨胀使政府监管的范围和难度明显增大,甚至导致监管的无效。另外,对于政府的同一行为可能"有不虞之誉,有求全之毁"。③ 如何辨别这些众多的、杂乱的、不同的声音,客观辩证地认识事情的实际情况,做出科学有效的决策,对于政府而言是一个巨大的难题。因此,信息不足可能增加监管和决策的风险,信息过多则会增加监管和决策信息甄选的成本,增加监管和决策的公共风险,而只有适量、有效的决策信息才能减少信息甄选成本,规避公共风险。

"不确定性与社会秩序是正相关的,不确定性程度越高,社会失序就会越严重。"④信息过多是不确定存在的重要因素之一,信息过多对网络空间秩序正确预测风险的影响主要体现在以下三个方面。

第一,多导致"虚"。对于事实的描述和分析的关键信息其实是有限的,而网络空间内大量出现的关于某一事件的描述和评论实质上只是对已有描述的重复和强调。因此,看似爆炸的海量信息,其关键部分只有寥寥数语。

第二,多导致"假"。信息过多带来的最大风险并不在于信息量过多,而在于海量信息中所蕴含的是有目的地渗入或是无目的渗入的虚假信息。

---

① 张雅丽.当前网络舆论形势与政府引导[J].人民论坛,2011(9)：248-249.
② 上海交通大学舆情研究实验室.2010 年中国微博年度报告[J].青年记者,2011：29.
③ 孟子[M].呼和浩特：远方出版社,2007：119.
④ 吴钦春.对"不确定性"带来公共风险的探讨[J].郑州大学学报(哲学社会科学版),2009(4)：90-92.

　　第三，多导致"乱"。有效管理往往依据一定的管理系统，而"互联网技术的迅速发展，完全打破了公共领域发展的技术和体制限制"，①尤其是伴随着网络技术而来的海量信息导致原有管理模式的失效，而在现有的网络空间监控模式还未成功建立之前，缺乏制度约束的网络空间内的信息传播十分混乱。

三、"信息扭曲"带来的公共风险

　　"在电脑技术膨胀过程中，一些可取的和令人兴奋的机会可能出现，同时一些不可取的和具有威胁性的事物也可能到来。"②网络技术的发展如同一柄双刃剑，有利有弊。网络空间中的信息传播也是一样，相比传统的信息传播方式，网络技术的发展对信息传播的速度和方式有很大的改善，但同时也带来了诸如信息过多和信息扭曲的缺陷。"互联网不像传统的报纸和媒体，它允许正确的和错误的信息同时传播，这里没有让人们辨别什么是正确的和什么是错误的信息质量控制机制，因此，互联网上的真实信息往往容易超出原创者和拥有者的控制，到处乱传。"③当信息超出原创者和监管者的控制时，往往真实的信息会变成虚假的信息，无目的的信息会变成有目的的信息，这样信息的真实性在传播过程中逐渐被扭曲。网络空间信息扭曲既有主观原因，也有客观原因，主观原因系利用网络空间传播的便捷性和广泛性进行有目的的信息传播，客观原因系在信息传播过程中的失真。无论是主观原因还是客观原因，其对公共风险的增加都是正向选择作用。

　　"从传播学的角度来说，信息的传播渠道主要有亲身传播、人际传播、组织传播和大众传播。组织传播最有权威，大众传播覆盖面比较广，而人际传播最易失真。"④网络传播则是人际传播、组织传播和大众传播的混合体，其既具有传播的广泛性和敏捷性，同时也具有传播的失真性和易扭曲性，两种特点的结合可能使网络空间信息作用机制呈现"马太效应"的发展趋势，即对正确信息和虚假信息同时具有强化和扩展作用。具体而言，信息扭曲对网络空间秩序正确预测风险的影响主要有以下几方面。

　　一是可能导致社会骚乱。网络空间信息传播扭曲可能导致广大公众不

---

① 何显明.中国网络公共领域的成长：功能与前景[J].江苏行政学院学报，2012（1）：98 - 104.

② Patrick Sean, Liam Flanagan. Cyberspace, The Final Frontier？ [J]. Business Ethics, 1999, 19（2）：115 - 122.

③ James E. Katz. Struggle in Cyberspace：Fact and Friction on the World Wide Web[J]. American Academy of Political and Social Science, 1998, 560（1）：194 - 199.

④ 杨雪冬.风险社会与秩序重建[M].北京：社会科学文献出版社，2006：204.

明真相,进而容易诱导和引发公众的"情绪问题",最终导致社会骚乱。例如2018年10月的"重庆公交车坠江事件",虽然该事件值得我们对当今规则意识的淡薄进行深刻反思,但我们也应看到该事件在网络传播过程中出现了多个版本,其中一些版本包含着利用该事件激发"干群"矛盾的扭曲信息,而这些扭曲信息极易引发社会骚乱。

二是可能导致矛盾频发。由于网络空间内群体数量庞大、鱼龙混杂,而现实事件在网络空间的传播难免会被别有用心的群体利用和扭曲,这样,只要信息在网络空间内传播,信息扭曲导致的矛盾激化将不可避免。

三是可能导致社会诚信缺失。如果网络空间传播信息的真实性和准确性比较低,将会导致社会整体信任水平降低,尤其是一些扭曲政府行为的信息经常发生,这可能会"形成这种质疑的叠加,容易形成整个社会对政府威信的弥漫性消解"。①

第三节　现行网络空间的公共风险强化

网络空间内的信息不足、信息过多和信息扭曲给网络空间增加了不确定性,同时也给网络空间秩序预测失败带来较大风险。"'风险'如同自然科学中的'熵',如果系统的熵,即无序性已经增大到临近极限的程度,任何小事件都会突破这一极限,引起系统极度紊乱而不能正常运转,所以要高度重视对社会系统的熵,即无序性的监控。"②现行网络空间秩序实质上已经处于一种"无序"状态,而诸如技术控制、法律控制、后生秩序以及多重均衡等多种构成现行网络空间秩序的因素强化了网络空间的公共风险。

一、技术控制与法律控制的局限

"网络空间秩序是现实社会空间中共时性社会秩序的投射、重构与超越,它结合、兼容并协调了抽象与具体、虚拟与真实、向心力与离心力、物质基础与精神动力、主体个性与群体共性之间的张力与冲突。"③因此,对网络空间的监督和控制不同于现实空间,而政府往往倾向于运用现实空间的秩

---

① 褚松燕.互联网时代的政府公信力建设[J].国家行政学院学报,2011(5)：32-36.
② 童星.熵：风险危机管理研究新视角[J].江苏社会科学,2008(6)：1-6.
③ 张果,董慧.自由的整合,现实的重构——网络空间中的秩序与活力探究[J].自然辩证法研究,2009(11)：73-78.

序规则控制网络空间的运行。这种表现主要体现在技术控制和法律控制上。运用网络技术对网络空间的运行进行控制有两种缺陷。

第一，网络技术本身是一把双刃剑，其在一定程度上可以作为一种网络空间秩序消减和规避某些公共风险，同时它自身也可能给秩序失序带来某些便利，因此，"不可否认，网络空间中的一些问题是由于技术的不完善或是技术本身的发展而引起的"。①

第二，网络技术更新周期越来越短，网络空间的生态环境也越来越复杂，监控技术的更新难以满足当前网络空间发展的需求，单纯靠陈旧技术框架进行监督和控制难以奏效。

政府对网络空间出现的问题除了采取技术控制外，还可以对其采取传统的法律控制。法律控制在一定程度上能够预防和规避网络空间中的问题，但由于网络空间具有无中心、无边界、虚拟性和超时空性等特征，传统的法律控制难以面面俱到，许多现实空间与虚拟空间相互转换的问题是传统法律控制鞭长莫及的。具体而言，法律控制具有以下几种缺陷。

第一，法律控制成本随着网络生态环境的复杂化而急剧增加。网络空间活动不同于物理空间中的活动，网络空间活动主体的信息传播能超越时空限制，与网络空间内的多元主体进行交流，而这种频繁的、无限制的交流导致网络生态环境极其复杂，同时网络生态环境的复杂性要求新的法律进行规制，从而导致法律法规数量增多。

第二，网络空间内的社会问题大部分都游离于违法的边缘。大部分网络空间问题都在现实空间与网络空间之间不断转换，而这些问题大都处于犯罪边缘，现行的法律难以进行规制和调适。

第三，网络空间的隐蔽性和渠道的多样性为规避法律控制提供了便利。法律控制往往是针对目的清晰、对象明确的问题，而网络空间中的社会问题往往比较隐蔽，违法与守法行为的转变捉摸不定，同时，信息传播的渠道多样化也加剧了法律规制的失效。

第四，法律控制难以调控"群体极化"现象。群体极化是指"团体成员一开始即有某些偏向，在商议后，人们朝偏向的方向继续移动，最后形成极端的观点"。② 对于这种现象，法律难以调控，即使可以调控也难以责众。

---

① 刁生富.在虚拟与现实之间——论网络空间社会问题的道德控制[J].自然辩证法通讯，2001(6)：1-7.

② 凯斯·桑斯坦.网络共和国——网络社会中的民主问题[M].黄维明，译.上海：上海人民出版社，2003：47.

二、自生秩序与后生秩序的混乱

哈耶克(Hayek)认为社会中存在人造的秩序与增长的秩序。"我们把'人造的秩序'称之为一种源于外部的秩序和安排,这种人造的秩序也可以称之为一种建构或一种人为的秩序……另一方面,我们把'增长的秩序'称之为一种自我生成的或源于内部的秩序,这种秩序最为合适的英语称谓是'自生自发秩序'"。① 网络空间秩序的形成同样存在人造的秩序与自生自发的秩序,就像自由市场一样,亚当·斯密(Adam Smith)所说的"看不见的手"(Invisible Hand),即所谓的自生自发的秩序,而政府干预这只"看得见的手"就是所谓的人造秩序。网络空间自生秩序是指在网络空间产生过程中逐渐形成的能实现网络空间活动自我调节、自我规制的相互联系、相互依赖的运行秩序,而网络空间人造秩序则是在网络空间自生秩序失灵的前提下,为实现网络空间和谐、有序地运转而人为地、有目的地设置的网络空间活动的规则和条件的总和。总之,无论是自生秩序还是后生秩序都是为实现网络空间有序活动而产生的,其最终目标是一致的。

然而"互联网上每时每刻都在上演着惊心动魄的现代话剧,网络秩序无时无刻不在承受着人们有意无意地威胁和破坏"。② 网络空间内自生秩序经常遭遇失灵,而作为弥补自生秩序失灵的后生秩序则十分混乱。以信息公开为例,中国政法大学的王敬波教授以"公开"作为关键词检索,在我国现行法律法规体系当中,搜索出 92 部行政法规、996 部国务院部门规章、2373 部地方性法规以及 2342 部地方政府规章,这些法律文件将"公开"作为一种原则或规定了一种清楚的公开制度。③ 显然,如何厘清这些法律、法规、规章之间的关系是一个难题。具体而言,自生秩序与后生秩序的混乱主要体现在以下几个方面。

第一,网络空间目标指向性不明确,导致后生的网络空间秩序众多。网络空间的无中心、无边界、分散、虚拟以及网络空间的高变动性使网络空间目标的指向性比较模糊,而多中心体系下的网络空间秩序则容易造成秩序的累赘、重叠和交叉,从而使后生网络空间秩序混乱不堪。

第二,网络空间秩序在时空变化的同时发生异化。网络空间秩序随着时间的推移可能发生异化,"指向自由的秩序并不必然是自由的家园,反而

---

① 弗里德利希·冯·哈耶克.法律、立法与自由(第一卷)[M].邓正来,张守东,李静冰,译.北京:中国大百科全书出版社,2001:55.
② 魏光峰.网络秩序论[J].河南大学学报(社会科学版),2000(6):99-102.
③ 张静.以信息开放推动一场改革[J].瞭望东方周刊,2012(49):26-27.

会异化为自由的枷锁"。① 例如韦伯的官僚制最初的目的是追求效率，但最后却在追求效率的过程中丧失了效率。网络空间中的人造秩序也是如此。

第三，网络空间秩序的静态结构性导致其缺乏灵活性。网络空间秩序一经形成便走向常规化、机械化和静态化，而这种死板的结构难以适应网络空间灵活多变的特点，最终变为一种缺乏弹性的、累赘的网络空间秩序。

三、网络空间秩序的多重均衡及其流动性

网络空间秩序的流动性主要归因于网络空间存在多重均衡。由于网络空间内的多主题、多程序、多载体，导致网络空间多中心和多重心，最终造成网络空间存在多重均衡，而网络空间秩序则在多重均衡之间不断流动以维持网络空间和谐、有序运行。网络空间的多重均衡类似于设想一些农户在湖边有着彼此相连的地块，由于农民的可耕地不足，因此想要砍伐其他地块上的树木，他们知道伐树会导致水土流失。具体而言，只有某个地块和相邻的两个地块上同时伐树才会出现水土流失，那么，这里有三种均衡，每种均衡都是环湖的地块中每隔两个地块伐一棵树。② 网络空间的多重均衡也受多种规则的限制，受不同因素的影响，在不同的环境中可能达到不同的均衡结果。同时，我们也可以从中看到均衡的脆弱性，即当少部分主体违背规则时，局部的不良结果就会出现。在网络空间内按照某种规则集体行动的情况很少，因此，网络空间的均衡很难整体维持，而只能靠网络空间秩序的流动性来局部维持。

网络空间秩序的多重均衡实质上增加了网络空间的公共风险，而网络空间秩序的流动性则能在局部范围内缓解了公共风险。具体而言，网络空间秩序流动性的作用主要体现在以下几个方面。

第一，热点转移的跟进。网络空间活动是现实空间的投射，现实空间的热点问题可能转换成网络空间的热点话题，其不同于现实空间的是在网络空间中更能各抒己见、集思广益。同时，热点问题往往容易成为公共风险的蕴藏之地。因此，随着网络热点的转移，网络空间秩序的不断流动能有效规范网络空间舆论。

第二，价值消失的确定。网络空间秩序的流动能感知某些网络行为的

① 白淑英.论虚拟秩序[J].学习与探索，2009(4)：27-30.
② 乔恩·埃尔斯特.社会黏合剂：社会秩序的研究[M].高鹏程等，译.北京：中国人民大学出版社，2009：8.

价值,例如网络空间秩序在多个网络论坛之间流动,这样能根据网络论坛的活跃程度和讨论主题的对比可以明确其价值。

第三,利益转移的追踪。利益往往伴随着风险,网络空间秩序的流动能感知不同网络社区中活动主体的利益倾向及其转移方向,对网络空间内利益链条的追踪和监测有利于公共风险的消解和规避。

第四,政策影响的调适。网络空间秩序的流动性可以感知政府政策对网络空间不同领域活动的影响,通过对因政府政策而反应剧烈的网络空间舆论进行及时调适,并将其经验运用于其他网络空间,这样能有利于减少网络空间内的公共风险。

第五,意见引导的探微。网络空间由虚拟活动转向现实活动的重要载体就是信息,而给社会制造波澜的信息则主要是网络舆论。依托于各种网络平台的网民舆论权,网络话语权被称为"第五种权力"。① 网络空间秩序的流动性能对"第五种权力"进行探微,提前进行引导和规制,降低公共风险,但归根结底,靠网络空间秩序的流动性来规避和消解公共风险的方式治标不治本,问题的关键还在于对网络空间秩序进行多重均衡的整合。

第四节　网络空间秩序的重构与风险规避

网络空间与现实空间之间的相互转换存在多重风险,这些风险的存在主要归因于由信息不足、信息过多和信息扭曲带来的不确定性叠加,同时现行的网络空间秩序在技术控制、法律控制、后生秩序和多重均衡等方面强化了网络空间的公共风险。为了有效消解和规避网络空间与现实空间的公共风险,政府应该在尊重网络空间自生秩序的基础上重构网络空间后生秩序,实现网络空间和谐、健康、有序运行。基于虚拟与现实相互转换的逻辑,网络空间秩序重建的路径应该从三个维度展开,即虚拟向现实、现实向虚拟以及虚拟向虚拟。

一、虚拟向现实扩展的秩序重构：网络问责机制

矛盾的存在是风险,而矛盾的爆发则是危机;风险是危机的潜伏期,矛

---

① 李斌.政府网络舆论危机探究——基于政府公信力视角[J].石河子大学学报(哲学社会科学版),2011(1):50-55.

盾的积累过程是一种风险,而一旦矛盾的积累达到一定临界值则成为一种危机,为防止矛盾由量变向质变的飞跃则应该构建合理的矛盾疏导机制。因此,网络问责机制实质上是网络空间内的一种矛盾疏导机制。矛盾由虚拟空间向现实空间转换的主要原因是网络空间内的问题和矛盾没有得到及时的梳理和引导,以及网络空间内活动主体缺乏有效反映的渠道。而消解和规避网络空间的公共风险需要有明确的风险管制理念,在风险管制理念不明确的前提下构建的网络空间秩序将会在复杂的网络空间活动中被扭曲、异化,甚至丧失初衷。"风险管制的核心理念应该包括公共利益、公正、平等、公开、责任。"①网络空间秩序应该为公共利益服务,其运行应该具有正当性,应能促进风险分配的平等化,网络空间秩序的运行机制还应该公开透明并有因风险管制不力而承担相应责任的明确对象。网络问责机制既可以维护公共利益、保证运行正当性,同时也有利于分散的网络空间主体平等、公开地表达现实利益和矛盾诉求,从而消减和规避网络空间的公共风险。只有在此前提下,虚拟向现实扩展的网络空间秩序才能通过网络问责机制得以重建。作为一种网络空间秩序的网络问责机制至少应该包含以下几层含义。

第一,网络问责机制应该包含网络空间活动主体对政府机关的问责。目前网络问责机制大多停留在该层面,即认为"网络问责主要是指网民通过网络舆论平台对政府及其公职人员在处理社会事件中的失范行为的舆论矫正和责任追究活动"。② 实质上,实现对政府及其公职人员的问责是实现网络空间和谐运转的重要基础,因为网络空间内的大部分活动都与政府公职机关密不可分,而且政府公职人员的行为已成为当前网络空间关注的焦点。

第二,网络问责机制应该超越网络空间活动主体对政府机关的问责。网络空间的问责对象不应该仅限于政府机关及其公职人员,网络问责对象的外延应该扩展至大型企业、舆论媒体、社团组织以及特殊个人等,只有这样,网络空间内的矛盾和问题才可能在最大程度上实现消解。

第三,网络问责机制应该包含网络问政。网络问政与网络问责的主体相同,但方向相反。"网络问政是指各级党委、政府以及领导干部通过网络与网民交流,进而收集民意、汇集民智,创新执政方式和提高执政能力的过程。"③网络问政能及时主动地了解网络空间内存在的矛盾,并提前进行有

---

① 党秀云,李丹婷.有效的风险管制:从失控到可控[J].中国人民大学学报,2009(6): 120 - 126.

② 司林波.网络问责的理论探讨[J].中国石油大学学报(社会科学版),2012(4): 29 - 32.

③ 樊金山.网络问政及其发展态势探微[J].前沿,2010(17): 16 - 20.

效的疏导和控制。

第四，网络问责的方式应该多样化。多样化的问责方式是网络问责机制实现矛盾疏导的重要保障，网络问责的方式不限于传统的网络媒体质疑与追踪，还可以通过"BBS 公共空间发帖声讨以及网络博客等新兴媒介"①等方式实现网络问责。

二、现实向虚拟扩展的秩序重构：有效回应机制

虚拟空间向现实空间的"喊话"需要现实空间及时予以回应，正如上海市浦东新区区委原宣传部副部长韩可胜所言，"政务微博的一个特点是，网民有诉求，你就要及时回应。哪怕解决不了，只要你回应了，人家就会有好感。"②可见，有效回应实质上是对话语权的一种软性控制，只有现实空间对虚拟空间及时予以回应，虚拟空间的矛盾才不会以"乘数效应"的速度不断放大。有效的现实回应对维持网络空间秩序、减小网络空间公共风险具有重要作用。网络空间作用的基础实质上是信息的传递和反馈，而信息在传递和反馈过程中难免会发生扭曲、扩大、缩小、隐蔽、阻滞、异化、聚变等情况，如果缺乏现实空间向虚拟空间的有效回应和疏导，由信息传播和反馈自身所带来的矛盾积累达到一定程度时自然就会爆发出来，最终产生公共危机。因此，现实空间向虚拟空间的有效回应机制是网络空间秩序的重要组成部分。作为一种网络空间秩序的有效回应机制至少应该包含以下几层含义。

第一，政府回应机制是有效回应机制的重要组成部分。政府作为规范网络空间秩序的权力主体具有特殊地位，其对网络空间的回应既体现了政府服务社会的职能，也反映了政府对社会所承担的责任。政府回应机制应该既包括以信息公开制度、网络发言人制度和公共事件发布制度为基础的正式制度，还应该包括网民论坛、官员微博和政府博客等形式的非正式制度。

第二，有效回应机制的主体极其广泛。传统的网络回应主体特指政府对网络公民的回应，但随着网络生态的变化，网络空间内的矛盾和问题不仅涉及政府及其公职人员，而且还涉及企业、第三部门、"第四权力"以及公民个人。因此，随着生态环境的变化，有效回应机制的内涵也应该相应扩大。

---

① 骆勇.网络时代下的网络问责：一种新型民主形态的考量[J].云南行政学院学报，2009(4)：64-66.

② 申欣旺.浦东政务微博：拆除"围墙"[J].中国新闻周刊,2012(48)：32-35.

第三,有效回应机制的关键在于及时准确、稳定可靠和公开透明。"为正确应对网络舆情、引导网络舆论,政府应加强应对、及时反应、公开真相、知错必改、善于引导、果断处理及柔性处理"。① 同时,其他网络空间主体也应该及时准确、稳定可靠、公开透明地回应网络空间的"喊话",这样才能在最大程度上消减网络空间矛盾,规避公共风险。

三、虚拟向虚拟扩展的秩序重构：空间治理机制

为消解和规避网络空间公共风险,从虚拟空间向现实空间的扩展秩序是建立网络问责机制,从现实空间向虚拟空间的扩展秩序是建立有效回应机制,而虚拟空间内部的扩展秩序则是建立有效的空间治理机制。"当今治理的基本理念及善治的重要评价标准是参与、公开、透明、回应、公平、责任、合法性等重要原则。"②网络空间治理机制同样应该遵循相应的原则,在网络空间治理过程中,应该保证网络空间主体的积极参与和及时回应,治理信息应该公开透明,治理结果应该公平,并有主动承担责任的主体。在网络空间治理过程中尤其要注意善治,"善治就是公共利益最大化的过程,其本质特征就是政治国家与公民社会,或简称国家与社会处于最佳状态,是双方对社会政治事务的协同治理"。③ 虚拟空间是现实空间的反射,虚拟空间内的政治国家与公民社会的相互协调和相互合作能够有效化解和避免网络空间内不必要的矛盾,降低网络空间公共风险。作为一种网络空间秩序的网络空间治理机制应该至少包括以下几层含义。

第一,网络空间治理的主体应该多元化。由于网络空间可以投射现实空间,因此,网络空间的矛盾实质上源于现实空间,但却比现实空间复杂。而"善治实际上是国家权力向社会的回归"。④ 网络空间的治理应该实现多元协同治理。

第二,网络空间治理应该以网络空间主体自行协调为基础,重塑网络道德。网络空间具有无边界、无中心和虚拟性等特点,政府事无巨细的管理将会造成巨大的政府成本和较低的治理效率,因此,网络空间的治理应该以网络空间自生秩序的运作为基础,在其自行协调的基础上进行管控。作为网络空间秩序自行运转的重要前提是重塑良好的网络道德,网络道德束缚超越了网络技术控制和网络法律控制,在网络空间治理中具有无可比拟的

① 薛恒,李韦.网络舆情中的政府回应及其引导[J].唯实,2012(2)：82-86.
② 孙柏瑛.当代地方治理：面向21世纪的挑战[M].北京：中国人民大学出版社,2004：27.
③ 俞可平.重构社会秩序,走向官民共治[J].国家行政学院学报,2012(4)：91.
④ 王诗宗.治理理论及其中国的适用性[M].杭州：浙江大学出版社,2009：130.

优势。

第三,网络空间治理是一个持续协调的过程,应注重网络空间文化的建设。网络空间内的公共风险不仅源于现实向虚拟的转换,同时也源于虚拟向现实的转换,这些转换所造成的不确定性叠加要求网络空间治理是一个持续协调的过程,而网络空间文化的建设对持续协调的网络空间治理具有重要的保障作用。因此,应该及时引导网络空间文化的走向,并积极倡导建设良好的网络文化,保障持续协调的网络空间治理,降低网络空间的公共风险。

第八章 从单向到双向：网络生态治理的要素联动

随着网络技术的发展，网络生态的规模急剧扩张，其内部的复杂性与异构性也随之升高，诸如敏感议题设置、民意聚合困境、非理性意见表达以及政治娱乐化等问题不断出现，以网络主体为分析核心的传统"主体结构"思维难以有效回应我国目前网络生态治理中存在的新问题、新趋势。因此，在当前时代背景与治理需求下，应从现代"生态体系"思维出发，将网络生态中的主体、制度、文化视为相互嵌构、动态联动的有机整体，实现网络治理主体、网络制度规范和网络政治文化在治理实践中的动态平衡，并在社会主义核心价值体系的指引下，结合网络生态治理的实践特征与发展逻辑，从"线上"政治与"线下"政治的"和合共生"、网络技术与政治参与的"循道而行"、网络文化与制度规范的"理性建构"等方面出发，营造清朗网络生态的现实路径。

第一节 网络生态治理的时代背景

互联网是一个体量巨大的信息平台，从总体上看，虽然我国互联网的发展态势持续向好，但诸如非理性网络舆论、网络谣言传播、虚假议题设置、政治娱乐化、网络色情暴力等问题依然存在。另外，在网络信息对主体行为选择的影响日益凸显的趋势下，网络文化对于行为动员、价值传播、集群抗争等方面的影响也逐步深化，这使得以网络主体为分析核心的传统"主体结构"思维难以有效回应我国目前网络空间治理中存在的"网络民粹主义""网络极端爱国"等包含文化要素的治理议题。因此，我们应转变思维，结合我国当前网络生态治理的现实需求，从更广、更高的维度对网络生态的构成要素进行综合把握。

对此，笔者结合生态学的基础理论，超脱于网络生态是多主体利益博

弈环境的传统结构思维,从"生态体系"思维出发,对网络生态内部的构成
要素进行理解,认为网络生态是由主体、制度、文化这三大要素相互嵌构、
动态联动的有机整体。从内容上看,无论是"主体结构"思维或是"生态
体系"思维都存在分析网络生态与主体行为的某种联系,但两者研究侧重
和研究目的均不相同。从"主体结构"思维出发的网络生态研究是通过网
络主体互动博弈的角度来分析网络结构平衡的问题,目的是实现多元主
体网络互动的良性发展;从"生态体系"思维出发的研究是通过主体、制
度、文化等要素对治理议题进行整体性分析,目的是实现网络生态的可持
续发展。

　　本书借"主体结构"思维与"生态体系"思维的比较作为引子,在对网络
生态治理进行理论追溯的基础上,提出学界应在时代背景下进一步丰富和
发展"生态体系"思维的学术构想,并从构成要素、实践特征、发展逻辑等维
度展开具体分析,试图打开网络生态治理的内部"黑箱"。

第二节　网络生态治理的理论追溯

　　自现代信息技术萌芽起,西方学界就开启了对未来生活的探索。与该
议题相关的早期理论集中出现于 20 世纪的西方未来学领域,较为经典的
有:丹尼尔·贝尔(Daniel Bell)的后工业社会理论、①阿尔文·托夫勒
(Alvin Toffler)的第三次浪潮理论、②约翰·奈斯比特(John Naisbitt)的大趋
势理论、③彼得·F.德鲁克(Peter F. Drucker)的知识社会理论④等。这些理
论从多个角度预测了信息技术革命可能给虚拟生态和现实生态带来的影
响。随着网络信息技术在 1990 年之后的突破性发展,加之网络政治参与的
现实影响日渐显著,西方学界因此对网络与政治的关系开启了进一步的研

---

①　"后工业社会"理论认为,技术是决定社会形态更替的根本力量。See Daniel Bell. The
　　Coming of Post-Industrial Society[M]. Basic Books, 1976.

②　"第三次浪潮"理论提出了一系列新技术与社会发展的思想和预测,其认为,在知识经济时
　　代,最重要的政治问题已经不是财富的分配,而是信息和信息传播手段的分配。See Alvin
　　Toffler. The Third Wave[M]. Pan MacMillan, 1981.

③　"大趋势"理论认为,在工业社会向信息社会过渡的影响下,社会的组织结构、制度的变化
　　和个人的日常生活、工作与政治态度等都将发生转变。See John Naisbitt. Megatrends: Ten
　　New Directions Transforming Our Lives[M]. Warner Books, 1991.

④　"知识社会"理论认为,人类社会正在进入知识社会,知识社会是以知识经济为主体,而信
　　息技术则促使着知识的不断创新、累积、应用与分化,并由此进一步带动社会形态的嬗变。
　　See Peter F. Drucker. Post-Capitalist Society[M]. Harper Business, 1994.

究,并提出了一系列与"网络政治"相关的名词。①

　　西方学界对于网络生态治理的研究多与网络政治参与的研究相结合,重点关注网络技术对于民主建设的影响,例如史蒂文·克里夫(Steven Clift)提出,网络可以为政府从社群中寻找输入,并加强治理过程的民主监督;②埃利亚斯(Elias)等也在《网络发展、网络民主与网络防御》中指出,可以通过信息的传播和共享来实现网络对现实问题的治理,提出"在信息时代下,网络信息的传播是网络民主建设的关键驱动"。③ 从西方学界关于网络生态治理研究的具体指向上看,论著主要集中于网络政治的公民参与、网络民主政治的建设、网络的舆论生态治理等方面。对于网络政治的公民参与,有三种论调在西方学界中比较流行。

　　一是技术引领论,认为网络信息技术为民众直接参与治理活动提供了理想的载体,网络技术不仅能使工厂的生产活动得以继续、经济得以进一步发展,而且可以为西方代议民主所固有的缺陷提供解决路径。例如,哈根(Hagen)认为网络可以给人类的政治生活带去一场革命,一方面,缩短政治主体间的距离;另一方面,也减少民众直接参与政治活动的障碍。④ 尼尔森(Nelson)等也认为网络技术的进步能够弥补当前政治参与制度的缺陷,可以实现治理主体间直接平等的沟通。⑤

　　二是网络工具论,认为网络治理作为民众参与政治活动的新兴途径,同样会受到多元利益团体的控制,并且为技术专制主义的出现提供滋生空间,最终导致公众参与政治的程度进一步降低。例如,克里斯蒂(Kirsty)提出,网络上难以察觉的监控程序可以随时追踪民众开展治理活动的方式,针对性的信息推送足以使民众对事件的认知发生转变。⑥ 莱文(Levine)则认为网络技术作为政治参与的工具,同样有被资本异化的危险。⑦

① 例如,cyber politics (赛博政治)、virtual politics(虚拟政治)、politics on the net(冲浪政治)、politics of cyberspace(网络空间政治)等。
② Steven Clift. Viewpoint: An Internet of Democracy [J]. Communications of the Acm, 2000,43(11): 31-32.
③ Elias Carayannis, David Campbell & Marios Panagiotis Efthymiopoulos. Cyber-Development, Cyber-Democracy and Cyber-Defense[M]. Springer, 2014.
④ Martin Hagen. Digital Democracy and Political Systems [M]. SAGE Publications Ltd., 2014: 54-69.
⑤ Jacob Nelson, Dan Lewis, Ryan Lei. Digital Democracy in America: A Look at Civic Engagement in an Internet Age[J]. Journalism & Mass Communication Quarterly, 2017, 94(1): 1-17.
⑥ Kirsty Best. Living in the Control Society Surveillance, Users and Digital Screen Technologies [J]. International Journal of Cultural Studies, 2010, 13(1): 5-24.
⑦ Peter Levine. Civic Renewal and the Commons of Cyberspace [J]. National Civic Review, 2010, 90(3): 213-224.

　　三是制度影响论,认为网络空间的政治参与会与现实的政治制度进行互动,两者会在不同的现实背景下形成一种相对的动态平衡。例如,卡斯特(Castells)认为,公民通过网络进行政治活动的功效取决于大的政治环境,只有在平等、开放、共有的参与途径中,网络参与的积极影响才能显现。① 卡约尔(Caillol)也同样指出,网络技术有利于公民政治参与的前提是,政治制度对网络的发展起到促进和支持的作用。②

　　对于网络民主政治的建设,西方学界提出了三种观点。乐观派认为,网络在现实之外促生了新的公共场域,为生活共同体提供了新的民主形式。网络空间使得自下而上、去中心化、立场对等的双向沟通成为现实。③ 在对于民众通过网络向政府输送治理诉求的问题上,霍姆斯(Holmes)、图卢兹(Toulouse)和卢克(Luke)等均认为网络技术是民主生态建设的有力工具。悲观派认为,网络政治参与非但不会促进民众与政府的良性互动,而且还会造成新的社会治理困境。海因茨(Heinz)就认为,民众通过网络参与现实问题的治理,可能会造成一种"政治的非居间化",具有形成高科技形式的民粹主义的危险,甚至为"网络法西斯主义"的出现提供滋生土壤。④ 库鲁瑟(Croeser)则认为,公民政治参与使得政治权力的结构发生变动,为处于体系裂缝中的无政府主义者提供了团结互助的可能,而这对于政治生态是最具破坏性的。⑤ 中性派认为,网络参与只是民众参与现实治理的途径,这并不会在很大程度上改善现行制度的缺陷和民主生态的建设,只有网络参与和现实治理的良性互动才能发挥公民网络参与的正面效能。伍恩(Woon)则以新加坡2011年大选为例,提出了网络政治与现实政治之间是一种相互补充、相互融合的关系,网络监督等参与形式扩大了公民参与现实治理的效能。⑥

　　对于网络的舆论生态治理,西方学界认为信息技术在促进网络生态向前发展的同时,也带来了诸如群体极化、数字鸿沟、网络无政府主义等消极影响,这从虚拟与现实这两个维度上对网络政治环境的未来发展造成了许

① Manuel Castells. The Theory of Network Society[M]. Polity, 2006.
② Marie-Hélène Caillol. Political Anticipation and Networks [J]. Anticipation Across Disciplines, 2016, 29(1): 379-391.
③ Gulshan Khan. Habermas: Rescuing the Public Sphere [J]. Contemporary Political Theory, 2008, 7(4): 444-446.
④ Eulau Heinz. Technology and Civility: the Skill Revolution in Politics[M]. Hoover Institution Press, 1977.
⑤ Sky Croeser. Post-Industrial and Digital Society[M]. Palgrave Macmillan, 2018: 623-639.
⑥ Chih Yuan Woon. Internet Spaces and the (Re)making of Democratic Politics: the Case of Singapore's 2011 General Election[J]. Geo Journal, 2018, 83(5): 1133-1150.

多障碍。凯斯·桑斯坦（Cass Sunstein）在《网络共和国：网络社会中的民主问题》中对网络政治环境和群体态度倾向做了分析，列举了美国网络空间中存在的治理困境，例如，网络群体的极化与分裂、政府管制与意见表达的矛盾等，并提出"民众在网络上获取的信息都是被'量身定制'的，内容窄化的信息传播模式使得社会处于极度分化和群体意见分裂的态势，这进一步致使差异化群体的矛盾程度加剧，这与民主社会所提倡的多元化精神是相违背的"。① 人们总是热衷于搜索和自己观点相似的评论，这使得意见相仿的网民会互相强化对特定事件的内容认知和态度倾向。② 网络作为现实的延伸，民众线上的态度倾向必然对线下的参与行为产生影响，而群体意见的高度割裂使得治理进程缓慢且低效。③ 关于网络舆论生态对社会治理造成的一系列问题，威廉·埃格斯（William Eggers）和斯蒂芬·戈德史密斯（Stephen Goldsmith）在《网络化治理：公共部门的新形态》中提出，舆论生态的高度分化就意味着多元团体利益协调的僵持困境、预期目标的高度差异、权责归属的难以判定。而关于网络空间中舆论生态的治理路径，劳伦斯·莱斯格（Lawrence Lessig）在《代码2.0：网络空间中的法律》中分析了对网络舆论进行规制的现实必要，并就如何通过法律来对网络空间进行规制做出分析。

与西方相比，我国对于网络空间的研究起步较晚，目前研究的领域主要集中于网络空间中政治主体、政治权力、政治文化、政治生态四个方面。对于网络空间中的政治主体，我国学界普遍认为政府在网络空间的治理中处于主导地位，网民、网络社群等处于治理结构的从属地位。从内容上看，这些研究的重心多放在网络技术对政府治理效能、治理模式产生的影响方面，其中存在两类观点：一类观点是从"消极工具论"的视角出发，认为网络技术对于政府治理效率、服务质量的影响是间接的，"与政府治理产出直接相关的且有必然联系的，是政府自身的发展逻辑和社会制度的变迁"。④ 另一类观点则是从"技术革命论"的角度入手，认为网络对于政府的意义不只限于是管理或治理的工具，网络技术给政府带来的是一套全新的治理模式，"网络在推动政治现代化的同时，也会对

① Cass Sunstein. Republic.com[M]. Princeton University Press, 2002：32－33.
② Jody Baumgartner, Jonathan Morris. My FaceTube Politics：Social Networking Web Sites and Political Engagement of Young Adults[J]. Social Science Computer Review, 2010, 28(1)：24－44.
③ Calenda Davide. Young people, the Internet and Political Participation [J]. Information Communication and Society, 2009, 12(6)：879－898.
④ 陈潭，罗晓俊.中国网络政治研究：进程与争鸣[J].政治学研究,2011(4)：85－100.

现行的制度规范造成冲击。面对新问题、新挑战，政府需要在社会需求的基础上构建新型政府治理的典范，通过政府再造与政府创新来促善治、行善政"。①

对于网络空间中的政治权力，一种较为普遍且基础的观点认为，"网络政治权力是由网络政府的权力、网络共同体的权力及网民的权力三方构成的有机统一体"。② 我国学界主要从两个方面对网络空间中的权力关系展开研究：一方面，是分析多元主体在网络空间中的权力；另一方面，是研究网络技术对现实权力造成的影响。网络空间使得民众"意见在场、身体缺场"的参与模式成为现实，网络舆论的漩涡可以理解为是多元主体话语博弈的结果。③ 因此，我国学界有相当一部分观点认为，"网络话语权是网络空间中最重要的政治权力"，"网络话语权具有更为分散的、平等的、循环的形态特征，也由此呈现出比传统媒体更鲜明的社会性"。④ 同时，我国学界认为，网络本身所固有的去中心化特征削弱了现实社会的权力结构，网络的匿名性也消解了权力、地位、身份等因素造成的沟通障碍，特别是民众对公权力进行监督的宪法性权利的发展步入了新的发展阶段。在网络社交平台中不乏对官员关系网络、受贿腐化等情况的披露，这种网络空间中新兴的"揭露政治"就是对公权力发起的最猛烈挑战。⑤

对于网络空间中的政治文化，我国学界目前主要存在三种不同的概念理解：第一种是政治文化的网络化发展；第二种是网络政治行为中存在的文化因素；第三种是网络文化的政治化发展。同时，我国学界也从不同维度对网络政治文化的内涵进行分析。例如，有的学者认为，网络文化是民众在现实政治生活与网络政治行为的交互中形成的一套全新的政治认知、评价和态度。⑥ 也有学者从制度文化与精神文化的角度对网络政治文化进行分析，认为"网络制度文化"包括：网络政治现象中的各种规则、政策、法规和道德规范等，而"网络精神文化"主要由网络政治信息、网络政治知识、网络政治心理、网络政治理念等内容构成。⑦ 由于网络

① 张成福.信息时代政府治理：理解电子化政府的实质意涵[J].中国行政管理,2003(1)：13-16.
② 李斌.网络政治学导论[M].北京：中国社会科学出版社,2006：129-139.
③ 罗佳.话语权力与情感密码：网络政治动员的意识形态审思[J].理论与改革,2019(5)：61-67.
④ 毛铮,李海涛.政治文明视野中的网络话语权[J].南京社会科学,2007(5)：98-102.
⑤ 方付建.揭露政治：网络时代的政治新象[J].领导科学,2010(1)：4-5.
⑥ 蒲业虹.当代中国公众主体性提升与网络政治文化安全研究[J].东岳论丛,2019(3)：39-45.
⑦ 李斌.网络政治学导论[M].北京：中国社会科学出版社,2006：265.

的虚拟性,加之网络信息的内容在传播过程中有受到人为操纵的风险,我国学界对网络空间中政治文化的治理困境进行了总结,主要有:政治认知偏差、文化凝聚力不足、政治态度不稳定、消解主流价值等突出问题。但是,在对于现实路径的分析上,学界对于政治文化治理的对策建议则略显单一,多从社会现实和网络舆论这两条路径出发,加强对民众的思想政治教育。

对于网络空间中政治生态的研究,我国学界的研究侧重于对网络政治生态与传统政治生态的相互作用进行分析。虽然已经有很多文献在论述中提到了"网络生态",但是其主要还是以主体分析为核心的传统结构思维来展开,鲜有文献将网络空间视为是一种主体、制度、文化等要素相互联动的网络生态。例如,孙萍和赵海艳认为网络政治生态的内在机理是"网络政治主体及其环境之间形成的结构功能关系"。① 同样,孙会岩围绕政治主体,提出网络政治生态是"在特定的时空范围内,由'网络政治人'与其载体一同建构的有机整体"。② 杜智涛和张丹丹也提出,权力结构的解构与重构是网络生态发生演变的原因,多元主体在网络空间中呈现出合作共生与多方博弈的态势。③ 另有一些文献在"主体结构"的分析思维上,添加了诸如政治文化、政治制度等其他分析要素。例如,杨嵘均分析了不同政治文化的网络社群对网络及现实政治生态的影响,认为网络空间中存在的虚拟文化既可以推动网络及现实生态中结构性矛盾的解决,但也可能造成二者出现新的失序和混乱。④ 陈联俊则侧重于分析党在网络空间内的政治建设问题,认为网络空间的发展会使党的政治领导地位受到冲击,党的政治制度建设和能力水平提升要符合互联网时代的发展要求。⑤

综上可知,国内外对于网络治理、网络文化、网络规制等方面的研究已取得了一定的成果,对于网络治理主体的界定也取得了基本共识,但从文献的分析思路上看,鲜有文献将网络空间视为是一种主体、制度、文化等要素相互联动的"生态体系"。如今的互联网已不同于早期,网络生态对制度系统、治理实践以及价值意识带来了深刻且真实的变化。所以,无

① 孙萍,赵海艳.网络政治生态界说[J].探索,2016(4):23-29.
② 孙会岩.构建互联网时代执政党政治生态的研究谱系[J].社会科学文摘,2016(11):119.
③ 杜智涛,张丹丹.技术赋能与权力相变:网络政治生态的演进[J].北京航空航天大学学报(社会科学版),2018(1):26-31.
④ 杨嵘均.网络虚拟社群对政治文化与政治生态的影响及其治理[J].学术月刊,2017(5):74-89.
⑤ 陈联俊.网络空间党的政治建设问题探析[J].当代世界与社会主义,2018(5):191-198.

论是从宏观的角度研究网络技术对政治制度、政治过程、国际政治的影响，还是从微观上研究涉及网络民主、网络舆论、网络治理的具体问题等，对于网络生态的研究都应在"生态体系"思维的基础上，更加注重对网络生态内部多要素联动的整体性分析（见图 8-1）。

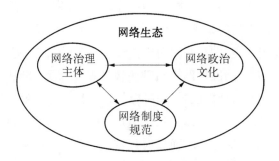

图 8-1 网络生态中构成要素的整体性联动

第三节 网络生态治理的体系特征

无论对于什么问题的治理，其都存在着自身特有的构成要素、实践特征和发展逻辑。从"生态体系"思维出发，网络生态是网络主体、网络制度、网络文化等要素在网络空间中互相作用的结果，是多维结构在网络发展过程中的综合反映。因此，对于网络生态治理的把握，主要就是在互联网内容治理的范畴下，对网络生态的构成要素、实践特征和发展逻辑等问题进行分析，希望通过对网络生态治理内容诸要素的剖析，可以揭示网络生态治理所蕴含的基本原理、基本规律以及外在现象，以达到推动其内部要素间的最优搭配和多元主体协同共治的期望。

一、构成要素

构成要素是网络生态治理中的一个基本概念。网络生态是一个由各种相互关联的要素所构成的有机整体，是网络生态的内部要素在相互动态的嵌构中所形成和显示出来的整体状态。有效的网络生态治理就是网络空间中各构成要素处于协调共生、和谐互补的动态平衡状态。从生态系统理论出发，生态内部的各要素之间相互联系越有序结构越好，生态的整体功能就越优良，生态化的程度就越高。要建设优良的网络生态，营造生态化的网络空间，就要实现各要素功能的最优化，这需要主体、制度、文化的整体性联动和统筹化建设。①

首先，是网络治理主体。治理主体的线上身份与线下身份存在一种映射关系，治理行为在网络空间中被数字化，治理主体在网络生态中被虚拟化。② 根据多元主体在网络治理结构中所处的地位和担负的责任来进行分类，网络生态的治理主体可以被分为：普通网民、网络社群、企业与政府。在现实生活中，民众指的是理性自治的公民，在社会治理的活动中具备自主性的个体；与此相对应，在互联网内容治理的活动中，其就是以"网民"的身份在行使治理权力。网民是网络治理主体的基本单元，也是独立自主的个体，但在面对特定的治理提议时，网民会与意见相仿的其他个体组成相互支持的网络社群。这种网络群体虽然体量庞大，但只是暂时的、阶段性的，通常是因为一个共同的治理诉求而暂时聚集在一起，也会因为特定议题的解决而解散。在治理主体中，与网民、网络社群相对的是电子政府，政府在网络生态的治理中处于主导地位，在互联网的内容治理中具有重要的指引作用，同时还要明确多元主体在网络生态中进行治理的行动规制，使存在混乱危险的网络生态治理在既定的制度规范内进行。网络技术的发展同样也促进了网络社交平台的兴起，微博、微信、百度贴吧等网络社交平台的出现给信息传播业带来了变革，更主要的是营造了一个开放、共享、平等、多向互动的舆论空间。在互联网企业技术的帮衬下，民众在网络生态中的主动参与和利益表达行为增多，对治理实践与治理过程的影响日益增大，网络生态治理的形态也由单向传递的精英行为向多维互动的大众行为转变。

其次，是网络制度规范。网络空间的生态化发展是互联网内容建设的高级阶段，在网络空间中，健全的网络制度规范是保证多元主体有效参与网络生态治理的关键，③因此，网络制度规范既是网络生态的重要构成要素，也是衡量网络生态建设的重要指标。网络制度规范的作用在于规范网络行为、净化网络内容、保障网络安全。在多元、复杂、动态的网络生态中，网民、社区、企业存在不同的网络运用需求和治理行为动机，在不同主体利益多元分化的态势下，网络生态的治理诉求及意见表达也趋于碎片化。并且，在网络感性、冲动情绪的持续渲染下，差异化的网络实践也逐渐趋

① 董洪乐.制度、组织、价值三维视角下党的优良政治生态构建[J].重庆邮电大学学报(社会科学版)，2018(2)：8-14.
② 唐庆鹏，郝宇青.互动与互御：公民网络政治参与中的主体性问题研究[J].人文杂志，2018(2)：110-118.
③ 崔永刚，郝丽.网络政治生态中的公民政治参与研究[J].理论学刊，2017(4)：123-129.

于极端化,①给网络生态的秩序稳定造成了不小的威胁。正如亨廷顿所提出的,"政治制度化与政治不稳定呈反比,政治制度化是政治稳定的基本条件"。② 网络生态中出现的治理议题越复杂,则网络治理主体的合作与协同就越来越依赖于网络生态的制度化水平。网络制度规范的意义不仅在于解决网络生态重点环节的突出问题,而且也在于助力实现政府、企业、社会、网民的协同共治。如果没有完备的网络制度规范,网络主体就会缺乏参与网络生态治理的制度途径,并诉诸非制度化的手段来实现自身的心理预期,例如,网络生态中普遍存在的"地域歧视"问题,由于网民难以在制度框架下实现"净化歧视言论"的效能感,导致部分网民会自发地组织"刷屏""爆吧",甚至通过使服务器瘫痪等具有攻击性的方式来满足自身的利益预期。

再次,是网络政治文化。民众对于网络生态治理的理解和参与程度取决于网络空间中居于主导地位的政治文化,其在较深层面上影响着网络生态的长期发展。网络政治文化位于网络政治生态的精神范畴,是多元主体在网络空间治理的实践过程中逐步形成的认知、态度、评价、意识和信仰等,③民众的价值倾向构成了网络生态治理的软环境。正如戴维·伊斯顿(David Easton)所言,"体系所呈现出的基本倾向,与其主体结构和效能产出具有同样重要的研究意义",④在长期参与实践中产生的网络政治文化也会反过来对民众在网络生态中的具体治理行为和方式产生影响。除了网络政治文化与网络治理主体的相伴相生,网络政治文化与网络生态演进、制度规范完善的过程也是密切交织的。网络空间中软性的政治文化与刚性的制度规范相互内化,在推动公民积极参与网络生态治理、网络民主与政治参与向前发展的同时,也对网络生态的底层净化与整体重构产生了影响。但是,网络文化的多样性也意味着在网络空间中存在相当一部分极端、偏激的内容,在网络非主流文化的影响下,网络民粹主义及政治娱乐化的现象开始凸显。在部分网民非理性政治参与的长期消极影响下,越来越多的民众会在具体问题的治理过程中出现心理失衡和行为失范的情况,这一方面降低了网络生态治理的积极效应;另一方面,减少了网络政治生态的稳定系数,并进一步加剧了网络空间中内容建设的难度。⑤ 因此,对网络空间中理性文化的培育是进一步发展网络生态治理的关键动能。

---

① 李阳.网络社群行为对公共决策的影响及其治理[J].探索, 2019(1): 139 – 148.
② 塞缪尔·P.亨廷顿.变化社会中的政治秩序[M].王冠华,刘为,译.上海:上海人民出版社,2008: 25.
③ 蒲业虹.当代中国公众主体性提升与网络政治文化安全研究[J].东岳论丛, 2019(3): 39 – 45.
④ 戴维·伊斯顿.政治生活的系统分析[M].王浦劬,译.北京:人民出版社,2012: 2.
⑤ 王树亮,朱荣荣.网络政治文化研究综述与评析[J].社会科学动态, 2017(8): 60 – 68.

二、实践特征

主体、制度、文化等要素在网络生态中的相互嵌构，使得网络治理主体、网络制度规范、网络政治文化在网络生态治理的范畴下呈现出多要素联动的整体性特征。网络治理主体在网络制度规范的约束下，构建了网络空间中多元协同的生态治理结构，有助于推进政府与民众的良性互动；网络政治文化与网络制度规范依存交织，网络空间在软性文化与刚性制度的双重影响下，对网络主体的治理行为做出整体性反应；网络治理主体与网络政治文化相伴相生，在网络空间的内容净化与文化重构的进程中，促使意见疏通、民主建设和群众监督等现实效能的实现。网络生态作为"诸多关系同时存在而又互相依存"①的有机整体，在治理实践中需统筹兼顾以下方面。

首先，网络生态治理必须倡导"多元性"。从社会治理到国家治理，从线下治理到线上治理，在多主体相互协调的权力结构中，对于任何场域的治理不能仅限于政府的职责，还应将多元主体共同纳入，通过多样化的治理形式共塑秩序化的治理生态。虽然政府对于网络空间的管理具有排他性，但其与网络生态治理的多元性并不冲突。政府在网络生态治理中所发挥的是主导作用，从社会最大公益出发行使公共权力、引领网络政治文化、制定网络制度规范、净化网络信息内容。企业、社会、网民等在网络生态治理中所发挥的是互补功能，在网络生态治理的过程中发挥比较优势。以内容建设为核心的网络生态治理，本质上就是要建构出"多元凝聚、价值包容和赋权扩能"的价值环境。由此可见，"网络生态治理"的"多元性"要义就是在政府主导下的多元协同治理，这就需要政府在协调、完善自身工作职能的同时，充分发挥企业和公众在网络生态治理中的重要作用，以多主体协同的方式将大量的治理行为落实到工作中，最终形成政府管理、企业履职、社会监督、网民自律等多主体参与的治理格局。

其次，网络生态治理必须保证"开放性"。网络空间可以被理解为一个耗散结构，在信息不断输入和输出的过程中维持其内部非线性的相互作用。② 网络的"开放性"将多元主体的利益诉求、态度倾向和具体行为输入到网络生态治理的过程中，使得网络生态治理得以持续开展。从社会治理

---

① 马克思认为，人类社会是由"社会体系的各个环节"构成的，是"一切关系在其中同时存在而又互相依存的社会有机体"。网络生态政治中的内部结构特征类似，也是"同时存在而又互相依存"。参见马克思恩格斯全集(第1卷)[M].北京：人民出版社,2016：143.
② 叶进,王灵凤,邹驯智.运用耗散结构理论提升政府社会风险管理水平[J].甘肃社会科学,2008(1)：196-198.

的经验看,民众参与公共事务治理的能力与信息流动的程度密切相关;在信息传播受限的社会中,民众对于参与公共事务治理的态度是冷漠的,并且事实上他们也没有很大的参与空间。① 所以,一切可以生存、发展的生态系统都必须是一个可以吐故纳新的开放系统。只有是开放的环境,生态系统才可能在改变自身结构和功能的过程中建构出更为有序的内在结构,使自身得以进化,而企业则在"开放性"环境中发挥着网络生态建设的中坚力量。例如,百度、腾讯等媒体导向型企业是网络生态主要的信息来源和传播媒介,担负着疏导优化网络流量、遏制有害信息传播的治理重任;阿里巴巴、滴滴等应用导向型企业则是在现实需求的基础上提供网络服务,承担数据安全保障、提供专业服务的治理责任。由此可见,"开放性"是保障网络生态可持续发展的动能源泉,也是开展网络生态治理的有效保证。

再次,网络生态治理必须把握"动态性"。网络空间中一个非常重要的特征是动态性,具体呈现在治理主体的变化、治理议题的更新以及治理过程的互动上。一是网络生态治理的主体是动态变化的。随着网络空间的膨胀发展,会有不适应时代发展潮流的企业逐渐脱离网络生态的治理过程,也会有新兴的互联网公司加入开展网络生态治理的行动中来。对于民众也是如此,网民不可能对网络生态治理始终保持较高的积极性,针对不同的议题,治理主体的内部变化会是常态。二是网络生态治理的议题是动态更新的。随着技术的进步与网络生态的发展,现存的部分治理议题会逐步地自然解决,也会有新的治理困境在时间的推移下不断凸显。在数据垄断的浪潮下,用户隐私权的保障上升成为网络安全治理的首要议题。三是网络生态治理的过程是相互影响的。不仅各治理主体之间存在动态的博弈以寻求彼此之间的利益均衡点,而且正如技术安全与信息安全是相互联系的、网络文化与舆论生态是相互衔接的那样,各治理议题之间也存在动态的相互影响过程。② 网络生态虽不能成为管控下的"死水一潭",但更不能是放任下的"暗流汹涌",有序且充满活力的网络生态建设才是构建清朗网络空间的题中之意。

三、发展逻辑

唯物辩证法指出,事物内部以及各个事物之间都存在着矛盾,否定之否定是事物发展的必然过程和内在规律。③ 网络场域也同样如此,在网络生

① 方雷,鲍芳修.地方治理能力的政治生态构建[J].山东大学学报(哲学社会科学版),2017(1):35-42.
② 那朝英,庞中英.网络空间全球治理:议题与生态化机制[J].学术界,2019(4):64-74.
③ 龙叶先,龙延平.唯物辩证法"否定规律"新认识[J].湖湘论坛,2017(6):30-37.

态的治理过程中,其内部的治理主体、政治文化、制度规范等要素既相互对立又相互统一,呈现出从无序到有序、从分化到统一、从封闭到开放的发展逻辑,这既符合马克思主义关于事务发展的基本原理,也符合民众关于网络生态治理的发展要求。

首先,网络生态的发展是从无序到有序的循环。网络生态是一个各种议题交际汇合的治理场域,主体、制度、文化等构成要素在网络生态中相互作用,在充满着矛盾运动的发展过程中巩固治理成果。网络制度规范给公众提供了表达治理诉求、参与治理过程的机会,有助于多元主体就公共事务的治理形成共识,提高公民网络政治参与的制度化水平,推动多主体参与的网络空间治理从无序向有序转变,但网络生态中的文化冲突与思想碰撞使得网民对特定治理议题的意见表达易呈现出偏激化、情绪化的特征,网络治理主体之间的不信任感甚至相互对抗的程度加剧,不断有主体在网络非主流文化的影响下,企图通过"舆论绑架""道德绑架"等非制度化的方式来实现其自身的预期目标和价值诉求。这种网络自由的异化不仅损害了网络生态治理的整体利益,而且特定议题的治理过程也会从多元主体的有序参与变为无序博弈。但是,当非制度化的竞争无法实现多主体利益平衡的僵持状态时,多元化的治理主体则又会自发地重新回到既有制度规范的标准上,对不同主体参与网络生态治理的行为过程做出约束。因此,网络生态的发展过程可以理解为是网络参与从无序到有序的循环往复。

其次,网络生态的发展是从分化到统一的结合。网络生态的文化要素是分化的,但制度要素是统一的;网络生态的治理主体是分化的,但理想目标是统一的。这两组关系统一于网络生态治理的实践过程中,呈现出统一中包含分化、分化中包含着统一的发展特征,且在不同的治理议题、不同的发展阶段与时代背景下,网络生态内部的制度与文化、主体与目标会各有侧重,并长期处于一种此消彼长的动态关系。如果制度规范过于具有强制性,则会消解网民、企业、社会参与网络生态治理的积极性,无助于网络生态的可持续发展,但如果过于强调多元主体的自主性治理,则会导致治理行为的失范、利益难以平衡、诉求无法实现的消极后果,无助于网络生态的良性发展。这种发展逻辑同样存在于网络生态治理的实践过程中,公众往往倾向于打破原有的意义体系,着重于对原有意义的"解构",反对任何方面的管制措施,但却较少地去积极建构有意义的生活。① 所以,在治理问题的措施选

① 邹卫中.网络社会开放性与有效性融通的治理路径探析[J].广东行政学院学报,2016 (2)：45－52.

择上,多元主体很难达成一致的共识,但是,在治理困境认知、治理效果预期上,多元主体的意见又是基本一致的。这种态度上的矛盾在政府净化网络游戏生态的治理中尤为明显,游戏爱好者既希望政府改善网络游戏生态同质化严重、恶性竞争的困境,又对于政府在"软色情"内容评价标准上"一刀切"的做法表示抗拒。因此,无论是文化与预期的分化,还是制度与标准的统一,都意味着网络生态中的主体、制度、文化等构成要素具有很强的内在相关性,均应从相互作用的整体性联动上对网络生态治理进行综合把握。

再次,网络生态的发展是从封闭到开放的转变。随着新媒体技术的快速发展,在整个社会大环境作用之下,网络技术打破了信息传播的界限,越来越多的公众通过网络接收政治、经济、文化等信息,也愿意通过网络来表达自己对公共事务的治理诉求。同时,政府也通过政府网站、政务微博等平台与社会公众建立联系,双向互动紧密了政府与企业和社会网民的关系,扩大了其他主体的知情权和参与权。从政府与社会在网络上的互动程度来看,网络生态的发展就是从封闭向开放的转变。"我国要实现善治的理想目标,就必须建立与社会经济发展、政治发展和文化发展要求相适应的现代治理体制,实现国家治理体系的现代化",①而网络生态"从封闭向开放的转变"就是国家治理体系现代化的重要一环。治理与传统意义上的统治或管理概念的最大不同在于公共事务的处理过程中,政府的绝对权威受到了限制,且在治理的过程中更加注重政府与其他主体的协作和沟通。② 因此,网络生态治理的关键就体现于政府决策系统与外部环境之间进行的能量交换和信息更新,把决策过程向公民开放,通过政府与公民的充分互动来实现政治发展,以构建我国开放动态、和平有序且韧性稳定的政治体系(见图8-2)。

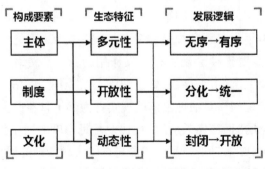

图8-2 网络生态在多因素联动影响下的演进路径

---

① 俞可平.推进国家治理体系和治理能力现代化[J].前线,2014(1):5-8.
② 王子蕲.网络政治参与影响地方政府治理的路径和限度[J].行政论坛.2017(1):47-51.

第四节 网络生态治理的发展路径

事物的存在和发展会受到时代背景的影响,对于不同场域中出现的各种议题,几乎不存在绝对的、永恒的、通用的治理模式,也不存在脱离现实的治理结构。我国网络生态所要建设与追求的不是理想的"乌特邦",而是在社会主义核心价值体系的指导下,以网络生态治理与社会现实治理的"交互"来推进国家治理体系和治理能力现代化。具体而言,网络生态治理的未来发展路径主要涉及三个方面:一是以"线上"政治与"线下"政治的"和合共生"为网络生态治理的发展导向;二是以网络技术与政治参与的"循道而行"为网络生态治理的实践路径;三是以网络文化与治理规范的"理性建构"为网络生态治理的运作保障。

一、以"线上"政治与"线下"政治的"和合共生"为发展导向

网络生态治理的实践,从微观层面上理解,即治理主体按照一定规则、制度所开展的网络治理行为、治理活动。回顾当前网络空间的参与现状,网络信访、网络监督、网络抗争等多主体参与的网络政治行为都与现实社会中的许多要素相关联,所以,对于网络生态建设方向的把握,关键在于厘清"线上"政治与"线下"政治的动态能动关系。

一方面,"线下"政治是"线上"政治的基础,社会生态决定着网络生态。网络生态内部的治理主体来自现实社会,其在网络生态中的行为模式、治理诉求、价值取向等时刻受现实因素的影响。同样,网络生态治理的对象、内容也来自社会现实,可以说,网络生态中的治理议题是现实社会中主体矛盾与利益冲突的网络化表现和虚拟化延伸。另一方面,网络生态不是社会生态的简单映像,其对于社会现实存在反作用力:一是网络生态并不能完全反映现实的社会生态,由于存在"数字鸿沟"①的困境,网络主体只是现实主体的一部分。二是网络对治理主体的现实行为起了日益凸显的强化与引导作用。网络生态的"回应室效应"促使民众意见态度的同质化聚集和螺旋式扩大,加剧了网络舆情对于多元主体参与具体议题治理的引导和强化功能。

网络与现实的紧密联系是信息技术发展的必然趋势,网络生态与现实生态在新时代背景下也势必会更加密切地融合在一起。网络生态使"行动

① 郑兴刚.从"数字鸿沟"看网络政治参与的非平等性[J].理论导刊,2013(10):40-42.

在场、身体缺场"的治理模式成为现实,在提升治理效能的同时也对政府的治理实践提出了新的要求。因此,"线上"政治与"线下"政治的"和合共生"是网络生态治理的未来发展方向。在网络与现实共生发展的过程中,社会、企业、民众应增强网络政治参与的理性和网络生态治理的能力,采取规范化、制度化的参与方式,增进多元主体的有序、有责及高效地参与。同时,政府作为社会利益的代表,应积极利用和管理网络与民众的治理行为、治理诉求、治理预期,并进行良性互动,消解我国政治参与中"制度供应短缺"①的问题。

二、以网络技术与政治参与的"循道而行"为发展路径

网络空间凭借其"多元性""开放性""动态性"的生态特征,"像一个共和国一样,让经验、见解和想法各异的民众在此磋商"。② 网络技术的发展为民众开辟了新的政治参与路径,微博、微信、贴吧等网络应用的便捷性和灵活性颠覆了传统政治参与途径的机械性和单一性,给传统的治理模式和参与方式增加了创新性因素和技术性变量,使得多元主体的治理效能在网络生态治理的过程中得以充分施展。由此可见,网络技术在政治参与中受到广泛运用的同时,其既呈现出了作为技术的科技价值,也承载了民众所赋予的政治价值。但是,技术是无法在治理过程中独自发挥治理效能的,技术所能产生的治理效能与主体的政治参与是永远联系在一起的。

网络既能为社会与政府的良性互动提供机遇、为民主政治的发展开辟道路,也能加速政治谣言的传播、损害政府公信力、放大多元主体间的冲突矛盾,所以,网络技术在不同治理议题中所呈现出的治理价值与治理效能是不同的,其主要取决于治理主体对某一问题的意识、态度与行为的差异程度。因此,网络技术与政治参与的"循道而行"是网络生态治理的未来发展路径。技术对于治理的意义将不再是不同主体参与治理活动的工具或途径,而是支撑、重塑、创新网络生态治理的巨大力量。对于网络技术而言,在未来网络生态的发展过程中,政府应全面、纵深、有序地推进网络技术革新,通过财政支持、政策引导、企业推广等多途径相结合的方式,研发有利于经济发展、民生改善、政治现代化的信息技术产品。对于政治参与而言,在多

---

① "制度供应短缺"主要表现为:制度化参与渠道狭窄、民意表达机构功能弱化,以及许多原本是法律规定的公民参与权利由于种种原因而得不到落实。参见郭小安.网络政治参与和政治稳定[J].理论探索,2008(3):127-129.

② 凯斯·桑斯坦.网络共和国:网络社会中的民主问题[M].黄维明,译.上海:上海人民出版社,2003:110.

元复杂的治理生态下,政府、企业、社会、个人应确立合作的共识。基于我国网络生态的现实发展阶段,建立多主体协同共治的治理机制,在系统、综合、全面的基础上,迈向民主、公平、有效的网络生态治理格局。

三、以网络文化与制度规范的"理性建构"为运作保障

随着政治参与步入互联网时代,人们逐渐形成了一套对网络政治参与的态度、情感和评价。一方面,这是政治文化在网络上的投射,反映了一国政治文化的综合品性;另一方面,网络政治文化又以其多元交互、无界开放的特点,使得网络生态呈现出不同于社会现实的独有特征。在网络生态的治理过程中,如果制度规范与网络文化互相契合,那么就容易产生合力并进而增进多主体的治理效能;相反,如果二者相互矛盾,则网络生态治理的制度规范在践行过程中就容易受到多元治理主体的排斥乃至强烈抵抗。① 所以,当网络生态政治的文化要素与制度要素互相适应时,治理主体便会在目标和行为上趋同;相反,治理主体会在目标和行为上产生分歧、冲突。因此,政治文化与制度规范的"理性建构"是网络生态治理的运作保障。

我国第一部整治网络生态问题的专门性法律规定《网络生态治理规定(征求意见稿)》已于 2019 年 9 月 10 日向社会公开征求意见,但是,网络理性文化的建构还在起步阶段,情绪化的意见表达、侮辱性的价值评判、敏感性议题的设置仍是网民表达观点和意见的极端选择。因此,对于当前非主流、攻击性网络文化的机制化干预就格外重要,可以通过主体约束、协同治理、建设互信的方式推进理性网络文化的内涵建设。首先,学校、家庭、社会应在政治社会化的过程中,培养社会民众对于网络信息内容的鉴别能力以及信息传播的责任意识。其次,政府在净化网络生态的过程中要注重治理实践的民主性,在制度规范的修订过程中要充分吸纳社会意见,明确多元主体参与网络生态治理的权利和义务。再次,政府在网络生态的治理实践中处于主导地位,所以,在构建网络理性文化的过程中也要担负更大的责任。总之,政府应积极与其他主体开展多层次、多维度的交流,在真诚、友善、宽容的治理互动中构建相互间更深层次的政治互信。

网络生态治理显然不同于治理一个现实的社会空间,但也绝不仅仅局限于治理一个虚拟的线上空间。网络生态治理的是由线下与线上、虚拟与现实相结合而产生的"新空间"。因此,作为国家治理体系的有机组成部分,

---

① 杨嵘均.论网络空间治理体系与治理能力的现代性制度供给[J].政治学研究, 2019(2): 11 - 20.

网络生态治理的实践要义就在于社会治理的"交互"中推进国家治理体系和治理能力现代化，而平衡网络生态治理与社会现实治理的关键则在于辩证地认识网络生态中创造力与破坏力共存共生的客观现实。

　　长期以来，中外学界对于网络生态的研究是从"主体结构"思维出发的，其以利益主体为分析核心，将网络生态视为利益博弈的环境，认为网络利益的合理分配可以带来网络生态的稳定。但是，在文化因素逐渐凸显、网络与现实日益密切的当下，传统的"结构思维"难以有效回应我国目前治理困境中普遍存在的"感性因素""冲动因素"。因此，对于网络生态治理的分析路径应从传统的"主体结构"思维向现代的"生态体系"思维转变，将网络生态视为主体、制度、文化相互耦合的有机整体。在网络生态治理的实践过程中，把握网络治理主体、网络制度规范和网络政治文化的整体性关系。只有实现三大要素的动态平衡，才能在网络生态的治理进程中统筹考虑当下与未来，真正实现发展路径与治理目标的统一。

第九章 从结果到过程：网络空间的政府规制

在中国传统社会治理中，政府与民众是一对既相互合作又相互博弈的主体。政府在资源和能力有限的情况下奉行"大事化小"的纯粹主义；民众则采取"小事大闹"的行动策略，打破现有的秩序，将意见和诉求输送到决策层。而在网络空间日益膨胀的今天，这种治理逻辑同样被投射到虚拟的公共领域，并衍生出被动机制、互动机制和联动机制这三种网络治理的机制。但是，传统网络治理逻辑存在诸多弊端，导致政府在治理机制的选择上存在时滞效应。因此，政府要顺应治理现代化潮流，应重点关注网络空间治理的结构性主题，进而在网络主权、价值追求、网络党建、网络安全以及网络吸纳等领域做出更好的路径选择，建构出一套立体的网络规制和治理框架体系，以人民利益为中心，实现政府的善治目标。

第一节 传统网络空间的政府治理逻辑

自古以来，中国就是一个幅员辽阔、人口众多的大国，庞大的国家规模使社会矛盾和纠纷层出不穷，而治理资源的有限性又导致政府在处理这些繁重复杂的公共难题时不免有些捉襟见肘。"由于治理能力的短缺，国家及其代理人经常运用'大事化小'机制来简化治理需求。社会民众想要把自己的问题提上国家的议事日程，就必须要想方设法'把事情闹大'，使其成为政府必须要立即处理的问题，从而获得解决问题的机会"。① 因此，"大事化小"和"小事大闹"就成为传统政府社会治理的逻辑，这种逻辑决定了社会矛盾和社会问题

---

① 韩志明."大事化小"与"小事闹大"：大国治理的问题解决逻辑[J].南京社会科学,2017(7)：64 - 72.

在政府治理过程中的时序和比重。与此同时，随着信息技术的进步和网络空间的膨胀，传统的政府治理逻辑也被投射到网络空间这一新的公共管理领域。作为网络空间治理主体，政府通过一系列复杂程序和筛选机制过滤出互联网中的意见和诉求，有选择性地化解社会矛盾，以寻求信息输入与政策输出之间的平衡。尽管这种政府治理逻辑在一定历史阶段取得了相当大的成效，但是，在"推进国家治理体系和能力现代化"的进程中，网络治理在这种传统逻辑思维影响下具有不可避免的弊端，出现了诸如"网络立法不够系统和全面，行业自律缺乏主动性和创造性，无法有效应对网络空间失范行为频发和泛滥的问题"。[①]

一、"大事化小"的纯粹主义

众所周知，在"中国历史传统中，'政府'历来是广义的，承担着无限责任"。[②] 而政府治理能力和治理资源则相对短缺，难以做到所有的社会问题都"事必躬亲"，因此，无限的责任和有限的能力就成为其难以回避的矛盾。此外，政府中有一套成熟的官僚机构和一些具有"部门利益"倾向的官员，再加之上级政府常常用是否"出事"来对本级政府进行考评，这些因素都促使"大事化小"成为政府处理社会矛盾、维护社会和谐时的首要选择。同样，这种传统治理逻辑也渗透到解决网络纠纷、化解网络舆情的各个环节，在网络空间中建构出"纯粹主义"的政府治理图景。

从实质上来说，"大事化小"是一种中层理念，主要指政府及其管理者将网络空间中的社会问题"掩盖下来"或努力缩小事件影响，并采取各种手段和方式抚平涉事各方的情绪，寻求总体和谐。它不是一种具体的治理行动，而是一套整体的政府网络治理框架，它追求化难为易、删繁就简，以最快的速度将社会矛盾处理好，至于处理成效则很少被政府考量。当然，"大事化小"作为传统政府治理网络空间的行动框架自有其鲜明的特征。

首先，是缓和矛盾。对于网络空间中某些能够切实解决的社会问题，政府通过正规的渠道和程序来积极应对；至于那些暂时无法处理解决的矛盾，政府就通过非正式的路径来进行仲裁、调解，并运用经济补偿、工作安排、住房安置等方式以简化人们在政治、法律或权益上的诉求。

其次，是控制信息。政府有时会因为现实需要而加强对网络的管制，努力减少负面新闻的传播，或者封锁相关消息、阻止有害信息和谣言进一步扩

---

① 范灵俊,周文清,洪学海.我国网络空间治理的挑战及对策[J].电子政务,2017(3)：26-31.

② 邱明红.党领导下：只有党政分工,没有党政分开[EB/OL].(2017-3-14)[2019-9-20].http://views.ce.cn/view/ent/201703/14/t20170314_20961337.shtml.

散。此举虽然在一定程度可以避免引起社会恐慌，但也可能会隐瞒事情真相，诱发公众更多的猜疑。

最后，是转移视线。网络的交互性、实时性、虚拟性、数字化等诸多特性对公众情绪表达产生了革命性的影响，一旦有公共事件爆发，就会有各种负面社会情绪通过互联网以更加隐蔽的方式对人们的思想观念进行渗透，增加公共管理的风险和政府的舆论压力。而政府对于那些无能为力的公共事件，往往会采取转移视线的方式促使人们做出让步或者妥协，或者是拖延问题解决的期限，从而淡化其责任。

二、"小事大闹"的行动策略

"小事大闹"，简言之，即个体或弱势群体为了让上级机关和公共管理主体注意自己的利益诉求或冤屈等，故意制造一些影响范围广泛的事件或行为，从而吸引更多的行政资源及力量来解决自己的问题。以往当事人权益受损会通过静坐、罢工等方式来表达自己的不满，而互联网通信技术的发展为他们提供了一个更加便捷、跨越时空的申诉平台。所以，"小事大闹"的行动策略在新时期又有一个更加学理化的称谓——公民网络抗争，甚至有学者通过对文献的比较梳理和深度挖掘分析提炼出五种典型的公民网络抗争研究范式，即结构范式、情感范式、话语范式、工具范式、治理范式，来描绘当下网络抗争的现实性图景。[①] 关于公民网络抗争的范式，笔者在此不做赘述，本书主要从过程视角探究"小事大闹"的行动策略。

网络空间中的"小事大闹"，亦即公民网络抗争，究其本身及行动者而言是"一整套涵盖意义指涉、价值渲染、资源动员、话语意识和复杂意图的完整过程，可分为'诱发期—扩展期—深入期—消弭期'等四大阶段"。[②]

首先，一起网络抗争事件的诱发，除了借助抗争动员的工具和互联网平台之外，还需要一定的"导火索"来触发网络舆情，而这"导火索"就是网民之间的情感共鸣。也许对政府来说，这些抗争事件是"小事"，但对于当事人来说则是利益相关的"大事"。至于扩展期，由于个体的网络抗争行为感染了其他网民，他们基于道德和情感的驱动成为新的行动者来为这起事件"呐喊助威"，以壮其力量、"上达天听"，譬如"西安药家鑫案""我爸是李刚案"等。诚如特纳所言，"人们通过执行'道德工作'和使用'正义框架'，把情感能量集中于这些外

① 倪明胜.网络抗争动员研究的五种范式与反思——基于2004—2015年中国知网(CNKI)期刊数据库的文献分析[J].南京师大学报(社会科学版)，2017(4)：33-43.

② 倪明胜，钱彩平.公民网络抗争动员的演化过程及其内在机理——基于近年来典型网络抗争性行动为例的经验研究[J].理论探讨，2017(3)：18-23.

部现象上……并用'正义'来疏导情感，以使将要采取的任何行动合法化"。①

其次，当社会纠纷和矛盾在网络空间中升级，从而引发更加严重的社会冲突，或者该事件经过媒体的广泛关注并得到党政机关的高度重视，那么，"小事大闹"就进入到一个新的阶段——深入期。此时，"小事"被提上政府的议事日程，成为需要尽快处理的重点事项。

最后，是消弭期，公民的"小事大闹"最终能否在引起社会普遍关注之后趋于平静，取决于政府和管理主体的回应程度。在"传统网络治理过程中，网络舆情或突发性热点事件出现，政府官员迫于舆论强势压力，只能不断澄清事实、进行官方辟谣和专家解释等，但往往越描越黑，越解释矛盾越发升级，越辟谣，谣言反而不胫而走，政府只能被动式疲于应付"。② 因此，政府机关要积极应对、及时处理社会问题，而不能消极防御。在互联网时代，政府部门越是遮掩信息或转移视线，越会刺激网络舆情的反弹。

总之，"大事化小"是政府的治理框架；"小事大闹"是民众的行动策略，两者互相建构，共同形成了传统政府网络治理的逻辑。政府为了维护网络空间的秩序和稳定，根据公共事件的轻重缓急来决定问题处理的时序与策略，从而避免事态影响的扩大化。民众则借助互联网平台，通过正式或非正式的渠道打破现有机制与秩序，将自身意见或利益诉求上传，努力放大公共事件的后果和影响，争取得到最好的解决机会。可以说，政府的"大事化小"和民众的"小事大闹"就是一个非零和博弈的过程，两者之间互相施加影响，以促使对方按自身意愿采取行动。虽然这种传统治理逻辑在资源有限、能力有限的情况下取得了一定的治理成效，但双方的博弈终究不利于社会问题或社会矛盾的妥善解决，不利于实现网络空间中的善治，所以，还需要我们进一步探索新时期政府网络治理的机制和路径。

第二节 网络空间政府治理的机制选择

"新制度经济学认为，制度变迁是制度的替代、转换与交易过程。作为一种'公共物品'，制度同其他物品一样，其替代、转换与交易活动也都存在

---

① 乔纳森·H.特纳.人类情感——社会学的理论[M].孙俊才,文军,译.北京:东方出版社,2009:172.
② 温淑春.网络舆情对政府管理的影响及其应对机制探讨[J].理论与现代化,2009(5):103-107.

着种种技术和社会的约束条件"。① 因此,我们可以把制度变迁这个过程理解为一套运行效益高的机制对另一套运行效益较低的机制的替换过程。类似地,网络空间政府治理的机制变迁也是一个渐进地替代、转化和交易的过程。在传统逻辑和善治目标的双重指引下,政府机关衍生出被动机制、互动机制和联动机制等不同类型的网络治理机制,并根据历史趋势和信息技术发展水平不断调适,以推进治理现代化。

一、"自上而下"的被动机制

在传统时期,政府网络空间治理采取的是一种"自上而下"的被动机制。这种机制基于政府对信息资源的垄断,"信息传播主要从政府内部自上而下以及自下而上,层层传递的单线流动模式,因而政府治理主要表现为上下级政府之间的关系"。② 之所以说是单线流动,是因为政策信息一般都是从上一级政府流向下一级政府,而由下往上传递的信息往往会经过层层筛选与过滤,最后高层获悉的消息往往只是较少的一部分,且绝大部分会偏离事实。至于在各级政府内部之间的沟通,同样存在渠道不畅通、政出多门的现象。"绝大部分横向沟通都是由所涉及的两个部门或单位通过面对面、文件对文件的方式来实现的"。③ 从政府内部来说,这一网络治理机制很容易生成部门利益,致使上下级乃至同级政府部门间由于信息资源分配不均而形成"信息孤岛",从而降低政府的行政效率,不利于社会问题和社会矛盾的及时处理。

然而,这种被动运行机制弊端不仅体现在政府内部,而且缺陷同样发生在政府与民众的网络交流过程中。因为在传统网络治理框架中,权力和信息呈现出一种垂直流动的态势,政府自然而然地成为治理的中心,民众在既定框架下只好接受和服从政府施行的网络治理政策或者策略,不管其是否科学合理。一方面,随着网络空间的膨胀,政府对这一领域的管控愈加严密,公众在互联网中的活动空间被逐渐压缩,其话语权受到限制。另一方面,由于经济社会的快速发展,公民的民主意识也逐渐提高,其不再仅限于被动地参与,而是主动表达自己的意愿、维护自身利益。但是,在这种被动机制下,公众缺乏向政府表达意愿和诉求的正式组织和渠道,他们只能倾向于选择一些非正式的、甚至非法的手段来"发声"。政府及其官员被动地去

① 王素君,张岳恒.中国私企产权制度变迁研究[J].社会科学论坛,2002(12):67-70.
② 史军.从互动到联动:大数据时代政府治理机制的变革[J].中共福建省委党校学报,2016(8):56-63.
③ 理查德·H.霍尔.组织:结构、过程及结果[M].张友星,刘五一,沈勇,译.上海:上海财经大学出版社,2003:195.

应对，即"大事化小"。笔者姑且将这种被动情形称为"刺激—反应"治理模式，在信息不对称的传统时期，政府不论是面对自身还是民众都缺乏足够的积极性和主动性，其拥有丰富的信息资源却不善于运用，从而造成官民之间的关系紧张，还可能引发不必要的社会冲突（见图9-1）。

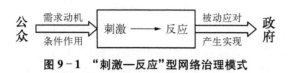

图9-1 "刺激—反应"型网络治理模式

二、"自下而上"的互动机制

伴随着互联网的普及和网民规模的扩张，信息呈指数级增长，网络治理也面临着越来越复杂的环境。首先，网络空间就像是一个充斥着各种社会信息和情绪的"信息池"，"信息池"里面的"水"会随着网络舆论的风向不断流动，任何负面情绪或者消息的投入都可能产生蝴蝶效应，带来意想不到的变化。其次，信息技术的突破不断挑战着传统政府治理机制，电子政务被提上政府议事日程。"基于电子政务运行模式，政府与公众、政府与企业、政府与政府之间，通过电子途径实现了互动。"①这一阶段，政府与公众互动机制逐渐成形，相关信息不仅在政府内部传递，而且政府也主动公开政务信息，并接受社会监督，同时，政府的公共决策开始吸纳公众意见。政府与民众之间互动交流的渠道日益多样化，社会中兴起一股"网络问政"的热潮。当然，从根源上来说，这种互动机制的建构还是民众"自下而上"推动的结果，并迫使政府做出改革以应对日益复杂的公共事务。所以，笔者将这种互动形式称为"输入—输出"治理模式，公众不断地输入意见和诉求，政府通过内部机制筛选和转化，然后输出公共政策（见图9-2）。

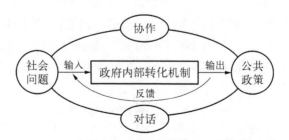

图9-2 "输入—输出"型网络治理模式

---

① 古普塔，库马，布哈特塔卡亚.政府在线：机遇和挑战［M］.李红兰，张相林，林峰，译.北京：北京大学出版社，2007：15.

　　然而，这种"自下而上"的互动机制在新媒体时期又会遭遇新的困境，政府的互动对象不再是一元或多元，而是 N 元，因为微博、微信等新媒体的发展使得"人人皆可发声"，这对政府信息整合能力提出更高要求。"特别需要关注的是，新媒体为居民、社区和不同的专业群体表达自己的意见和设置议题提供了全新的可能性，情绪的表达自由了，这样的情感具有极强的感染性，也更容易激发大家的共鸣，形成基于互联网的抗议和不满"。① 这样使网络空间的情况变得更加复杂，网络群体性事件亦时有发生，政府不仅需要回应民众的政策需求，而且还需要更多地关注民众的情绪与心理。另外，"大部分公众虽然在网上表达意见时无法保持理性的态度，但他们要求参与治理的要求越来越强烈"。②

三、"多元协同"的联动机制

　　如前所述，新媒体发展带来的这些复杂的问题，"其形式多样、领域宽泛、频繁变迁，单纯的国家管制很难有效解决这些问题，只有通过多元参与、多向互动和多制并举的国家治理介入，才能在最大限度上消除网络空间存在的问题和风险"。③ 与此同时，有学者指出，"当旧的权威结构松动并呈现出解体的迹象时，维护它就等于抗拒社会转型的历史进步，即使没有站到维护旧的权威结构的立场上，而只是放弃了创新的追求，同样也会遭遇不得不面对危机的结果"。④ 因此，政府对网络空间的治理应顺应时代发展趋势和公众参与治理的要求，积极建构多元协同的联动机制，调动更多的社会力量参与进来，共同维护网络秩序和安全，促使各主体主动参与网络空间的治理，其中"舆论、法律、信仰、社会暗示、宗教、个人理想、利益、艺术乃至社会评价等都是社会控制的手段，是达到社会和谐与稳定的必要手段"。⑤ 可以说，互联网在社会生活中的广泛应用在一定程度上实现了对公众的"赋权"，"提高了社会的行动力，进而改变了公众在社会治理过程中的被动地位"，⑥笔者称其为"赋权—协商"治理模式。互联网作为社会治理工具为公众政治参与赋权，政府利用该工具与公众就施政策略进行协商（见图9-3）。

　　在政府网络空间治理联动机制下，政党、政府、公民个体、市场以及社会

　　① 何雪松.城市文脉、市场化遭遇与情感治理[J].探索与争鸣,2017(9):36-38.
　　② 李晓云.网络群体性事件中公众意见的表达与引导[J].新闻爱好者, 2017(2):56-59.
　　③ 阚天舒.中国网络空间中的国家治理：结构、资源及有效介入[J].当代世界与社会主义, 2015(2):158-163.
　　④ 张康之.打破社会治理中信息资源的垄断[J].行政论坛, 2013(4):1-7.
　　⑤ 郭玉锦,王欢.网络社会学[M].北京:中国人民大学出版社,2017:315.
　　⑥ 邵娜.互联网时代政府模式变革的逻辑进路[J].海南大学学报(人文社会科学版), 2016(1):23-29.

组织等都扮演着相当重要的角色,各行动者之间信息互动、资源互换,以公共事务为中心构成一个地位平等、协同合作的联动体系。其治理对策主要有以下几类。

图 9 - 3 "赋权—协商"型
网络治理模式

一是对公共事件进行分类,构建多中心治理的模式。公共事件主要涉及政治、经济、社会这三大领域,对于不同领域的公共事件,其发挥中心治理作用的主体也随之不同。例如,涉及政府部门的公共事件,需要政府发挥其主导管理作用,建立一个以政府为治理中心,社会、市场配合的合作模式。如果公共事件是发生在经济领域中,就要发挥市场自主管理的能力,而政府和社会则进行必要的配合。

二是网络治理主体要在多方参与的情况下制定相应的规则,例如,对网络谣言传播的规制、对网络群体性事件的预防机制、对网络社会负面情绪扩散者必要的惩罚机制等,运用制度和规则对网络社会情绪进行规范和疏导。

三是积极构建政府门户网站。政府门户网是政府与公众直接对话交流的窗口,参与性治理有利于将网络舆情转化为一种社会资本,通过网络舆情来倾听民意、化解民怨、汇集民智,从而更好地实现信息自由、公正高效、民主法治的善治目标,构建社会主义和谐社会。

第三节 网络空间规制的
结构性主题

有学者指出,"改革开放以来中国国家治理的基本进程主要是围绕以下三个结构性主题展开的:一是政府与公民的关系;二是中央与地方的关系;三是政党与国家的关系,这三组关系在全局上具有决定性意义"。① 笔者认为,网络空间治理作为国家治理的重要组成部分,其同样围绕相关结构性主题来对网络进行规制,从而培育出具有自主性的社会组织和具有管理特性的公共空间,保障公民对政府权力的监督和制约。然而,网络空间治理的环境异于国家治理,笔者通过梳理相关文献,将网络空间规制的结构性主题分为:政府与公民、国家与社会以及行政与法治三组关系。

———————————

① 陈明明.国家现代治理中的三个结构性主题[J].中国浦东干部学院学报,2014(5):5-6.

一、政府与公民的主体关注

政府与公民之间的关系历来是各种社会关系的焦点,因为这组关系涉及政府、市场乃至社会等多重领域,几乎所有的社会矛盾和社会问题都是围绕它们发生的。以往由于政府与民众之间交流渠道比较匮乏,信息资源垄断在政府手中,底层的建议与意见很难进入政府视野,此时,政府纯粹是一种管制型政府。然而,随着网民规模的逐年增长和"互联网+政务"热潮的兴起,①政府对有关公民在网络治理中的组织规则、行为规范、利益表达有一个制度性的调整和再造,政府的行政管理体制也逐渐向服务型转变。可以说,互联网重新塑造了政府与公民之间的关系,赋予公民在网络治理中的主体地位。公民不再仅仅是被监管的对象,同样还是政府的服务对象,公民与政府以平等的地位共同参与网络空间治理的过程。

从政府方面来说,其积极主动地公开政务信息,引导公众自愿加入政府的网络问政和社会管理当中,促使他们主动维护自己的权益。同时,政府就各类社会焦点、热点问题向公众做出有针对性的回应,迅速有效地采取措施解决实际问题,承担社会责任。至于公众,他们可以通过网络问政来对政府部门进行纠偏,对政府工作进行监督,实现法治政府建设的目标。如果公众对社会存在的矛盾和生活中遇到的难题有不满情绪,同样可以通过新媒体等途径向政府表达自己的意见,政府则通过互联网平台对公众进行疏导和反馈,化解社会中存在的矛盾,维护良好稳定的网络秩序,建设和谐社会。

二、国家与社会的整分结合

社会是一个复杂、动态、多样化的系统,是共同生活的个体、组织或国家通过社会、经济、文化、政治等关系联系起来的集合。② 在社会治理活动中,企业、社会组织、公民个人和政府作为行动者各自承担着不同的职责,追求着不同的利益,相关学者根据这些活动经验形成了一系列的治理理论。例如,库伊曼(Kooiman)认为治理是所有社会、政治与行政主体有目的地指导、掌舵、控制或管理社会部门的活动。③ 其中有一种二元治理理论,它是指在

---

① 2017 年 8 月 4 日,中国互联网信息中心(CNNIC)在京发布第 40 次《中国互联网络发展状况统计报告》(以下简称为《报告》)。《报告》显示,截至 2017 年 6 月,中国网民规模达到 7.51 亿人,占全球网民总数的 1/5;互联网普及率为 54.3%,超过全球平均水平 4.6 个百分点。

② 王芳.论政府主导下的网络社会治理[J].学术前沿,2017(4):42-53,95.

③ Jan Kooiman. Social-Political Governance: Introduction Modern Governance, New Government-Society Interaction[M]. SAGA Publications, 1993: 2.

政府与社会组织互动过程中形成的"国家—社会"两极治理结构,在此结构中,国家与社会的对立关系是治理的重点。这一理论源于西方对国家与社会二元对立关系的认知,在国家与社会二元分析框架下,权力在政府和社会之间的分配被简单归纳为四种模式:强国家—弱社会、强社会—弱国家、强国家—强社会和弱国家—弱社会。① 然而,国家与社会之间并非只有对立关系。贝尔和辛德摩尔(Bell & Hindmoor)认为在国家中心与社会中心之间或者在政府与治理之间二选一是错误的,以国家为中心的治理也强调国家与社会之间的联系。② 王先明同样认为,"在中国传统权力体系中,不存在社会独立于国家,并获得不受国家干预的自主权利的观念和理论"。③

在推进网络治理现代化的背景下,政府与社会的关系不是二元对立或者相互独立,而是应相互合作,社会在政府失灵与市场失灵时发挥着重要作用。例如,一些网络化的组织支持不同利益群体之间进行信息交流、意见凝聚与协商合作,规范其行为,引导、督促其承担一定的社会责任,成为政府网络监管的有效补充。除此之外,相关社会组织还起到桥梁作用,能够沟通政府与民众、政府与市场之间的关系。社会组织一方面积极推进涉及自身领域的公共政策的贯彻实施;另一方面,及时将公众利益诉求整合起来,并反馈到政府公共政策制定过程中,有益于公共政策的改进与完善。在这些社会组织、个体以及政府机关的努力下,国家和社会通过互联网紧密地联系起来,形成了一个利益共同体。"一直以来,我们把关注的重点放在了国家建设上,现在我们应当逐渐转变关注的重点,从国家转向社会,更加重视社会建设,并努力把国家建设与社会建设统一起来,寓国家建设于社会建设之中,让国家建设最终服务于社会建设"。④

三、行政与法治的思维转向

信息技术的广泛应用和网络空间的兴起发展极大促进了经济社会繁荣进步,同时也带来了新的安全风险和挑战。由于受社会矛盾凸显、国际国内经济形势变幻、传媒生态日趋复杂等多种因素影响,政府网络治理的复杂性和艰巨性也是前所未有的。单纯的行政力量和强压式的管理已经不能适应

① Joel S. Migdal. Strong Societies and Weak States: States-Society Relations and State Capabilities in the Third World[M]. Princeton University Press, 1988: 25.
② Stephen Bell and Andrew Hindmoor. Rethinking Governance: the Centrality of the State in Modern Society[M]. Cambridge University Press, 2009: 1.
③ 王先明. 近代绅士:一个封建阶层的历史命运[M]. 天津:天津人民出版社,1997: 25.
④ 俞可平. 让国家回归社会——马克思主义关于国家与社会的观点[J]. 理论视野, 2013 (9): 9-11.

现阶段网络治理的要求,需要更多的力量参与进来协同治理,构建网络空间中的新秩序。针对网络公共空间的新秩序,依法治网在其中占据重要的地位,其"不仅能够在制度层面提供治理的渠道,也有利于实现不同价值和利益之间的协调和利益主体的自我约束"。① 然而,如何完善网络治理机制、加强互联网法治建设、树立管理和服务并重理念、创新执法方式、充分发挥自媒体等网络联盟的作用等这些问题都值得我们进一步思考和实践。

众所周知,法律和制度在实现网络治理现代化进程中扮演着重要角色。习近平总书记说,应"更加注重治理能力建设,增强按制度办事、依法办事意识,善于运用制度和法律治理国家,把各方面制度优势转化为管理国家的效能"。② 将网络治理落实到制度和法治层面,正是实现网络空间善治的结果。我们要充分运用法治资源,将不同的法治化工具融入网络治理模式当中,将会极大地提升政府网络空间治理的能力。尽管法律法规是网络治理的最重要的依据,但我国目前有关网络治理的法律法规尚不健全,一些领域还存在着真空状态,这往往会给不法分子以可乘之机。各级人大、政府其及有关部门应转变工作方式,积极完善有关网络治理的法律和制度,依法治网、严格执法,营造一个风清气正、健康有序的网络环境。

第四节　网络空间有效治理的
适应路径

政府要想实现网络空间的善治,不仅要在治理机制和结构性主题上做出选择,而且还应从网络主权、价值追求、网络党建、网络安全等领域采取积极行动。因为网络治理机制和结构性主题只是政府行动的方向和框架,适应性的网络治理路径才是切实可行的政府方案,促使政府的规制与善治由理论逻辑到落地实践。

一、弹性主权：规则制定的合作与博弈

习近平总书记在第三届世界互联网大会开幕式上的视频讲话中指出,"中国愿同国际社会一道,坚持以人类共同福祉为根本,坚持网络主权理

---

① 秦前红,李少文.网络公共空间治理的法治原理[J].现代法学,2014(6)：15－26.

② 习近平.治国理政,必须"立治有体,施治有序"[EB/OL].(2017－10－13).[2019－09－20]. http://theory.people.com.cn/n1/2017/1012/c40531－29583383.html.

念,推动全球互联网治理朝着更加公正合理的方向迈进"。① 可以说,网
络主权是我国提出的关于网络空间中全球治理的重要主张。维护网络主
权是维护国家主权利益和网络安全的首要战略任务,它涉及一系列全球
网络治理规则制定的合作与博弈。对网络主权的理解,离不开对国家主
权的思考。国家主权是一个国家至高无上的"最高治权",随着国际环境
的不断变化,主权理论也在不断演化,并被赋予新的内涵,但国家主权维
护政治秩序的核心价值始终不变。主权的秩序功能体现在四个方面:限
制暴力活动、明确各主体权责、保护共同体文化特性和促进平等相处。正
是基于主权维持秩序的功能,才使得在信息化和经济全球化的今天讨论
网络主权问题很有必要。

当然,关于网络主权理论不乏质疑者和批评者,且这些人主要以西方发
达国家为代表,其主要目的就是妄图推行网络霸权主义,侵犯其他国家的主
权利益。因此,我国倡导建立一种和平、安全、开放、合作、有序的网络空间
秩序,要求其他国家在参与网络空间治理过程中,采取适当的方式维护本国
网络安全和基本秩序,不损害别国的利益,实现合作共治。"因为网络空间
是一个虚拟空间,在其中划定明晰国界、限制行动范围并不现实,且网络空
间规则的制定仍然处于'规范兴起'的起始阶段,要达成一项全球网络空间
协定还面临诸多困难和挑战"。② 笔者建议在全球化的网络治理中推行一
种弹性主权治理机制。在这种机制下,各国实现主权共享,不触及各国的核
心利益和秩序稳定,使信息技术的最新成果和网络空间的丰富资源可在全
世界平等分享和分配;同时,各国应推进以共同协商和共建规范为主要内容
的平等治理,主动承担自身责任,使"世界各国特别是发展中国家都能分享
发展机遇、共享发展成果、公平参与网络空间治理"。③ 中国作为一个负责
任的大国,在实现网络强国、捍卫国家安全的同时,应积极开展国际合作,推
进网络空间新规则、新秩序的议定,推动网络空间全球治理的可持续发展。

二、价值演进：个人隐私的保护与治理

"社会生活有边界,网络世界有底线。虚拟的互联网,不能跳脱公序良

---

① 习近平.集思广益增进共识加强合作　让互联网更好造福人类[EB/OL].（2016 -
　　11 -16）[2019 - 09 - 18]. http：//www.xinhuanet.com/politics/2016 - 11/16/c_
　　1119925089.htm.

② 郎平.全球网络空间规则制定的合作与博弈[J].国际展望,2014(6)：138 -152,158.

③ 黄琴.国家网络空间安全战略[EB/OL].（2016 -12 -27）[2019 -11 -21].http：//www.
　　xinhuanet.com//politics/2016 -12/27/c_1120196479.htm.

俗的规制。网络活动本身即是社会生活的投射,不应也不能成为一个'只要自由、不要约束'的王国"。① 所以,网络空间不是法外之地,公民在行使自己权利的同时也应注重维护别人的利益,不得侵犯他人隐私权等。对于政府来说,互联网的发展促使其关注公民的主体地位,维护公民的个人隐私权是其治理工作的题中之义和应尽职责。首先,由于大数据技术的进步和智慧城市建设,政府在公共数据采集过程中应对自身行为进行规制和反省,注重对公共数据进行脱敏处理。其次,政府要积极采取行政措施对公民的隐私权加以保护,使其不受他人侵犯。

为更好地保护公民个人隐私和信息安全,政府还要加强对网络空间的监管。一方面,政府可以利用行政手段对网络经营商、服务商在数据采集、处理以及应用等方面进行监督规范,使其明确相关界限和权利义务,一旦发现其有泄漏公民个人信息的行为,应按照《网络安全法》等法律法规做出相应的惩罚;另一方面,政府应对自身的网络监控范围、对象、方式、目的等以及网络治理工作人员的行为做出严格规定,注重保护公民的个人信息和安全,以防止权力被滥用。当然,政府也要学会平衡信息公开与隐私保护之间的关系,"一味地控制个人数据的利用无疑会阻止信息的自由流动,等于放弃了网络技术带给人们的便利"。② 在政府信息公开和公民隐私权保护共存的大前提下,政府要充分利用大数据技术和信息资源优势,促使信息公开与公民权益保护协调发展。另外,我国采取"政府规制为主,行业自律为辅"的行政保护模式对公民网络隐私权加以保护。因此,政府应积极加强社会主义和谐价值观建设,引导行业自律,自觉地保护公民的个人信息安全。

三、党群协商：网络党建的拓展与创新

网络的普及给党建工作提供了现代化的手段和新的渠道,拓展了党建工作的空间,从而实现党建工作由传统向现代、由封闭向开放、由实体向实体与虚拟相结合的转变。"信息网络技术致使'自上而下'的政治一去不复返了,世界正以更快的速度变平,并且还在不断地改变各种规则、角色以及相互的关系"。③ 由此看来,单向的、集中的、金字塔式的传统政治结构正悄

---

① 邓海建.要为网络世界设定法治的底线[EB/OL].(2014 - 12 - 19)[2019 - 11 - 23].http://theory.people.com.cn/n/2012/1219/c40531 - 19943153.html.
② 张秀兰.网络隐私权保护研究[M].北京:北京图书馆出版社,2006:188.
③ 托马斯·弗里德曼.世界是平的:21世纪简史[M].赵绍棣,黄其祥,译.北京:东方出版社,2006:38.

然向网络化的扁平结构转化,这种转化使政党过去那种传统的自上而下的、层叠式的信息传递方式无法适应当今党内民主、组织沟通和政治参与的需要。党组织要自觉适应信息化迅猛发展的趋势,通过"网络党组织"抓好网上党组织资源的开发整合与管理,利用网络党建加强网络治理的组织建设,服务群众。加强网络党建既能不断增加党与群众的联系,还能更好地代表民意,服务群众,发扬协商民主。

网络党组织作为在网络空间实施党的活动的行为主体,其组织建设是适应网络环境而形成的一个具有自身特点的新领域。将现代网络技术融入党建工作,开展"网络党建"不仅是手段和方式的创新问题,而且更重要的是拓宽了一个全新的工作领域,找到了一个在继承传统党建有效经验基础上与现代社会发展相融合的接口。开展网络党建,"通过电子办公、电子信息传递将极大地简化烦琐的日常党务工作,提高工作效率和时效性,提高党建工作层次与水平"。[1] 开展网络党建,归根到底是要准确把握和自觉运用党的建设规律,研究新情况、解决新问题、创造新经验。

首先,在党建工作中,中国共产党需要通过加强网络党建工作的开放力度来有效提高党建工作信息资源共享的实现。另外,还需要进一步对党员基本信息的监督和管理工作进行加强,使党员管理实现常态化和网络化。

其次,共产党要积极利用网络信息技术,尽快建立扁平化、交互式的组织结构运作平台,通过电子党务、"网络党组织"等迅捷、新颖、生动的信息化手段,构建一个完善的网络党建体系。

再次,完善民主管理体制,从制度上约束领导干部的决策行为,形成良好的网络互动民主管理机制,为广大党员干部提供良好的网络党建参与渠道,更好地联系群众、代表群众、服务群众。

四、耦合发展：网络安全的监管与维护

"没有网络安全就没有国家安全,没有信息化就没有现代化"。[2] 伴随着大数据技术的进步,网络安全问题危害不再局限于虚拟世界,它与国家安全、城市运行、企业经营和市民生活息息相关,成为政府治理的重要环节。在此过程中,政府网络安全治理侧重于事前的监管与事中的维护。笔者结合已有研究,建议从法律、政府以及管理三个路径加强对网络安全监管,促

---

① 徐苏宁.网络党建：一个具有时代意义的党建工作新领域[J].南京社会科学,2001(S1)：67-71.

② 郭华明.习近平眼中网络安全和信息化的辩证关系[EB/OL]. (2016-9-21) [2019-11-30].http://www.cac.gov.cn/2016-09/21/c_1119593352.htm.

进网络安全维护与网络治理的协调发展。

首先,法律路径。法治是政府网络安全治理的结构性主题,我国在网络安全监管立法方面需借鉴国外经验。我们可以结合本国国情"取长补短",在法律规范上追求细致入微,真正做到让网络安全监管有法可依。与此同时,我们还应加强相关制度建设,健全网络审查制度,从内容管理、舆情扩散等方面进行规制。

其次,政府路径。因为网络安全监管与维护涉及的领域很广泛,其中包括政府与市场、政府与社会以及政府部门之间的范围界定,所以,政府要及时转变职能,重视公众服务。正如登哈特夫妇在《新公共服务：服务,而不是掌舵》一书中指出,"新的公共服务正在取代旧的公共行政,现代视域下的公共服务应注重的是由民主治理理论而不是由私营部门管理理论中获得的启示"。① 另外,政府在做好公共服务的基础上要切实承担起自身的责任,做好网络安全监管与维护工作。

再次,是管理路径。网络安全监管部门应明确各主体的权责,协同管理,以便资源共享、信息互通。当然,相关管理部门同样要提高其网络安全技术,因为相关工作人员如果缺乏一定的技术支持则很难对网络安全实施有效监管。另外,监管部门还可以与企业合作开发网络安全监管与维护的软件,与企业联合培养政府需要的网络技术人才,在管理实践与人才培养方面双管齐下。

五、三重吸纳：多元利益的输入与转化

前文提到,民众倾向通过"小事大闹"将自己的意愿和利益诉求传送给决策者,之所以会出现这样的情况是由于政府与民众之间的沟通渠道缺乏、相关的利益输入与政策转化机制不健全才使得民众以过激方式表达"民意"。新时期,面对公民意识崛起和网络监督兴起,政府应通过多层次、多渠道吸纳民意,以实现网络空间权力与权利的动态平衡。至于具体措施,政府可通过吸纳虚拟组织、网络精英和公共决策网络来建立中国特色的政府网络治理的民意吸纳模式。

第一,政府对虚拟组织的吸纳。虚拟组织是伴随网络空间而兴起的新事物,其能够在一定情境下调动网民开展集体行动。此类行动既可能局限于网络空间,也可能施行与物理空间,从而增加网络治理难度。"如果社会

---

① 珍妮特·V.登哈特,罗伯特·B.登哈特.新公共服务：服务,而不是掌舵[M].丁煌,译.北京：中国人民大学出版社,2010：56.

要成为一个共同体的话，那么每个集团的力量应通过政治体制而发挥，而政治体制则对这种力量进行调节、缓和并重新引导，以便使一种社会力量的支配地位与其他社会力量协同一致"。① 政府要加强与虚拟组织的交流沟通，将其吸纳到公正合理的网络秩序当中，从这些虚拟组织中汲取社会资源，有效避免负面公共事件的发生。

第二，政府对网络精英的吸纳。经济增长提高了公民的受教育水平，信息技术的进步拓宽了公民政治参与的渠道，公民的维权意识和法治观念也在现代化进程中不断提高。与此同时，一大批网络精英②伴随着网络应运而生。他们善于利用网络工具参与公共事务管理，在虚拟公共领域具有一定影响力。政府应当充分重视这些网络精英或者意见领袖，使其意见和诉求在合理、合法的范围内得以充分表达，从而维持政府网络治理秩序的稳定性和包容性。

第三，政府对公政策的吸纳。公共政策议程的确定是多元利益主体围绕着特定政策议题，相互协调与博弈的公共选择过程。随着互联网的普及，网络空间已成为民意的集散地，意见的聚合推动了社会问题向公共政策问题的转变，有利于打破传统政府决策流程。政府公共决策部门可以通过网络平台巧妙地搜集舆情与民意，将民众输入的利益诉求经过一套科学合理的程序转化为满足公众需要的决策。

总而言之，在新媒体日益发展的今天，网络正在塑造一个更加复杂多变的虚拟公共领域，网络治理也应适时进行变革。政府要想实现网络空间的善治，就要摒弃传统的治理逻辑，及时推进治理理念的创新。与此同时，政府要对传统的网络治理机制进行反思与总结，围绕网络治理的结构性主题，选择高效、有序的联动机制来实现治理现代化。在此过程中，"伞式的政府"不再是庇护一切的力量，而是应与不同主体进行合作，共同协商出一套网络规则与治理框架体系，从主权、价值和安全等多元路径出发，为政府网络空间治理提出行之有效的行动方案。

从结构上来说，政府要把握好政府与公民、国家与社会以及行政与法治之间的关系。从动力上来说，网络治理联动机制的创设为虚拟组织吸纳、精英吸纳以及政策吸纳动员了一大批社会资本和社会力量。从行动者来说，政府、市场、社会以及个人作为不同的主体共同参与推进治理现代化进程，

---

① 张静.法团主义[M].北京：东方出版社，2015：25.
② 网络精英和网络密不可分，不精通网络的人不是网络精英。网络精英主要指一些在网络领域有自己独到见解，可以通过网络实现自己的想法，完成自己的理想的人员。网络是他们的工具，也是他们成功的手段。

为网络善治贡献各自的智慧。当然，网络空间中的政府规制与善治是一个渐进调适的过程，其进程不可避免地受到互联网技术、政府治理能力和公众现代化观念等因素的影响，仍需要政府在以后的治理实践中不断探索和创新。

第三编　多元主体参与和治理创新的展开逻辑

第十章　问政于民：政治
参与的新载体

当代社会的信息化特征主要表现在以网络为运行平台的计算机、信息和通信技术的快速发展。这些新技术极大地改变了人类社会传统的活动方式,方便了人们的社会经济生活。同时,由发达的技术程度所产生的复杂性必然会影响政治民主的运作形式,其中,电子民主则是新技术平台下民主发展的一种新载体,其实质就是公民全面参与民主运作程序的民主。

第一节　西方电子民主的
源起及其演变

过去几十年间,关于电子民主的学术文献的总体趋势是探讨此概念如何与古典民主模式相联系。其中,大部分文献在以电子民主所主张的目标和价值观基础上,对因使用了信息通信技术、因特网而产生的政治体制形式进行了论述。亚瑟·爱德华兹(Arthur Edwards)从民主的两个层面(个人主义对集体主义、认知对协商)界定了电子民主的三种视角:民粹主义的视角、自由主义的视角和共和主义的视角。① 道格·舒勒(Doug Schuller)研究了与因特网相关的政治实践是否符合达尔(Dahl)提出的民主标准。② 詹斯·霍夫(Jens Hoff)则使用传统的公民观念(自由主义、共和主义、共产主义和激进主义),他认为电子民主的四种模式是由于使用了因特网而出现

① A.R. Edwards. Informatization and Views of Democracy [M]//W. Donk. A Perspective on Informatization and Democracy. IOS Press, 1995: 33 - 49.

② D. Schule. How Do We Institutionalize Democracy in the Electronic Age[M]. Communications & Strategies, 1999: 234 - 245.

的(用户至上、公民投票、多元主义、参与式)。① 戴克(Dijk)在考虑了民主的目的(精英选择、舆论的形成、决策)和实现这些目标的手段之后,提出了电子民主的六种可能的模式(守法、竞争、公民投票、多元主义、参与和自由意志)。② 韦德尔(Vedel)从不同的角度分析了民主的三种主要视角(精英主义、多元主义、共和主义)下的政府是如何使用因特网的。③ "电子民主借助于信息通信技术和网络技术,通过公民更切实、全面地政治参与,保持了民主的本质理念,这是电子民主特征的核心所在",④特别是当传统代议政治及大众媒体无法充分发挥原有功能时,电子民主在西方似乎是另一种势在必行的新民主方式。

20世纪90年代,美国佛罗里达国家大学的学者出版了《虚拟政治学:电子计算机化空间的身份与社区》;美国学者威廉·都顿(William Dutton)出版了《网络社会:数字化时代的信息政治学》等。在这些著作里,他们探讨了网络时代民主政治的发展趋势与具体特征。不过,西方以信息技术来推动民主发展的想法并不是在网络时代才出现,而是在第二次世界大战结束与电脑问世之后逐步发展起来的。在此,我们需要厘清三个发展阶段。

电子民主发展的第一阶段起始于20世纪50年代,其标志是诺伯特·维纳(Norbert Wiener)控制论的兴起。在这个时期,电脑技术和自动化系统开始被应用,它对第二次世界大战后的政治协商以及冲突消弭的过程进行了重新评定。此时,控制论不仅提供了一个更好熟悉社会现实的分析框架,而且也显示了社会整体的可能性。这种方法论认为,决策的过程体现了一种反馈控制的循环过程,在此过程中,有组织的系统对周围环境的变化进行了调整并做出回应,电脑因此被视为一种新介质,它能处理大量的信息,从而可以得出更合理的结论。赫伯特·西蒙(Herbert Simon)指出,这种控制工具能够消除人的感情,克服决策制定者的有限理性。⑤

不过,这种方法不断受到批评,直至20世纪60年代末才最终消停。反对

① J. Hoff, I. Horrocks, P. W. Top. Democratic Governance and New Technology: Technology Mediated Innovations in Political Practice in Western Europe [M]. Communications & Strategies, 1999: 78 - 79.

② K.L. Hacker, J. Dijk. Digital Democracy: Issues of Theory and Practice [M]. Sage, 2000: 65 - 76.

③ T. Vedel. Internetet Les Pratiques Politiques [M]. Presses de l'Université du Québec, 2003: 189 - 214.

④ 宋迎法,肖洪莉.电子民主构建的条件分析——基于SHEL模型[J].理论与现代化,2007(6):30 - 35.

⑤ H. A. Simon. Administrative Behavior: A Study of Decision-making Processes in Administrative Organization[M]. Macmillan, 1947: 23 - 43.

者认为这种方法把政治过于简单化了,真正的现实应是科学系统能通过可预见的方式对环境做出回应,而且可以实现明确的目标,故它也被称为技术的官僚化。例如,珍·梅诺(Jean Meynaud)认为,政治过程不应被视为一个"黑箱",它通过技术表现出了一个不可消解的复杂性,而这种技术应被政治化。①其他的批评家,尤其是哈贝马斯认为政治权力和政治意愿之间不应被混淆。

　　尽管电子民主的初次探索并不成功,但从这个阶段开始,电脑的使用大大提高了管理效率,并改善了政府的工作。之后,由于电脑的使用,在20世纪60年代,像计划程序及预算系统(PPBS)等管理技术首先被引进,然后是电子政府计划的实施,使工作变得更有成效,成本投入得更少。

　　西方电子民主的第二个阶段是20世纪七八十年代,在此期间,有线电视网络和个人电脑出现并普及。20世纪60年代末期,许多西方的工业国家遭遇了社会危机,然后,新的技术设施在政治上开始被使用。通过地方行动的协调而不是国家中央机构的控制,社会从下到上得到了更好的改造。在这种被阿米泰·伊兹奥尼(Amitaï Etzioni)称为积极的社会中,地方社区成了新政治参与的主要场所。由于技术和政治上所发生的这些变化,"远程民主"这个词汇开始出现。②

　　由于电视可以对公共听证会、辩论和公民讨论进行转播,而且能够通过电话回拨的方式与观众产生互动,因此电视开始成为选区中的一种新的联系方式以及参与形式。与前面一种旨在加强民选官员与公民之间的沟通的举措相反,另一种主要是着眼于促进公民之间的社会联系。此时,地方社区网络日渐兴起,并进一步发展成为所谓的自由网络。

　　不过,电子民主在第二阶段的发展遇到了技术上(例如,有线电视网络实时交互性的缺乏和计算机联网的不足问题)以及媒介的日益商业化等限制。因此,电子民主未能实现目标,即扩大政治上的公共空间。然而,这个阶段促进了以信息和通信技术来发展民主的潜力,从而为电子民主在第三阶段的发展搭建了舞台。

　　第三阶段通常与"电子民主"一词联系最紧密,它涵盖了这个领域中大部分的争论。不仅20世纪90年代因特网的出现使整个新的传播媒介更加廉价、迅捷并容易使用,而且也出现了一种新概念,即约翰·派瑞·巴洛(John Perry Barlow)在1996年所述的信息自由、网络空间的政治独立以

---

① J. Meynaud. La Technocratie, Mythe Ou Réalité[M]. Payot, 1964: 34 - 45.

② A.W. Etzioni. The Active Society: A Theory of Societal and Political Processes [M]. Free Press, 1968: 16 - 18.

及虚拟公民。这种视角要求缔造一种新时代，在这新时代中有与网络现象交织在一起的新的政治和公民参与、创造性的个人主义、社会团结、政治自由主义。在这种视角下，因特网不仅成为解决民主问题的新工具，而且也构建了一种新的集结方式与不同寻常的政治制度，它们不再发生于民族国家的疆域内，而是在一个开放的、去领土化的和无等级的空间中运作。1995年，美国学者马克·斯劳卡(Mark Slouka)提出了"网络民主"概念，在他看来，电子民主可以被理解为以网络为媒介的民主，或者就是在民主中掺入网络的成分。随后，英国学者在1998年出版了《数字化民主》一书，对网络社会中的民主现象也作了一定探讨。凯斯·桑斯坦(Cass Sunstein)在2003年出版的《网络共和国：网络社会中的民主问题》一书中也从政治学、法学和传播学等角度，论述了一个真正民主的环境和信息多元的重要性。

　　虽然网络政治的视角体现了许多变化，但有两个主要趋势：一种是莱恩格尔德(Rheingold)勾勒的虚拟社区。他把虚拟社区界定成在互联网中的社会集结，此时，众多公民可以长时间地进行公共讨论，而且大量的个人感情在网络空间中编织成一张个人关系网。[1] 另一种趋势是由埃丝特·戴森(Esther Dyson)、乔治·吉尔德(George Gilder)、乔治·基沃斯(George Keyworth)和阿尔文·托夫勒(Alvin Toffler)在他们的"知识时代的大宪章"(Magna Carta for the Knowledge Age)中提出的，即在知识时代中，权力不再以物质属性为基础，而是立足于观念的交换，此时，灵活的、为公众服务的政府鼓励人们彼此之间的沟通，并以契约的方式对此进行了组织。因此，他们认为，知识丰富与知识贫乏之间的差距在新时代消弭了，国家的中央权力不可避免地式微了。网络民主赋予公民进行决策的权力。[2] 总之，这些方法把网络空间确定为新政治制度的开始，并在这方面，他们与电子民主发展第一(完善国家机器)或第二阶段(复兴公民中的社会联系)中所提出的观点是大相径庭的。

第二节　我国电子民主发展的动因及作用

　　电子民主是与信息时代相匹配的民主。在中国，互联网的迅速发展和

---

[1]　H. Rheingold. The Virtual Community: Finding Connection in a Computerized World[M]. Secker & Warburg, 1994: 56 - 67.

[2]　E. Dyson, G. Gilder, G. Keyworth, A. Toffler. Cyberspace and the American Dream: A Magna Carta for the Knowledge Age[M]. Secker & Warburg, 1994: 22 - 26.

普及对中国的政治社会生活的影响日益显现，其正在以出乎预料的速度和力度发挥越来越重要的作用，直接影响着我国民主政治的进程。中国电子民主发展的动因，笔者认为主要基于以下几点。

第一，现代信息通信技术和网络技术的快速发展是技术推动力。过去，由于我国幅员辽阔，信息传递受到很多限制，如果实行电子民主将会增加民主的成本，不利于民主政治建设。随着技术的提高和成本的下降以及网络较之其他通信手段的快捷、便利、便宜以及信息量大等的优势，计算机开始进入寻常百姓家，网络遍布天南地北。中国互联网络信息中心（CNNIC）发布的《第45次中国互联网络发展状况统计报告》显示，截至2020年3月，我国网民规模、宽带网民数、国家顶级域名注册量（5094万）三项指标仍然稳居世界第一，互联网普及率稳步提升。① 互联网所带来的网络信息系统既为我国公民获得信息提供了方便，也为人们表达自己的政治意愿、直接参与政治提供了可能。

第二，我国民主政治的广度和深度发展趋势主要基于民众的政治参与。美国学者认为，民主政治无论采取何种形式，其关键都在于政治参与。从长期的眼光看，政治参与在人类政治历史上的不断扩大和加深是不可抗拒的，而且这种趋势也将是全球性的。针对这种情况，民主的发展要从民主的广度和深度发展来确定。民主的广度是由社会成员是否普遍参与来确定的；取得了合理的广度后，民主的深度要看参与者参与时是否充分、有效。而西方的代议制的信任危机不仅使民众参与的热情降低，而且也成为政治参与发展的瓶颈。我国要想在新时期取得社会主义民主政治建设的伟大胜利，就必须结合时代特色，体察民情，使民众能够广泛深入表达自己的意愿，真正参与与自身息息相关的事情。电子民主无疑是一个明智的选择，只有这样才能激发人民的积极性、创造性和自主性，加强对国家事务的监督，从而使政权得到巩固。

第三，网络公共领域的兴起与壮大是社会动因。西方学者一般将公共领域看作是公民自由讨论公共事务、参与政治的活动空间，而这样的活动空间是实现民主政治的基本条件。"在网络时代，四通八达的互联网络组成的网络公共空间，在传统社会的基础上建构了一个新的广阔的公共领域——网络公共空间。网络公共空间的形成过程就是政治民主化的过程。在中国，网络媒体、网络论坛、网络社区的持续快速发展，形成了开放、互动的网

---

① 中国互联网络信息中心.第45次中国互联网络发展状况统计报告［R/OL］.（2020-04-28）［2020-06-26］.http：//www.cac.gov.cn/2019-02/28/c_1124175677.htm.

络公共空间,为'网络民主'提供了话语平台和条件支持"。① 目前,中国的
网络公共领域的影响力不断提升,网络公共空间已经逐步成为社会主义民
主体系的重要组成部分,是"电子民主"在中国的重要体现。互联网在中国
民主建设中的作用给中国民主政治建设带来了新气象。具体而言,我国电
子民主的作用主要表现在以下几个方面。

　　首先,保障了民意表达。"民意是现代国家执政合法性的基础,政治参与
渠道畅通是民众利益要求得以顺利输入政治体系的重要保障。我国传统公民
参与存在的突出问题就是：民主参与渠道不畅通、相关制度不健全、民众进行
意愿和政治表达的渠道十分有限。传统的报纸、电视台以及书刊等更多传递
和表达的是国家和党的意志,属于民众的独立表达空间遭到排斥和挤压"。②
网络已经成为公民民意表达的主要手段和渠道,互联网的自由开放为民意的
释放和社会不满情绪的发泄找到了一个出口,成为社会的"安全阀"。

　　其次,加强了公民监督。传统监督基本上是一种间接监督,时间和信息的
损耗在所难免,再加上体制缺陷以及各种非正常因素的干扰,监督效力比较有
限。而在电子民主时代,信息公开与透明的力度要比以往更显著,政府部门的
工作情况、领导干部的业绩、政策的出台、民众要求解决问题的处理情况等都
会通过网络以最快的速度被民众所获悉,这样在我国就创造了一种更为直接、
快捷的监督渠道,扩大了公民监督的广度和深度。

　　再次,巩固了公权力的合法性。电子民主是一种公共生活,公共生活离
不开公共权威,公共权威离不开公民认可。公民认可的性质和程度就是所
谓的合法性。在我国,电子民主既给公民提供了表达的窗口,也为政府提供
了机会,来解释自己的行为。事实证明,利用因特网向公民提供政府信息,
为自己行为进行解释的政府能够得到公民更多的同情与支持,从而进一步
巩固其合法性。

第三节　中西式"电子民主" 发展的现实性比较

　　从世界各国的政治发展的道路和经验来看,民主政治可以有多种模式。

---

　　①　韩志磊.中国"网络民主"发展现状、问题与对策研究[J].首都师范大学学报(社会科学
　　　　版),2005(5)：71 - 74.
　　②　赵春丽.中国网络民主发展特征分析[J].天津行政学院学报,2009,11(4)：27 - 31.

英国著名学者戴维·赫尔德(David Held)在《民主的模式》一书中概括了西方学术界有关民主的模式：古典民主、直接民主、保护型民主、发展型民主、合法型民主、参与型民主、自治型民主、共和主义民主、自由主义民主、精英主义民主、多元主义民主等。而电子民主则是与信息时代相匹配的民主。中西电子民主就其共同性来说，都是以获取信息、讨论及在线决策和参与为主轴来明确其研究内容的。不过由于各国民主发展的基础、环境不同，电子民主发展在现实中也有很大差别。在西方国家，电子民主与成熟的代议制民主等紧密结合，形成了独有的范式，网络投票、网络竞选是其显著特色。电子民主在修补西方代议制民主缺陷、改进和完善现有民主制度以及挽救民主危机方面起到了一定的作用。然而，西方的电子民主在应用中却让人感到许多疑虑，其现实性受到质疑。与之相反，中国的电子民主由于突出协商民主制度的性质和功能，更凸显了其发展前景。因此，笔者认为有必要对中西电子民主发展的现实性进行比较分析，以利于我国民主政治的电子民主的发展和完善。

　　首先，关于公民权利。与密尔(Mill)、洛克(Locke)或托克维尔(Tocqueville)等民主理论家的传统观点一样，西方电子民主者通常也认为公民只有充分掌握信息才能做出合理的决定，而且在网络空间里，"好公民"是非常积极的，他们热衷于通过指尖获取越来越多的信息。不过，在西方国家中，只有为数不多的公民想积极参与政治，这就对以上假设构成了挑战。另外，在西方，获取、吸收信息以及围绕信息开展行动所不断增加的负担也大大提高了公民要紧跟"时代资讯"的责任，这就致使那些具有高智力且有大量空闲时间的公民与其他公民之间的不平等开始扩大。很明显，信息与民主之间的关系既是明确的，也是复杂的。公民的决定不仅在于数据上的计算，而且还在于对相关信息进行筛选的判断和分析框架。在这里，互联网并没有提供任何特殊的解决办法，反而使工作变得更为复杂。

　　相比之下，我国把保障公民权利作为行政法律制度设计的逻辑起点和我国民主政治建设的根本要求。"互联网上的新名词'网民'(netizen)这个词的本义就是'网络公民'，至少理论上，每位'网民'在网络上是权利平等的公民"。① 我国高度重视信息社会的公平问题，积极致力于消除"数字鸿沟"，使每一个人都具有获得信息的权利和能力。一方面，政府加大投入，逐步提高社区、农村和边远地区的网络接入水平。2015 年 6 月，国务院办公厅印发《关于支持农民工等人员返乡创业的意见》，鼓励输出地资源嫁接输入

---

　　①　胡伟.网络民主：机遇与挑战[J].杭州(生活品质),2010(7)：4-6.

地市场,带动返乡创业。① 截至 2020 年 3 月,我国网民中农村网民占比为 28.2%,规模达 2.55 亿人,相比 2018 年年底增加了 3308 万人。② 另一方面,政府采取相应的措施,加强电子民主相关技术的教育普及,降低了人民参与的经济和技术门槛,让人民能够在实践中接受锻炼,培养民主意识。

其次,关于权力监督。西方的电子民主理论家提出,在信息技术环境下,公民有信息透明权。然而,即便是透明,西方国家也可以策略性地阻碍公民获取信息,例如,受众无法消化海量的信息;政府通过越来越多的电子跟踪、数据挖掘以及其他侵犯个人隐私的方式来控制公民。"美国政府就一直试图通过政府强制性托管密匙的政策,以便在任何必要的时候检查电子记录的内容。尽管政府可以从保障国家安全的角度列举这样做的理由,但从民主的角度看,让政府掌握几乎可以了解个人全部隐私的密匙,对于民主和人权的潜在威胁十分巨大"。③ 可以说,西方国家权力进一步演变成西方式的"监视社会",它们广泛搜集公民私人信息,并在很大程度上滥用这些信息,使公民隐私安全得不到保障。

相比之下,我国政府部门通过多种方式公开其政务活动、信息资源,允许用户通过查询、阅览、复制、下载、摘录、收听、观看等形式,依法利用其所控制的信息。2008 年 5 月 1 日,我国《政府信息公开条例》正式实施,它是第一部将行政管理置于阳光之下的专门性法规。条例确定了"公开为原则、不公开为例外"的基本方略,为"玻璃门"的打破和"透明政府"的建设奠定了良好基础。广大的网民可以突破时空障碍,跨越监督对象的层级范围,对政府以及社会进行全方位、全天候的监督。

再次,关于民主发展。围绕电子民主的西方学者将其主要精力放在了讨论上,似乎只有讨论才能体现出民主性,而决策过程却被忽略了。许多电子民主的支持者赞同言论自由,而且主张不要对此加以任何限制,不过,这个观点却存在问题,参与讨论就意味着需要有最低限度的共同准则和参考标准。然而事实上,在西方,除了肯定人人平等的原则之外,讨论过程中的民主性并没有得到真正的重视。例如,在因特网上,立足于文本的讨论天生就是不民主的,这是因为它偏向于掌握了书面语言的受众。

---

① 国务院办公厅关于支持农民工等人员返乡创业的意见[EB/OL].(2015 - 06 - 21)[2020 -07 -30]. http://www.gov.cn/zhengce/content/2015 - 06/21/content_9960.htm? gs_ws = tsina_636174155091034233.

② 中国互联网信息中心.第 45 次中国互联网网络发展状况统计报告[R/OL].(2020 -04 -28)[2020 - 07 - 30]. http://www.cac.gov.cn/2019 - 02/28/c_1124175677.htm.

③ 中国互联网信息中心.第 45 次中国互联网发展状况统计报告[R/OL].(2020 -04 -28)[2020 - 07 - 30]. http://www.cac.gov.cn/2019 - 02/28/c_1124175677.htm.

相比之下，中国政府往往以正面姿态回应民意，形成良性互动的网络参政议政。我国政府利用网络进行民意调查测验、开展听证咨询，最大限度地集思广益，广泛吸纳民众意见，提高政策的合法性、公共决策的质量以及公民对公共政策的理解。从我国电子民主的实践来看，我国一直比较重视"政民互动"，例如，中国政府网开设了"我向总理说句话"作为常设板块，并将一些好的意见、建议直接送到总理的办公桌上，①这让中国网民的电脑桌与总理的办公桌的距离从未如此之近。"普通公民通过网络获取政治信息，对政府要出台的一些政策、决议、法规等进行更直接的沟通和交流，表达自己的意见和建议，并能较为快速地反馈到政府决策层。可以预见的是，随着网络的进一步普及和发展，这种网络互动必将推动中国特色社会主义民主政治的发展进程，给中国政治改革带来新的契机"。②

最后，关于制度设计。在西方国家，竞争式选举民主的发展较为充分，网络充分应用于竞选活动。在这种情况下，西方电子民主理论家提出，当信息可以畅通无阻地进行交换，而且公民能直接参与的时代到来时，政党和大型媒体等介质将最终退出舞台。然而事实是，西方国家将新闻界的舆论权力看成是立法、司法和行政之外的"第四权"。公民不仅依靠这些媒体的信息过滤机制，而且媒体还能为大量议题提供参考和分析框架。另外，政党也可以把利益集团和集体意见聚合起来，选拔和培训当选的官员。因此，网络空间是否有这样的能力取代这些介质，并发挥作用，在现实中还是个疑问。

我国的选举制度并非像西方国家的竞争式选举，因此，在电子民主的发展上，协商民主成为主要表现形式。与我国协商民主相适应的是，中国的互联网公共论坛、政治博客等形式的政治参与是以文字形式发表意见、分享经验，关注和参与主题和社会议题调查，以此影响社会政治生活。因此，传统媒体可以同时跟进，形成网络舆论与现实舆论相呼应的监督态势，引发决策者和相关职能部门的高度关注与重视，并积极介入事件的调查与解决。另外，我国政府还主动利用互联网的集聚功能发布通知，组织和动员民众参与各种政治活动，提高管理网络社会的能力，不断促进政治、经济、文化与社会的和谐发展。

从以上的现实性比较中我们可以看到，与西方的电子民主相比较，我国的电子民主中人民的愿望和要求能够得到迅速回应，人们的平等参与权和

---

① 乌梦达,刘景洋.中国政府网设总理留言板 称好建议可直达总理[EB/OL].(2014 - 08 - 30) [2020 -07 -30]. http://politics.people.cn/n/2014/0830/c1001 - 25570918. html.

② 赵春丽.中国网络民主发展特征分析[J].天津行政学院学报,2009,11(4)：27 -31.

机会能够得到真正的尊重，民主的功效能得到最大限度的发挥，社会主义民主政治所追求的理想状态正在逐步变为现实。不过，由于我国的电子民主刚开始起步，制度化建设还比较滞后，法治化程度不高，民主建设整体还缺乏理性化的思考，因此，片面夸大我国电子民主的功效也不是一个合理、现实的态度。目前，中国正在形成自己的政治发展模式，在民主政治实践中，把协商民主和电子民主结合起来，整合社会民主力量，规范网络秩序，挖掘我国民主的独特内涵，提升主体的民主能力，使电子民主逐步成为社会主义民主体系的重要组成部分。

第十一章 问需于民：党群协商的新平台

当前,网络已经成为公民民意表达的主要手段和渠道,同时,网络媒体、网络论坛、网络社区等持续快速发展也为民众的政治参与提供了培育空间和条件支持。在这样的背景下,党群之间的互动开始由浅层的单向交流向深层的纵向沟通发展。

第一节 网络政治参与的理论
流变与内涵特征

网络政治参与作为网络民主理论研究的分支,日益在西方政治学界勃兴。就其内涵而言,它并非民主范式的创新,而是西方民主参与思想在网络时代的复兴。早在古希腊政治学说中就已蕴含着某种政治参与的思想,但是,现代意义的政治参与思想源于近代民主理论,例如卢梭(Rousseau)、密尔(Mill)为代表的参与民主理论为政治参与提供了较早的理论依据。他们的民主理论尽管观点迥异,但都强调民主政治的道德目标,即认为公民只有积极参与政治,才能使个人的社会责任感得到强化,使个人的政治美德及其政治能力得以完善。20世纪上半叶,美国政治思想家约翰·杜威(John Dewey)、汉娜·阿伦特(Hannah Arendt)以及英国小资产阶级社会主义者 G. D.H.柯尔(G.D.H. Cole)和 A.D.林赛(A.D. Lindsay)对民主参与的构想和设计成为当代西方民主参与理论的直接的思想资源。从20世纪80年代开始,针对代议民主制下公民普遍的政治冷漠与低程度的政治参与,帕特曼(Patman)和麦克弗森(McPherson)等人则提出了参与民主模式,他们认为公民只有直接不断地参与社会与国家的管理,自由和个人发展才能充分实现。

到了20世纪90年代,随着互联网的兴起,参与民主有了一个跨越时空的电子平台，因此，网络政治参与真正作为规范的学术概念进行讨论则与互联网的出现而产生的新概念分不开，例如约翰·派瑞·巴洛（John Perry Barlow）所述的信息自由、网络空间的政治独立以及虚拟公民，他主张缔造一个新时代，在这新时代中有与网络现象交织在一起新的政治和公民参与、创造性的个人主义、社会团结、政治自由主义。之后，马克·斯劳卡（Mark Slouka）、霍华德·莱恩格尔德（Howard Rheingold）、凯斯·桑斯坦（Cass Sunstein）等也纷纷对这一问题发表了看法。

随着互联网进入人们的政治生活，网络政治现象已成为人们关注和研究的热点问题。当代西方学者开始对网络政治参与进行多维度的研究。托夫勒（Toffler）认为，工业时代的代议制"间接民主"将被"半直接民主"和"直接民主"代替，公民可以通过网络就有关的公共问题直接向政府提出意见或投票表决。托夫勒的观点对传统的政治参与理论提出了挑战，并开辟了民主参与的新渠道。维尼·拉什（Wyene Rash）、马克·斯劳卡（Mark Slouka）、迈克尔·海因（Michael Hein）和托马斯·弗里德曼（Thomas Friedman）则深入探究了网络社会的政治稳定和民主政治等问题，指出传统的政治结构呈现出网络化的扁平状发展趋势。凯斯·桑斯坦则认为互联网环境极易滋生群体极化现象。而随着网络政治参与风险的凸显，罗杰·卡斯帕森（Roger Kasperson）等提出了"风险的社会放大"（Social Amplification of Risk）理论，从而进一步指出了网络危机管理的重要任务以及目标。

综上所述，网络政治参与具有以下特征：一是便捷多样性。网络政治参与使得参与主体能够以简易的操作方式进行政治参与，而且可以通过多种方式进行参与，例如 BBS、个人网页、政府的政务论坛、博客等都可以成为政治参与的一种途径。二是平等参与性。网络政治参与突出了每一个参与的个体之间的地位是平等的，只要符合法律，每一个参与主体都有充分表达自己意见的自由，即使他（她）所关心的事务与自身利益无关，而且个人表达所带来的影响也是平等的。三是直接开放性。网民可以直接在网络空间上对各种不同政治、经济问题发表看法，而且还表现在参与主体可以不分男女老幼，不受地域和时间的限制都可以自由平等地与他人进行政治问题的交流沟通。四是广泛非正式性。在网络政治参与中，每个人、不同利益集团、各类组织、多层次的政治机构都有直接性、普遍交互式的政治经济的利益诉求渠道，广大普通民众拥有了一个平等发表意见的话语平台，所以，参与主体具有广泛性，而且由于公民的自身身份是虚拟化的，且形式上具有不可触摸性和感觉上的不确定性，故参与者能够自由随意操作，使网络政治参与又具备了非正式性、渗透性等特征。

第二节　网络空间中党群社会
资本的生长逻辑

在我国，网络已经成为公民民意表达的主要手段和渠道，同时，网络媒体、网络论坛、网络社区等持续快速发展，为社会资本提供了培育空间和条件支持。在这样的背景下，我国党群社会资本成了应然之义，对其生长逻辑的分析也具有重要的参考价值。

一、生长的逻辑基础：网民群体的崛起

随着中国市场经济的迅速发展和政治体制改革的不断深入，中国网民群体的发育、成长和崛起有了制度性条件，而网络的迅猛发展与运用也为中国网民群体的成长与发育提供了一个历史性机遇。在互联网上，网民、非营利性的网络群组和网络民间组织逐渐自愿结成网络社群，而且一般会主动推动事件的发展。"由网络自由讨论、呐喊、呼吁到现实社会的资源整合，不断进行具体行动以及伴随行动而逐渐内化的慈善、博爱、信任等价值体系"。[①] 从中国的实际来看，中国互联网公共论坛和虚拟社区高度繁荣，各类时政热点以及敏感的政治话题都能汇聚起数量庞大的言论群体，且时常掀起激烈的讨论和辩论，这对于民众交换意见、深化认识、取得共识，乃至启发民智都起到了巨大的作用。

网民群体借助网络的广泛性、时效性、直接性、平等性等特点，可以解决在传统社会中民主实现过程中的困境——权力集中、表达途径单一等问题，进而增加党群社会资本的民主存量。民众通过网络对公共事件的关注，运用理性的思维对公共事件进行讨论，通过不同观点、立场的交锋与对话，形成合理的公共意见。近年来，形成议论热点的主要是影响社会民生的重大公共事件，例如"长生疫苗造假""高考顶替"等事件。这些现实生活中的重大事件牵动着许多网民的心。除此之外，一些弱势群体权利受到损害的事件由于很难在短期内得到妥善解决，故激起了网民的公平与正义呼声。可以说，中国的网民群体提升了公民对民主信息资源的使用和关切，增加了公民表达自身意愿的能力，从而促进了社会的民主化

---

①　赵晴.浅谈网络公民社会之雏形[J].社科纵横(新理论版),2011,26(1)：88-89.

进程。同时，由于公民群体是党群社会资本的载体，中国网民群体的成长还能提升其主体地位，培育公民的公共精神和公民意识。网民群体的成长使得民众可以超越时空的障碍，自由地进行信息交流，自由地发表和传播自己的言论。网络上的"高铁男霸座事件""温州女滴滴遇害案""厦大女精日辱华事件""鸿茅药酒跨省抓捕事件"等都是网络公民在自由的信息交流过程中得到了社会关注，也使网络公民对于自身的权利有着积极争取的意识，推动着我国社会主义民主政治的实现。

二、生长的逻辑动力：网络政治参与的扩大

美国学者科恩（Cohen）认为，民主政治无论采取何种形式，其关键都在于政治参与。① 从长期的眼光看，政治参与在人类政治历史上的不断扩大和加深是不可抗拒的，而且这种趋势也将是全球性的。互联网的兴起则给人们提供了一种新型的参与方式，民众可以直接在网络空间上对各种不同政治经济问题发表看法，每个人、不同利益集团、各类组织、多层次的政治机构有了直接性、普遍交互式的政治经济的利益诉求渠道。例如每年全国"两会"期间，人民网、新华网、央视国际网站、腾讯网和搜狐网等大型综合网站都会有相应的"两会"网络版块，例如，"总理请听我说""我有问题问总理""为省部委建言""人大代表、政协委员意见征集"等，网民可以直接通过这些网络平台，关注"两会"动态，发表意见，为政府决策提供民意支持。

我国的网络政治参与是"传统政治参与在互联网络的延伸，公民以网民的身份，以互联网为平台，通过 BBS、贴吧、博客、微博、微信等形式，表达自己的政治意愿，参与政治活动，以达到影响或改变某一政治力量的决策制定或执行目的的一种政治行为"。② 一方面，规模越来越大的网民群体开始利用飞速发展的网络技术，多渠道、大范围地深度参与政府管理。另一方面，互联网公共论坛已经成为我国公民政治参与的重要形式，它们在"'近似地'实践着协商性民主的理想，公民通过公共论坛的政治参与过程，集中体现了协商性民主的精神"。③ 因此，在中国党群社会资本更新与积累的背景之下，公共论坛突出了只有通过参与才能更好发挥群众

---

① 曹泳鑫,曹峰旗.西方网络民主思潮：产生动因及其现实性质疑[J].政治学研究,2008(2)：37-42.

② 周志平.网络政治参与的新机遇与新挑战[J].学习月刊,2010(28)：86-87.

③ 陈剩勇,杜洁.互联网公共论坛：政治参与和协商民主的兴起[J].浙江大学学报(人文社会科学版),2005(3)：5-12.

的积极性和能动性,而民众积极参与的过程也是加深理解和构建党群信任的过程。

三、生长的逻辑主线:"官民"良性互动的发展

随着网络技术的发展,我国网民与政府的互动形式不断增加、程度不断加深。一方面,政府官员与网民进行直接互动。2008 年 6 月 20 日,时任国家主席的胡锦涛通过人民网与网友们在线交流,他称互联网是"做事情、做决策,了解民情、汇聚民智的一个重要渠道",①这是中国最高领导人第一次通过互联网与公众互动。另一方面,政府部门通过开设留言板、邮箱、博客、设立网络新闻发言人等各种形式在网上了解民情、公开征集民意,并把有关意见落实为具体的政策或政府行为。由北京致远协创软件有限公司主导建设的贵州省电子政务网是全国首个全省范围内大规模信息共享与互通、大数据应用的电子政务网平台。未来,基于致远门户、协同、工作流、云平台等技术,贵州省大数据政务应用、互联网+政务的建设将获得进一步发展。

从中央到地方,官民之间的互动开始由浅层的单向交流向深层的纵向沟通发展。"可以说,网民的理性、知识、智慧得到了官方的认可,促使政府态度不断走向开放,正视互联网空间的民意表达与要求,进而采纳民意和以决策回应民意"。② 网民的参政与官方的开明态度和开放的姿态形成了一定的互动。在互动中,合作双方之间的信息交流越频繁,信息不对称的情况就越弱,双方对未来合作的结果越有确定性。党群之间的合作一旦形成,即意味着一种良性合作式均衡的实现,并随均衡的自我增强效应提升信任水平,促进党群社会资本存量的稳定增长,形成良性的互动机制。

第三节　网络政治参与与党群
治理的互动

党群治理是一种新型的党群关系处理模式,它区别于传统的党群管理。

---

① 王比学."网络问政"成公众参政新形式[EB/OL].(2009-12-23)[2020-07-30].
　http://news.eastday.com/c/20091223/ula4899192.html.
② 赵春丽.中国网络民主发展的范式分析[J].重庆邮电大学学报(社会科学版),2009,
　21(2):65-69,87.

在党群管理中，群众需要服从和执行，从而具有强烈的等级观念。而党群治理则是以政党和群众作为共同主体，将共同关注或涉及共同利益的事务和问题作为客体，是政党与群众逐步确立认同的集体行动过程，在此过程中，他们为参与政治而进行合作与协商。可以说，党群治理主要是政党和群众的沟通和互动以及认同的接受。如果将其置于中国现实语境中，党群治理就是"从群众中来，到群众中去"这一群众工作路线的贯彻，其本质就是要尊重人民群众的主体性地位，实现党执政和人民群众根本利益的统一。网络政治参与与党群治理之间存在着良性的互动关系。

一方面，网络政治参与可增加党群治理的民主存量。一是网络政治参与能释放更多的社会空间，强化民主意识。相比于传统政治参与，普通群众可在电脑上进行网上投票、参与讨论、表达见解、协商对话，从而能够更加平等地享有知情权，维护自己的政治权益和表达自己的政治观点，亲身体验政治生活的意义，获取政治知识和能力，了解和感受自己作为党群治理中的政治主体的权利、义务和责任。二是网络政治参与可增加民主民意的输入，弥补代议民主的不足。代议民主之民主性不足的症结在于选举过程之外缺乏有效的民意输入的制度机制的建构，而网络政治参与在功能上可使普通群众能够直接表达自己的意见，实现党群之间的直接信息沟通，推动经由私人理性而构建共识的民意，大大丰富了党群治理的路径。三是网络政治参与极大地拓展了民主协商的广度。协商民主将参与视为民主的本质特征，而参与的广度又是民主的一个重要维度。作为一种全新的民主参与方式，网络政治参与突破了地域、语言、文化等诸多因素的制约，克服了传统参与的单一性和机械性，使得党群之间对话、讨论、说服的力量增强，即党群治理中民主协商的力量得以加强。

另一方面，党群治理对网络政治参与起到了积极推进的作用，其具体表现如下：一是党群治理增加了网络政治参与中的能动性政治成分。党群治理强调政党与群众的集体认同结果并非依靠强制性的权威力量，而是通过政党与群众的自觉自愿的讨论进一步确立的。因此，向党群治理的转向意味着个体或社团要主动进行网络政治参与，公民要变消极自由为积极自由，而且党群治理越强调政治结果的认同性，则网络政治参与的能动性政治成分就越会增加。二是增强了网络政治参与的公共理性。不可否认，当个体面对众多网络信息的时候，相当多的网民缺乏驾驭这些信息的能力，导致网民意见多变、随意性强，缺乏深思熟虑，常常是不加思考、不带分析，在盲从中失去理性。而党群治理注重的是公共参与的经验、相互联结的网络、社会成员间的相互信任以及集体行动的成功，这些可以逐步拓展参与者的自我意识，将自我意识发展为群我意识，培育参与者对公共利益的观念和兴趣，故向党群治理的转向会使普通群众在网络政治参与中逐步成长为一个成熟理性的网民，学会运用理性来甄别和判断，而不是人云亦云，从而增强网络政治参与中的公共理性。三是强化了网络政治参与主体间的互动合作。网络政治参与对于党群关系来说，实质上是一种政策措施的"输入"与利益诉求"输出"的互动关系。当普通群众难以把自身的利益诉求输入政治系统时，即使他们可以发出自己的声音，往往也因为自身的弱势而不能掌握话语权。而党群治理强调的是党群之间通过常规互动来形成相对固定的程序，这样就可以避免群众利益被侵蚀，也可以保证群众政治参与的规范性。因此，向党群治理的转向也就意味着网络政治参与主体之间可借由党群治理进行长期的互动合作，将互惠规范逐渐沉淀为双方的互动法则，形成制度化的契约，从而推动互动的进一步发展。

第四节　网络政治参与视角下党群治理的构建

　　虽然网络新技术是从 20 世纪 90 年代中期发展起来的，但它造就了信息传播的全新变化，其在中国的发展速度远远超过了我们的预期。随着我国网民规模的大幅度增加，互联网作为信息时代的标志已逐渐成为我国民众特别是网民接收信息、表达和交流的渠道。中国社会科学院社会发展研究中心发布的一份调查报告称：中国互联网已成为汇集民意的新通道。①

　　网络政治参与作为我国一种新的政治参与方式，可以跨越官僚等级结构，突破以往党群联系的诸多现实障碍，成为我国党群治理的重要组成部分。可以说，以网络社会的虚拟性、超时空性与可扩展性为背景，网络时代的党群治理功能正是经由网络政治参与的路径得以实现的。中国互联网络信息中心（CNNIC）发布的《第 45 次中国互联网络发展状况统计报告》显示，我国网民以 10 岁—39 岁为主要群体，比例达到 61.6%。其中，20 岁—29 岁网民的比例为 21.5%。②

---

① 黄蜺，郝亚芬.网络政治参与价值分析[J].理论导刊,2010(7)：44－46,49.
② 中国互联网络信息中心.第 45 次中国互联网络发展状况统计报告[R/OL].(2020－04－28)[2020－07－30].http://www.cac.gov.cn/2019－02/28/c_1124175677.htm.

由于我国多数基层党组织还处于只能满足公众知情权和监督权的阶段，党务和党群治理中直接的网络政治参与还较少，这就降低了网民对网络政治参与的实际效用的期待，因此，多数群众个体或组织对网络政治参与会抱有"参与无效"的心态，不会基于"公共性"的诉求采取网络政治参与的行为。可见，无效、无序的网络政治参与会给党组织特别是党群工作增加社会风险，把党群治理置于网络政治参与的视角中考量就是化解风险的一种重要路径。基于网络政治参与和党群治理的良性互动，笔者提出以下网络时代党群治理在我国构建的具体路径。

第一，推动党群沟通的实效化。在当前信息化的背景下，网络政治参与越来越成为群众集体行动的重要方式。此时，党要提高党群工作的时代性和实效性，就要主动学习和运用信息网络技术手段和方法以开展群众工作。例如，通过"网络热线""网络会议""网络信箱"等方式实现各级党组织与群众的双向沟通的新秩序；建立与开发集文字视频和图片于一体的党务宣传平台，及时、准确并详细地在政党网站上公布所掌握的信息，对党的相关方针政策进行权威公布；利用微博、抖音、微信、QQ等平台，建立党务工作群、网上虚拟党支部、党建短信等多媒体、立体化、层次化的党群联系平台。

第二，强化党群动员的认同感。互联网因其个人化、平民化吸引了众多社会个体成员参与网络活动，其快速扩散能力、快速动员能力较强。基于这种情况，党群工作可借助互联网技术平台在党群集体行动中建立一个良性的党群动员循环机制，将党与群众的网络互动、群众的诉求表达、群众在现实中的行动要求进行汇总，尊重群众的真实民意表达，客观提炼出群众的利益关注点和缺失处，构建党群对特定议题的认同感。

第三，增强党群协商的公共性。应鼓励群众对党内事务的网络政治参与，特别是给予关心党群工作的群众表达利益和发表意见的机会，要逐步增加党务的公开性，可以借助互联网设立党务公共论坛，并以此来推动党群之间共同探讨党务工作中的问题和解决办法。当然，互联网公共协商本身也是一个学习的途径，但是，仅依靠网络政治参与进行群众的自我教育，过程是缓慢的，还需要以公共性原则引导群众进行网络交往，进而构建党群网络对话、协商的规则以及共识机制。

第四，促进党群联动的制度化。应逐步完善党群联动制度，以互联网为工作平台，创建专门性的党群联动机制。具体而言，主要体现在以下几个方面：① 以文件或政治决议的形式要求各级党组织和党员干部在工作中重视群众的网络政治参与，并明确党员的具体义务和责任。② 把党员干部联系群众的具体任务目标纳入以互联网为平台的党群联动的工作流程中。地方党务机关可以根据自身情况建立定期的党群协商制度，推动党群沟通的常态化。③ 设立各级舆情监管部门和机构，对网络舆情定期进行总结和评价，对于其所表现出来的价值取向进行总结，最终形成对网络舆情的全方位跟踪和监控。④ 将党群联动作为对党员干部的评价体系的一项指标，形成党员的网络群众工作问责制，细化和量化内容，将其作为党员干部绩效考核的标准之一。

第十二章 问计于民：数字治理的新层级

当前是技术革新与政府转型共变的时代,前者体现的是人类社会生产力的发展,后者体现的是生产关系的变迁。按照"生产力决定生产关系"的历史唯物观,技术革新必将导致政府服务治理模式的转变。而在中国的实践逻辑即是移动互联网技术、传媒技术和智能技术的进步催生了以"指尖政府"为代表的移动政务模式。移动政务跟上了信息时代发展的步伐,满足了公众对服务型政府的期待,迎合了国家政策的设计,这使得其在短时间内成为政府创新的趋势和潮流。

第一节 "指尖政府"的兴起及其解读

2014 年,以"电子政务成就我们希望的未来"为主题,联合国发布了《电子政务调查报告》。该报告显示,2012—2014 年,使用移动应用程序和移动门户网站的国家数量增加了一倍,移动技术已经被广泛应用于农业、应急抢险、教育、社区服务、医疗卫生等领域。此外,社交媒体的蓬勃发展也为移动政务开辟了新途径。2018 年,全球电子政务发展水平进一步提高,193 个成员国电子政务发展指数(EGDI)平均值为 0.55,比 2016年提高 12.2%,位列电子政务发展指数极高、电子政务发展指数高组别的国家进一步增加。①

在全球移动政务的浪潮中,中国也有不俗的表现,2011 年是政务微博元年,2013 年是政务微信元年,2014 年则迎来了政务"双微"联动发展新元年。由于移动政务可作为移动应用的一部分存储在手机上,人们操作方便,

---

① 腾讯研究院.韧性社会来了：2018 联合国电子政务调查报告提出这五大关键词[EB/OL].(2018 - 08 - 15)[2020 - 07 - 30]. http://www.sohu.com/a/247339984_455313.

所以，可以形象地称之为"指尖上的政府"，这已成为移动政务最新的代名词。其实，移动政务并不是一个新话题，早在 2003 年，英国在《政府的移动响应模型研究》中就指出，移动政务是通过移动平台提供的电子政务服务，是使用各种无线与移动技术、服务、应用和设备的战略及其实现，其目的是提升电子政务各参与方——市民、企业与所有政府单位的收益。由此拉开了移动政务发展的序幕。中国学者黄慧等认为，移动政务是传统电子政务和移动通信平台相结合的产物，是移动技术在政府公共管理工作中的应用，是将移动和无线通信技术运用到政府管理过程中，向市民和企业传递服务和信息。虽然定义不完全相同，但依然可以从中找出移动政务的一般要素，即政府为主体，通过移动互联网和智能技术实现服务和治理。

　　既然不是新事物，那么为何在短短几年，以"指尖政府"为代表的移动政务有如此快速的发展呢？当然，移动政务全球化是一个无法忽略的参考变量，因为其中包含的学习模仿、技术共享、意识形态弱化等要素都促使移动政务成为各国政府创新的潮流。笔者试图站在中国的角度来考察"指尖政府"兴起的内生型原因，即技术变量、需求变量和政策变量。

一、技术变量：移动政务发展的基础

　　技术的变革总会潜移默化地影响人类社会的发展进程，作为公共部门的政府也不免受到影响，最明显的例证就是信息技术的发展对政务模式的改变。网络和电脑技术的发展催生了"网络治理理论"，戈德史密斯（Goldsmith）和埃格斯（Eggers）在《网络化治理》一书中指出，政府利用网络技术推行数字化革命，去求解公共治理之道，这是一种公共部门的新形态。如今，移动互联网、智能技术和传媒技术的崛起进一步丰富和扩展了网络治理理论，催生了移动政务模式。2006 年，在欧盟召开的"第二届移动政务研讨会"上，学者集中研讨了"电子政务发展的公众、社会和技术推动""电子政务向移动政务转变""电子政务与移动政务的集成"等问题，继而提出了一些相关的可行决策与方案，这标志着移动政务模式已经得到了学界的广泛认可。与此同时，我国移动政务模式在最近几年也发展得如火如荼，截至 2019 年 12 月，我国政务微博总数为 13.9 万个，而微信城市服务开通疫情专区以来访问量剧增，累计用户数 17.76 亿人次。① 这种趋势的背后是技术

① 中国互联网络信息中心.第 45 次中国互联网络发展状况统计报告［R/OL］.（2020-04-28）［2020-07-30］. http：//www.cnnic.cn/gywm/xwzx/rdxw/20172017_7057/202004/t20200427_70973.htm.

进步所引起的改变。

首先,移动设备的普遍应用导致网络社会移动化。截至 2020 年 3 月,我国手机网民规模达 8.97 亿户,网民使用手机上网的比例达 99.3%。此外,移动设备在性价比、操作性和便携性上都要优于电脑。所以,网络公民很自然地由个人电脑端转移到移动端,这直接导致了网络形态的重组,移动化成为当前网络的主流形态,庞大的虚拟社会开始流动起来。

其次,移动互联网、智能技术和传媒技术推动网络社会原子化。当前,移动系统已进入第四代通信技术时代,且 WIFI 网络得到迅速普及,这都给手持移动终端的公民上网提供了便利条件。在技术应用上,即时通信,例如微信、微博已成为最受公众青睐的两大应用产品,截至 2020 年 3 月,微博月活跃用户达 5.5 亿户,手机微信月活跃用户高达 12 亿户。相比于网络时代的信息爆炸和权威的去中心化,以微博、微信为代表的移动微媒介带来的是信息的碎片化、短暂性以及话语权的个体化,可以说,移动网络社会是原有虚拟社会的进化版,呈现原子化的趋势。这一趋势的另一面是己域与公域间界限更清晰了,个体直面公域的距离更近了。

再次,在技术驱动下,网络社会的移动化和原子化极大拓展和延伸了人们公共生活的场域,指数级的数据增量和高效的传播速度重塑了公众的认知维度。正是在这种意义上,技术构建了一种新的公共领域使这一命题得以成立。在这个新的公共领域里,作为提供公共服务和维持治理的政府依然必不可少,且它的在场对公共领域的健康有序发展至关重要。所以,政府采取嵌入式的移动政务模式便是技术驱动下的政治发展逻辑。

二、需求变量: 移动政务发展的动力

各级政府部门在决定是否发展移动政务,在公共服务中安装应用移动终端的首要驱动因素就是政府工作人员从事的公共服务性质,及公众对该项服务及时性和方便性的需求。[①] 从工具理性的角度来讲,移动政务是政府为满足社会的公共服务和治理需求创造出来的政治产品。从价值理性的角度来讲,移动政务满足了社会对政治价值的追求。移动政务在工具理性和价值理性两个层面的体现均符合登哈特教授夫妇提出的"新公共服务理论"要求,该理论认为,政府的职能是服务,而不是掌舵;公民是公共服务的

---

① 阙天舒,王建新."指尖政府": 特大城市移动服务微治理研究[J].天津行政学院学报,2016,18(1): 10.

接受者、参与者和监督者;除了公共物品外,政府还应满足公民对权利等政治价值的诉求。只有满足了公众的需求,移动政务才能获得民众的认同,也才有发展的动力。

首先,移动政务体现了"以人为本"的服务理念。传统的网络政务相较于早期窗口排队办事,打破了时空的局限,减少了公众的时间成本与政府的行政压力,但是固定网络的限制,公众由排队状态转向电脑屏幕前的定点操作,公民的"地域成本"仍然没有解决,且应急之需也不能得到有效反馈。随着社会流动性的加快,这些问题愈加凸显。移动政务将公民从电脑前解放出来,在无线网络连接的情况下,公民可以随时随地获得政府的服务。

其次,移动政务实现了从"为人民服务"到"为每个人服务"的升级。传统网络政务服务信息的更新与公民的初始关注具有不同时性,存在时间差。因为政府只是完成了网站的自我更新,并不能一一告知民众,再加上网站更新的频率不固定,这就会使政府服务不能有效、全面地送达给公众,造成服务资源的配置不均甚至浪费;而从社会的角度来讲,公民只能通过主动关注政务网站才能获得相应的服务,长期下去容易造成公民的政治冷漠,政府服务也将消极怠慢。移动政务总是处于开机状态,后台由系统操作运行,行政服务程序被镶嵌在办公自动化的智能系统之中,不仅能实现"一对一"式的信息推送服务,而且满足了"实时公众服务"的需求。

再次,移动政务满足了公众民主权利的需求。公共领域的问题是对任何一种民主进行再定义的核心所在,①政务微博和政务微信建构了新的公共领域,在这个公共领域里,公民的监督权、知情权、参与权、问责权得到保障。政务微博是开放式的交互平台,面向所有微博户主开放,自动置于被监督的位置。在保障监督权的同时,一些政务信息会滚动式和补充式发布,并在下面设有评论环节,让微博用户在知情的基础上广泛参与讨论;政务微信是封闭式的对话平台,其服务具有私密性、客服性、精准化等特点,既保护了民众的隐私权,同时也可问责政府,为检验其行政作为提供了试金石。

三、政策变量:移动政务发展的杠杆

移动政务的发展离不开政府政策的支持,2012 年,美国政府发布"数字

---

①　阙天舒.论网络政府的转型——基于网络空间膨胀的中国视角[J].学术界,2012
(12):61.

政府"战略，其首要目标是确保美国公民和日益增多的移动用户能使用任何终端随时随地地获取高质量的数字政府信息与服务。欧盟一些国家将移动政务定位为推进"多渠道传递公共服务"战略的主要环节，将移动电子签名、移动支付以及移动网站平台作为电子政务的基础架构来建设。新加坡《电子政务总体规划（2011—2015）》将移动互联网技术作为电子政务的重要内容，提出一站式的政府移动网站建设，目前汇集了 300 多项移动服务，同时将移动媒体作为政府民意征集、新闻发布、公民参与政务的重要途径和渠道。在我国，移动政务的发展也与国家政策有很大的相关性。

首先，移动政务是推进国家治理现代化的技术要求。党的十八届三中全会将推进国家治理体系和治理能力现代化作为全面深化改革的总目标。技术的变革是推进国家治理现代化最明显的特征，政府是国家治理最重要的主体，在这个意义上，国家治理现代化其实就是政府充分运用先进科学手段实现治理的现代化。米利亚姆（Miriam）认为，信息化政府的形成需要有两个条件：一是领导层将信息技术放在治理国家的中心位置；二是承诺提供必要的支持机制。移动政务由于融合了先进的媒介技术和政府治理元素，成为对治理现代化最好的注解，从而得到国家顶层的支持。

其次，移动政务是促进依法治国实施的路径方案。党的十八届四中全会做出了《关于全面推进依法治国若干重大问题的决定》，将依法治国看作是治国理政的基本方式，将政府的所有行为都纳入法治的轨道中去。哈耶克（Hayek）认为，"法治的意思就是指政府在一切行动中都受到事前规定并宣布的规则的约束"。移动政务将政府服务和治理程序纳入事先设定的由系统和软件运行中，保证行政程序和行政信息的客观性，摆脱了"人治"的主观因素。虽然尚未完全依靠系统的法治理念、制度去实现政府的服务和治理，但是移动政务体现的技术路径不失为政府法治转型的缓冲方案。

再次，移动政务是具体政策鼓励的行政模式。2013 年 10 月 15 日，国务院办公厅发布《关于进一步加强政府信息公开　回应社会关切　提升政府公信力的意见》（以下简称《意见》），明确指出各地区、各部门应积极探索利用政务微博、微信等新媒体与公众进行交流。2014 年 9 月 10 日，国家互联网信息办公室下发通知，要求各地大力推动即时通信工具政务公众账号的建设、发展和管理。积极鼓励县级以上教育、公安、民政、社保、环保、交通、卫生、工商、食药监、旅游等与民生密切相关的部门开设政务公众账号。以政务微信为例，数量从《意见》提出之时的几千个到现在微信城市服务累计用户数达 17.76 亿户。可见，移动政务的井喷式增长离不开国家政策的鼓励。

第二节 指尖政府与特大
城市的发展

一、特大城市概念

特大城市是我国按照人口规模分类的城市类型之一。按照 2014 年 11 月国务院发布的《关于调整城市规模划分标准的通知》，城区（城区是指在市辖区和不设区的市，区、市政府驻地的实际建设连接到的居民委员会所辖区域和其他区域）常住人口 1000 万以上的城市为超大城市，包括上海、北京、天津、重庆、广州、深圳、武汉 7 座城市；城区人口达到 500 万—1000 万的为特大城市，包括成都、南京、佛山、东莞、西安、沈阳、杭州、苏州、汕头、哈尔滨 10 座城市。虽然两类城市数量级仍然有区别，但是从公共服务与治理的角度来讲，这两类城市基本都达到了治理难度的最高级，所以本书将它们一起归入特大城市范畴内。

二、指尖政府服务微治理与特大城市发展的耦合

特大城市存在的服务治理困境不少，例如，人口过度膨胀使公共服务资源分配无法在广度和深度上充分兑现；人口流动性大导致城市治理不确定性因素增加；政府部门的行政力量相对于饱和的城市承载能力而变得力不从心，行政压力陡增；城市规模较大，政府服务和治理无法触及公共领域的末端及微观层面等。

在移动政务时代，上述问题被"微治理"所破解。移动政务最大的特点就在"微"字，政府不再是"庙堂之高"，而是掌握在手中的移动治理工具。微治理与以往的政府治理不同。一是它强调微观层次的治理。福柯（Foucault）认为，"治理就是治理事"。只要微观层面的事情处理好了，宏观层面的事情自然就处理得当了。移动政务的微治理正是从小事着手的，例如道路上的违章停车的举报、城市环境卫生的维护、扰乱公共秩序行为的上报等，这些都是和民众距离最近的公共事件。二是微治理鼓励公民参与。每个公民都能通过移动政务平台将社会治理乱象投射给政府，政府会根据这些信息的输入进行有针对性的治理，并予以反馈。这种模式激活了社会作为潜在治理主体的活力，延长了城市治理的触角。三是微治理始于微观，终于宏观，是整体治理的微观表达。整体治理是为了应对新公共管理运动的"治理危机"而提出来的替代方案，波利特（Pollit）将其定义为：一种通过

横向和纵向协调的思想与行动以实现预期利益的政府改革模式。

政府强调功能部门间的整合机制,组织机构间的协同效应以及信息技术的工具作用。将移动政务微治理模式具体运用到特大城市发展中,就会显现出巨大的优势。首先,移动政务使城市"由大变小"。移动政务消除了地理上的隔离,城市不再以空间距离作为规模的标准,而是通过无线网络和智能技术转换成了移动终端的内存空间。城市中居民的身份认同逐渐由地理划分转化为个人身份认证,不仅城市的居民在外地可享受原城市的服务,甚至非本市的居民也能参与该市的治理,符合当前特大城市流动性高的特点。

其次,移动政务使政府"由一变多"。从数量的角度来看,移动政务时代,一个手机就可以是一个微型政府,政府与公众的关系不再是一对多的关系,而是一对一的关系。公众与政府的直接接触转变成公众与系统的直接接触,这就缓解了行政力量与城市承载能力之间的张力。从功能的角度来看,大政府分化为多个小政府,例如党建、宣传、团委、公安、司法、纪检、工商、税务、文教、环保、交通、旅游、气象、人社、卫生等基本上覆盖了所有公共领域,这有利于公共服务资源细致而充分地分配。

最后,移动政务使服务治理能力"由弱变强"。传统行政中,政府组织结构呈现出一种纵向分层、横向并立的立体式复杂形态,甚至有时还不乏交叉混乱的局面,这不仅增加了政府与公民的接触空间与心理距离,而且同时也降低了公共服务的效力和治理的质量,然而移动政务将这种错综混乱的多维组织形态降维至一个手机的二维屏幕上。政府部门之间因自身的职能设定获得同等程度的权力与地位,促使部门之间进行平等的信息沟通与共享,消除了"信息孤岛"的局面,使服务治理变得更精准、快速和高效。

三、目前特大城市移动服务微治理发展现状

由于指尖政府与特大城市发展之间存在着一种天然的耦合,所以,移动政务最先在特大城市发展中取得了良好的效果。目前,17 个特大城市均已开启了移动政务模式,笔者通过网络和移动设备搜索数据的方法整理了这 17 个样本的移动服务微治理发展现状。数据采集的时间是 2015 年 8 月 7 日,搜索的数据库是新浪微博和腾讯微信。由于每个城市的政务公众号数量太多,且水平不一,所以,笔者抽取每个样本微风指数最高的政务公众号,其能代表地方移动服务微治理的水平和特点。笔者通过关注和每个政务微博和微信,进入其官网页面,整理出各自服务和治理的内容取向。由于政务微信较政务微博在类型化取向上更多元和明显,所以,笔者也对政务

微信做了类型划分,以便更完整地表现政务微信的发展现状。现将目前特大城市移动服务微治理发展现状描述如下(见表 12-1,12-2)。

表 12-1 特大城市移动服务微治理——政务微博发展现状

城市	政务微博	服 务 与 治 理 定 位	微风指数
北京	平安北京	北京警方的新闻资讯、人口管理业务、交通管理业务、出入境管理业务、便民服务电话查询、反恐线索举报、安全宣传	88
上海	上海发布	交通管理业务、出入境管理业务、税务业务、天气环境信息、民生社保业务、资讯发布、政务大厅链接、城市宣传	89
天津	天津发布	资讯发布、政务大厅链接、城市宣传	68
重庆	重庆微发布	缴费服务、服务热线查询、政务大厅链接、资讯发布、城市宣传	71
广州	广州公安	治安业务、交管业务、出入境业务、户政业务、警方新闻、广州金盾网、平安地图、防骗与安全、举报或报警、公安宣传	79
深圳	深圳交警	违法查询、电子警察分布查询、办事指南、便民信息、网上预约、随手拍举报、举报结果查询、交警动态、咨询建议、交警宣传	74
武汉	平安武汉	治安管理资讯发布、警务微博群	69
成都	成都发布	资讯发布、政务微群、城市宣传	80
南京	南京发布	资讯发布、缴费服务、政务微群、媒体微群、城市宣传	80
佛山	佛山发布	最新资讯、温馨提示、社保公积金水电费查询、预约挂号服务、"四风"投诉、政务微群、城市宣传	55
东莞	莞香花开	资讯发布、与工作人员互动交流、城市宣传	65
西安	西安发布	资讯发布、政务微群、城市宣传	59
沈阳	沈阳发布	资讯发布、政务微群、城市宣传	60
杭州	杭州发布	资讯发布、政务微群、媒体微群、城市宣传	54
苏州	苏州发布	资讯发布、政务微群、城市宣传	67
汕头	汕头市政府应急办	政务微群、门户网站链接、微博矩阵、市政府常务会、网络问政、汕头天气、办事大厅、便民热线、汕头新闻、应急手册、应急动画、突发事件直播间、建议意见	53
哈尔滨	平安哈尔滨	资讯发布、与工作人员互动交流、政务微群	64

表 12 - 2　特大城市移动服务微治理——政务微信发展现状

城市	政务微信	类型	服务与治理版块设置	微风指数
北京	北京昌平	宣传	资讯发布、查阅微站、参与互动、交通出行、特色景区	29
上海	上海发布	宣传	资讯发布、今日推荐、市政大厅、微信矩阵	81
天津	天津交警	公安	资讯发布、违法查询、交通服务指南、微博链接	22
重庆	重庆交巡警	公安	信息发布、违法查询、便民服务	52
广州	中国广州发布	宣传	政务信息、便民服务、垃圾分类	16
深圳	深圳交警车管所	公安	车驾管动态、相关业务办理、意见征询	39
武汉	武汉发布	宣传	资讯发布、历史文化、风土人情	59
成都	微成都	宣传	资讯发布、微首页、出入境管理业务、车违章查询、医院预挂号、看熊猫、美食、读书、方言	24
南京	南京旅游	旅游	游客助手、南京攻略、人文南京	23
佛山	佛山发布	宣传	最新资讯、温馨提示、品味佛山、好人好事、微直播资讯、实时天气公交、预约挂号、违章查询、网上办事查询、文化生活、招聘、微互动	53
东莞	东莞天气	气象	预报预警、实况资料、生活气象	19
西安	西安发布	宣传	政务信息、政策解读、民生资讯	33
沈阳	沈阳铁路客户服务中心	交通	客运查询、旅行信息、便民服务	32
杭州	杭州发布	宣传	交通、地铁、教育、医疗、社保、民政、住房、文化、体育、旅游、WiFi、热线等信息，参与互动	57
苏州	苏州发布	宣传	微信息、微服务、微活动	48
汕头	汕头人社	社保	社会保险、就业创业、劳动关系、机构名录、社保政策、社保相关个人信息查询	11
哈尔滨	哈尔滨铁路局	交通	客货运资讯、历史文化、职工交流、职工服务	24

从以上资料中,可以做进一步分析。

第一,各个城市移动政务服务与治理的内容丰富多样、各具特色。有的侧重民生,有的侧重安全,有的侧重出行,有的侧重宣传,有的侧重参与,在充分满足民众基本公共需求的基础上,各个城市摸索出了自己的移动政务之道。

第二,在各个城市移动政务服务与治理的内容中,资讯发布是其公约项,这凸显了移动政务比传统政务更多的传播属性,也说明目前政府比较注重对公民知情权的保障。

第三,政务微博的微风指数相差不大,而政务微信的微风指数差异性却很大,这是因为政务微博更具开放性、舆论性、关联性、传播性,能够通过“击鼓传花”的方式吸引更多的民众关注,其影响力差异化不明显;政务微信则相对具有封闭性、互动性、私密性、更新慢等特点,借助“一对一”式的直线通道进行服务和治理,这就使得公民个体接触政务微信的机会程度不同,其影响力就会显示出差异化。除此之外,政务微信毕竟是政务微博之后的产物,在发展程度上,前者优于后者,公民若关注了政务微博,很少再重复关注同一个政务微信。

第四,在政务微博与政务微信公众号的比较中,两者有很大的重合性,例如上海发布(见图12-1)、西安发布等。一方面,它说明此类移动政务账号归属地影响力深远;另一方面,此类账号多为综合性移动服务微治理平台,整合了其他单一类型移动政务平台的服务和微治理内容,所以吸纳了更多的民众。

图12-1　(左)“上海发布”的市政大厅
(右)“上海发布”的微信矩阵

第五，除了政务微博和政务微信之外，又出现了诸如政府手机网站、移动政务 APP 等新模式，可见当下的政务正不断向移动化发展，不断推陈出新。

第三节　特大城市移动服务
微治理存在的问题

移动政务不仅实现了政府办公的"无纸化"，而且也实现了城市服务和治理的"无址化"。这种政府与社会的双赢效应足以让人们相信移动政务能够成为特大城市治理之道。然而，移动政务作为一种新型政府模式毕竟还不太成熟，难免存在一些问题，例如，技术问题及安全风险、法律及制度的缺席、发展水平的失调、政府驾驭能力的短板等。

一、技术问题及信息上的风险

虽然目前我国的无线网络普及率很高，但是传播速度并没有得到同等程度的提升，且资费较高。此外，无线传播容易受物理设施的阻隔，导致网速延迟和不稳定，使政府的服务与治理信息不能及时有效地送达，这使得民众在选择政务微博和微信之时不得不考虑成本问题。虽然，目前特大城市基本上实现了 WiFi 在公共场所的覆盖，相较于其他城市有其优势，但这也带来了新的安全问题。在数据传输方面，移动政务是一个将政府的服务与治理信息化、网络化、公开化、标准化的系统工程，它不可避免地涉及国家的机密信息等。政府与公民通过运营商的无线网和移动运营商的运营网络进行服务与治理信息的交流和传送时，容易被黑客截获和攻击，造成政府与公民信息的双泄露。在移动终端方面，中国软件行业还没有达到批量生产的规模，各软件厂商的技术标准各异，接口规范繁多，无法形成全面整合，厂商之间也无法形成相互间的有效支持。在安全性方面，传发内容加密、文件传发格式、终端接收安全控制、软件漏洞等因素都对移动电子政务系统应用造成了极大的威胁。

二、法律缺失及制度上的迟滞

中国传统电子政务法律法规尚不健全，移动电子政务领域更是空白。移动电子政务是行政工作的移动化和电子化，虽然电子文书的实质与作用并没有发生改变，但其形式、成立与生效、电子数据、签章、履行等方面都属于传统行政法中未能触及的全新领域。移动政务所发生的服务与治理是否具有与传统政务同等的法律效力？政府在移动政务中应该遵守哪些行政程序和规范？公民应怎样合理、合法地输入服务与治理的需求？对于信息泄露行为应该怎样规制和惩罚？这些关键问题均未见于相关法律和制度层面。然而，中国移动政务若想长期健康发展，法律与制度不能缺席。

三、水平不一及功能上的失衡

移动政务在模式、用户和功能上会出现一定的失衡。首先，政务微博和政务微信两种模式发展不协调，虽然微信用户比微博用户多，但是这与政务微信的影响力不成正比，所以，政务微信还未显示出足够大的社会效应，且两者在服务与治理内容层面有很多重合之处，浪费了公共资源，增加了行政成本。其次，数字鸿沟导致的公共服务配置不均依然存在。无线网络的覆盖、移动智能终端、智能系统的操作这几项要求就排除了一部分民众，例如网络建设不完善的山区居民、非智能手机用户、为智能操作系统所困扰的老龄群体等。他们与有能力运用移动政务系统的民众之间出现了一条数字鸿沟，这样自然导致了移动服务微治理资源分配的不均。最后，移动政务重服务、轻治理，这与移动政务系统的设置和公民的参与意识有关。相对来讲，服务更多的是以政府为主体主动输出政策，所以，政府在设置移动政务系统时会侧重服务选项。而治理更多的是公民将社会乱象输入给政务系统，但目前民众的参与程度并非很高，这就导致了服务和治理功能的失衡。

四、软件不足及能力上的短板

移动政务时代，"各政府部门应高度重视以移动技术为代表的普适计算技术给公共管理与服务代理的机遇和挑战"。[①] 然而移动政务在政府端的应用上并非易事，一方面，技术是移动政务的"硬件"，然而技术发挥作用需要借助使用者的智慧，这就涉及"软件"的问题。政府部门间对移动政务的结构、操作、流程等并没有统一的认识，各部门尚未协调一致，这导致移动政务的"整体治理"没有发挥最大效应。另一方面，政府工作人员对移动政务技术的驾驭能力不足。现代信息技术更新换代较快，而政府对移动网络技术、流媒体技术、地理信息技术、二维码技术、数字水印和数字墨水技术等的驾驭能力不如市场高，容易导致移动政务发展迟滞。

---

① 宋刚，李明升.移动政务推动公共管理与服务创新[C].北京：中国仪器仪表学会，2006.

第四节 移动服务微治理
问题的解决方略

《2018 联合国电子政务调查报告》显示，中国的电子政务发展指数（EGDI）为 0.6811，排名世界第 65 位，[①]这可以看出中国目前的电子政务发展水平不高，但作为社会发展最快的国家之一，中国有能力克服目前的困难，在移动政务上有所作为。鉴于移动政务初期出现的上述问题，本书重点从技术、法制、模式、能力四个层面提出对策建议。

一、注重技术开发与安全保障

首先，移动政务的存在、发展以及问题的出现都离不开技术因素，例如，加快网络硬件和软件设施建设，以便提升网速、降低费用。李克强总理曾在 2015 年 5 月就此问题发表意见：一是计划实施宽带速率免费提升 40% 以上，降低资费水平，推出流量不清零、流量转赠等服务。二是推进光纤到户和宽带乡村工程，加快全光纤网络城市和第四代移动通信网络建设，缩小城乡"数字鸿沟"。在加快信息传输的同时，也要加强传输的安全性，例如采用加密传输和使用国家规定的加密算法，并由运营商提供安全的专用信道保证其通信安全。

其次，在移动终端处，保持高标准的检测和性能测试，建立动态设备管理系统来提升终端管理的安全性。

再次，在使用者身份认证上，防止非机主人员进入移动政务系统，控制非政府信息通过移动政务服务平台发布和接收。

二、强化法律供给与制度建设

"互联网的本质就是链接，只要在法制的前提下给它一个开放的环境和自由的空间，它就有无穷动力去链接一切供给和需求，剔除中间无谓的渠道浪费"。[②] 可见，法制供给对移动政务的发展是至关重要的。所以，在立法方面，应建立专门的移动政务的相关法律，规范政府的行政权限、行政内容和行政程序等。健全涉及政府信息公开、信息安全、个人隐私、知识产权等相关法律。在制度方面，建立相应的标准和规范，例如，移动政务行政法规、

---

① 2018 联合国电子政务调查报告（中文版）发布[J].电子政务,2018(10)：49.

② 包冉.互联网+,政府-[J].商业价值,2015(6)：13.

移动政务评价体系、移动政务发展规划等。在法制供给上,不应该只有国家层面的顶层设计,也要发挥特大城市的地方自主管理。特大城市可根据自身的发展特点出台相应的法规、规章、政策等来规范自身的移动政务行为。只有给予法律和制度的保障,移动政务才能成为一种长期有效的行政模式,创造更多的社会效益。

三、鼓励系统优化与模式创新

政务微博和政务微信有各自的优点和弱点。微博信息更新及时、传播广、速度快,但信息送达率很低,只有约 10%,这就使服务微治理的质量大打折扣;微信在民众与政府沟通层面具有私密性、便捷性、个性化强的特点,信息送达率可高达 90%,但是其受众范围较小。基于此,两者可进行模式整合,即"双微政务"模式。目前"北京微博微信发布厅"在腾讯网运行,从而使其在全国率先实现了这种模式,网友既可以通过微博获取政府信息与服务,也可以通过微信获取政府信息与服务,实现了公共资源的整合与优化。此外,移动政务可充分利用市场经济的特性,即根据公民需求决定移动政务的发展导向,移动政务的模式要体现市场的自由性和竞争性。目前依据移动终端市场的发展逻辑,一些新的移动政务模式已经开发出来,例如,移动政务 APP、手机政务网站等,相信在市场的指导下,一定还会产生更多的模式以满足民众多样化的需求。

四、提升政府能力与软件质量

对于政府管理人员而言,移动政务仍然是一种新事物。他们虽然熟知行政程序,但是并不一定能够熟练地在移动政务平台上进行操作,所以,应该加强行政人员的业务培训,熟悉移动政务的模式。例如,目前国务院批准由国办秘书局和浙江省政府办公厅联合开展全国政务信息化培训工作,培训政府系统分管信息化工作的办公厅(室)负责人和技术人员,为政务系统人员更新知识、交流经验创造条件。在对组织机构的管理上,政府部门要统筹发展,设立专门的移动政务运营机构,该机构主要负责协调各部门间的关系,并且以政府的名义向社会提供服务和治理需求。对于法治理念的宣传,政府应进行移动政务行政法规、服务型政府理念的宣传,从而获得民众更多的合法性认同。

第十三章　问稳于民：情绪
管理的新视角

　　随着"互联网+"技术的普及应用,存在于网络空间的社会情绪日益受到民众关注,公域与私域的融合、公共风险潜伏、社会矛盾激化等问题都呼吁社会情绪管理。而网络矩阵中的情绪管理就是指在党的领导下实现网络空间各主体的多元参与、多方互动、多制并举的社会情绪管理。它可以通过横向和纵向系统的网络矩阵的运用和公共资源的转化,采用源头性管理、渗透性管理和参与性管理来提升情绪管理能力,构建和谐社会。

第一节　社会情绪管理的缘起

　　当代心理学家将情绪界定为一种躯体和精神上的复杂的变化模式,包括生理唤醒、感觉、认知过程以及行为反应,这些是对个人知觉的独特处境的反应。[①] 认知神经科学发现,情绪不仅是思维的基础,而且人的判断、推理、决策等都要依靠情绪信号。[②] 情绪不仅是对个人知觉的处境反应,而且有时还是对社会现状的反应。如果社会个体的情绪经过传播扩散引起更多人的情感共鸣,使众人产生从众效应而具备集合性特征,那么,这种情绪就会转化成社会情绪。社会情绪作为一种普遍的社会心理现象,是社会的"体温表",它与人们日常生活保持着千丝万缕的联系,其蕴含的社会信息在公共生活和公共管理过程中发挥着极其重要的作用。"知识丰富与知识贫乏之间的差距在新时代消弭了,国家的中央权力不可避免地式微了。网络民

---

① 理查德·格里格,菲利普·津巴多.心理学与生活[M].王垒,王甦等,译.北京:人民邮电出版社,2003:352.

② Anthony T. P.. Emergent Leaders as Managers of Group Emotion [J]. The Leadership Quarterly, 2002(4): 583-599.

主赋予公民进行决策的权力"。① 人们的社会情绪成为一种社会资本，是城市公共政策制定过程中判断、推理和决策的依据，城市公共管理的主体通过感知民众的情绪来倾听民声，更好地实现城市治理。

应该说，城市的情感之维没有得到应有的重视。英国城市研究专家认为城市是情感的漩涡，无处不在的情感是城市活生生的组成要素。② 例如，2019 年 4 月 26 日，中国网民社会心态研究实验室、中山市网络文化协会、广州市大数据与公共传播研究基地、广东省舆情大数据分析与仿真重点实验室联合发布了《2018 年度中国城市网民性格"中山指数"》，从议题关注、情绪特征、认知特征三个维度系统分析微博这一舆论场的量化和质化数据，总结城市网民的行为特征及其规律。③ 然而，城市空间中的社会情绪管理（以下简称社会情绪管理）进入公众视野不是一蹴而就的，而是经历了漫长的认识实践过程——由最初的情绪与理性的对立过渡到情绪重回管理学分析，而后进入网络矩阵维度中的情绪管理。

一、情绪与理性的对立阶段

西方社会自启蒙运动以来似乎就达成了一种共识——将情绪与理性对立，而且这种共识也被人们普遍接受和认可。中世纪经院哲学的集大成者托马斯·阿奎那（Thomas Aquinas）曾主张信仰高于理性，调和两者之间的关系，然而在现实中，情绪和理性的协调却难以实现。科学管理时期，法约尔（Fayol）的一般管理理论是古典管理思想的重要代表，后来成为管理过程学派的理论基础，他在实践基础上总结出 14 条管理原则，对改进行政管理、提高行政效率、建立和发展行政管理学起了积极作用。其理论的主要缺陷表现在：过分重视机械效率，忽视社会效益；把行政组织视为封闭式组织系统，忽视组织外部环境的影响；片面强调人的物质利益，忽视人的精神因素，缺乏对人的心理情感的关注等。马克斯·韦伯（Max Weber）所主张的官僚组织理论依据权威关系来描述组织活动，这是一种体现劳动分工原则、有着明确定义的等级和详细的规则与制度，以及非个人关系的组织模式，推崇理性而忽视人的情绪，甚至将感性与理性

① E. Dyson, G. Gilder, G. Keyworth, A. Toffler. Cyberspace and the American Dream: A Magna Carta for the Knowledge Age[J]. The Information Society, 2016(2): 22-26.
② 何雪松.城市文脉、市场化遭遇与情感治理[J].探索与争鸣,2017(9): 36-38.
③ 中山大学传播与设计学院等.2018 中国城市网民性格画像"中山指数"发布[EB/OL].(2019-04-26)[2019-04-27]. http://zs. southcn. com/content/2019-04/27/content_187004871.htm.

对立起来。大卫·休谟（David Hume）认为，理性是并且应当只是激情的奴隶，这句话在情绪与理性问题讨论中经常会被引用，他虽然强调了情绪意义和作用，但是有些极端，还不能够改变人们习惯中对于情绪与理性之间辩证关系的清晰认识。事实上，公共管理活动不仅不可能摆脱情绪，反而还会经常需要社会情绪的参照，通过社会情绪的表达发现公共生活中的问题和矛盾，并找出相应对策，这对于解决公共问题、提高公共管理效率尤为重要。"将理性与情绪对立起来是一种误解"，情绪作为人性中不可否认和不可回避的部分，被认为可以使理性发挥作用，而人们排斥激情的努力则会削弱理性思考的能力。①

二、情绪回归管理学分析阶段

直到 19 世纪后半期，情绪才开始成为自然科学探索和研究的焦点，在这之前都是哲学家的专属领域。1872 年，达尔文的《人类与动物的情绪表达》出版，他指出，情绪是与生俱来的，且与人的本能相关，情绪反应是对人们生存发展至关重要的反应。弗洛伊德在其《精神分析概论》一书中认为情绪是内驱力心理能量的释放，是一种源于本能的心理能量的释放过程。卡尔·马克思、迪尔凯姆（Durkheim）和马克斯·韦伯等思想家在其著作中也较多涉及了情绪研究。随着人们对情绪研究的深入，管理学者逐渐重视管理过程中人们心理和精神领域的状态，根据情绪变化动态调整管理方式。情绪回归管理学分析主要体现在现代管理理论阶段，现代管理理论阶段主要指行为科学学派及管理理论丛林阶段，行为科学学派阶段着重研究个体、团体与组织的行为，重视研究人的心理、行为等对高效率地实现组织目标的影响作用。行为科学的主要成果有：梅奥（Mayo）的人际关系理论、马斯洛（Maslow）的需求层次理论、赫茨伯格（Herzberg）的双因素理论、麦格雷戈（McGregor）的"X 理论—Y 理论"等，行政管理学的研究从"重事"发展到"重人"。

西方哲学在 1980 年由唯智主义开始向重视情绪转变，促进了心理学领域有关情绪的研究，情绪成为科学研究中的一个热点话题。与此同时，其他社会科学领域对情绪的关注和研究也在不断增加。"情绪社会学"（The Sociology of Emotions）作为一个研究领域在 1975 年最早出现于美国。与此同时，一些具有里程碑意义的教材和著作在较短时间内相继问世。在社会学研究视野中，情绪具有深刻的社会性，它不仅可以"创造意义"（Meaning-

---

① 王丽萍.应对怨恨情绪：国家治理中的情绪管理[J].中国图书评论,2015(4)：23 - 30.

Making)，还具有"创造制度"（Institution-Making）的功能。① 其分析效用在于，情绪提供了"个人麻烦"与更为广泛的"公共"问题之间失落的环节，使研究者可以超越微观层面、主观层面和个体层面而对社会进行分析。对情绪与社会间关系的这种认识，与安东尼·吉登斯（Anthony Giddens）的相关表述相契合，即社会结构可被看作它所要加以组织的反映情绪的实践和技巧的媒介和结果。② 在这种意义上，"情绪时代"已然来临，使公共管理分析再也不能无视社会情绪及其影响了。

三、网络矩阵维度中的情绪管理阶段

随着科学技术的迅猛发展，网络作为继报纸、广播、电视之后新兴的"第四媒体"，开始冲击传统的社会管理模式。网络的交互性、实时性、虚拟性、数字化等诸多特性都对个体的情绪表达产生了革命性的变化，对社会情绪的传播扩散也产生了广泛而深远的影响。作为一种信息传播媒介，网络是一把双刃剑，它一方面使人们获取信息的渠道越来越广，学习到更多的新鲜事物；另一方面，网络信息呈现爆炸式增长，对个体的行为产生潜移默化的影响，各种负面社会情绪通过这些信息以更加隐蔽的方式对人们的思想观念进行渗透，使人们产生从众心理，增加公共管理的风险。而负面社会情绪的传播扩散则折射出社会管理中的不足，因此，在"情绪社会"中，人们日益重视社会情绪管理的研究与应对。

笔者结合前人的研究成果，主张构建网络矩阵对社会情绪进行系统的治理。网络矩阵是一种计算机科学领域的专业术语，"矩阵管理"这一名词也在公共管理领域出现过，笔者通过万方数据知识服务平台的知识脉络分析搜索"网络矩阵"，发现2000—2018年该知识点年度命中普遍较低且呈现下降趋势，而其研究的方向大部分集中在计算机、动力能源以及安全等领域。所以，网络矩阵维度中的情绪管理是一个新的学科交融的研究方向。

此外，当今互联网空间不断膨胀，涉及社会生活的方方面面，各网络设施的功能依照统一的体系运作，形成一个公共管理的横向系统，在这个系统里有各个网站、微博、微信等新媒体，也包括国家、社会和个人等主体。此种横向系统又与政府一起，把丰富的信息传送和公共政策实施落实到社会个体的垂直交流系统，组成了一个网格化的矩阵，这种将网络结合社会实践的

① M. Lyon, J. Barbalet. Society's Body: Emotion and "Somatization" of Social Theory [M]. Cambridge University Press, 1994.

② 安东尼·吉登斯.社会的构成：结构化理论大纲[M].李康,李猛,译.北京：中国人民大学出版社,1998：36.

体系式、多层次的公共管理管理模式可称之为"网络矩阵式管理"。个人的情绪能够通过网络空间扩散,逐渐发展成为影响深远的社会情绪,而政府可以联合市场、其他社会群体,利用新媒体对社会情绪进行监督和协同管理。横纵交织的网络矩阵构建、形成了强大的社会情绪管理网络,将社会情绪监控与管理工作渗透到每个个体,通过信息渠道的纵横设计来强化社会情绪管理,对负面社会情绪进行及时疏导,对正面情绪进行宣传(见图13-1)。

横向系统:国家——市场——社会群体——个体

纵向系统:国家

    │(微博、微信、论坛、电子邮箱、政府门户等互联网设施)

个体

图 13-1　网络矩阵横向系统与纵向系统建构图

第二节　社会情绪管理的介入和网络矩阵

"互联网+"时代的到来,为公共管理工作带来了新的发展机遇及挑战。它对传统组织的消解、对单一模式的管理工作的抵触和管理活动动态适应性与系统性思想的期望,都引起人们对管理思维、管理价值、管理模式的重新思考。截至2018年12月,我国网民规模达到8.29亿,较2017年年底提升了3.8个百分点。同时,随着世界范围内城市化水平的推进,城市已经成为人类生存和发展的重要场所。我国城市空间和城市人口迅速增长,城市已逐渐成为国家治理的基层单位,城市人口同时也是构成网民的主要人群。虚拟的网络空间和现实的城市空间的相互影响构成了我国当下互联网治理和城市治理的两个重要命题。① 中国网民规模的迅速膨胀既彰显了中国信息化建设的成就,也意味着网络空间内部各种关系交织将变得更加复杂多样,预示着网络空间的公共管理难度也成倍增长。

根据《2018中国城市网民性格画像"中山指数"》报告基于微博、微信的在线数据和相关指标将中国城市进行分析得到的在线城市名片,不同地区网民的社会情绪呈现出不同的类型。而冷漠型、活泼型、消极型、娱乐型等社会情绪的空间散布亟须公共管理主体正视社会情绪和可能带来的风险与

---

① 李延宁.2017年度中国城市网民性格"中山指数"[EB/OL].(2018-01-15)[2018-01-16].http://news.sina.com.cn/o/2018-01-15/doc-ifyqqciz7394421.shtml.

社会矛盾。此外,互联网空间就像是一个充斥着各种社会信息和情绪的"信息池","信息池"里面的"水"会随着网络舆论的风向不断流动,任何负面情绪或者消息的投入都可能产生"蝴蝶效应",带来意想不到的变化。那些复杂的公共问题以及社会矛盾涉及的领域和范围异常广泛,在公共管理过程中,单纯的宏观控制很难有效化解,只有通过系统的多元参与、多方联动和动态适应的情绪管理介入,才能更好地调控网络空间潜在的舆论风险。具体而言,网络空间需要社会情绪管理的介入主要表现在以下三个方面。

一、公域与私域的融合需要社会情绪管理

公域与私域从一开始的自然状态中的"胶合"到国家与社会的分离对立,再到两者之间的逐渐交融——国家社会化或者社会国家化,经历了几千年的矛盾过程。随着社会经济的发展和科技的进步,"互联网+"逐渐飞入寻常百姓家,这种公域与私域之间的矛盾对立统一映射到网络空间就加剧了网络空间中公共管理的复杂化。这种网络空间中的矛盾主要表现在以下方面。

一是个人情绪社会化。网络作为连接人与人、人与组织、人与社会的一种重要形式,已经受到学者和实践者的广泛认同。① 网络空间作为一个汇聚民意的平台,可将个人问题转化为引起公众关注的社会问题,甚至引发群体性事件。例如在日常生活中,网民由于在公共机构办事遇到不愉快的事情,就可能通过网络助推把自己对公共机构不好的评价和负面情绪扩散到网络空间,这些个人情绪经过"信息池"的发酵从而感染其他网民,有可能传播成为一种负面的社会情绪,这就使个人问题和公共问题之间相互混杂,让人难以厘清。

二是个人和社会问题的混淆。私域与公域之间的区分有着明确的界限,然而在网络空间中,这个界限往往被模糊——"你中有我,我中有你",这样基于公域私域界限的个人问题和社会问题也时常在网络空间中被混淆,公共管理的秩序也被打乱。对于同一个公共事件,"仁者见仁,智者见智",在不同的情况下需要用不同的方式对待,选择感性还是保持理性,需要我们辩证地去评判。我们既不能一味从众,受某些不理智的"社会情绪"影响而在网络空间中做出一些不合适的事,也不能像一个"沉默的螺旋",对于与我们息息相关的城市公共政策保持沉默,做一个旁观者。可见,个人问题与社会问题的模糊需要社会情绪管理秩序的重建,从微观上来调节人们的心理,体现人文关怀。

---

① 周义程.网络空间治理:组织、形式与有效性[J].江苏社会科学,2012(1):80-85.

三是社会情绪个人化。这是造成社会混乱和个人精神障碍的重要问题，它具有宿命主义色彩，通过随机性和偶然性的发生机制而将公域问题集中于私域个人，使公共问题聚焦化，私域问题成为公域问题的"出气口"。① 总之，"互联网+"的快速发展带来了网络空间结构与秩序的复杂化与多样化，造成网络空间中公域与私域的混乱与无序化，故需要一个多元、多层、多向公共管理结构的介入。

二、公共风险潜伏需要社会情绪管理

"风险的本质并不在于它正在发生，而在于它可能会发生"。② 网络空间由于其交互性、时空性和隐蔽性等特征，能够聚集公众焦点，发酵公共事件，迅速传播各种信息。在信息不对称的情况下还有可能将社会的负面情绪持续扩大，影响网民的判断，从而增加公共风险。网络空间潜在的公共风险具体有以下几个方面。

一是网络人际信任的风险。网络空间是一个虚拟空间，这个虚拟空间与现实空间既隔着时空的距离，也隔着心理的距离，人们在网络互动中会认识不同的人，见识不同的事物。由于虚拟与现实之间的距离，在网络交往中存在着一种人际信任的风险，有的人能够保持理性，不受网络空间中的舆论或者情绪影响，有的人则比较感性，而网络空间是一个虚拟空间，在此空间中确实会产生网络人际信任危机，例如，网络诈骗、网络黑客等，由于人们一时的不理性这些有可能成为潜在的公共风险。

二是网络谣言的风险。网络谣言是指以互联网平台作为主要传播和扩散手段的谣言，具有传播门槛低、扩散速度快、范围广等特点。③ 每当有公共事件的发生，在网络空间中都会有一些谣言在背后起着"推波助澜"的作用，一些谣言是别有用心者刻意发出的，而另一些则是在传播的过程中由于渠道和方式不当等原因导致信息失效或信息扭曲，这些谣言的扩散就有可能引起社会恐慌，产生公共危机。例如，2018 年网上一系列热门文章将某些食品与危害健康联系在一起，例如"味精加热后有毒""木耳打药不能吃""葡萄干含促干剂会把肠胃烧坏"等。

① 阙天舒.中国网络空间中的国家治理：结构、资源及有效介入［J］.当代世界与社会主义，2015（2）：158 - 163.
② 芭芭拉·亚当，乌尔里希·贝克，约斯特·房·龙.风险社会及其超越：社会理论的关键议题［M］.赵延东，马缨等，译.北京：北京出版社，2012：3.
③ 殷俊，姜胜洪.网民与网络谣言治理［J］.西南民族大学学报（人文社科版），2014（7）：153 - 156.

三是网络群体性事件的风险。网络群体性事件是指网民通过互联网平台汇集具有共同利益和目标的网民在网络空间集会，并表达共同意愿和情绪，以达到向现实中的政府和相关公共主体施压的目的性行为。网络空间的群体性事件与现实中的相比更具有爆发性、变幻性和难以预测性等特征，从而增加了潜在的公共风险与危机。总之，网络空间是一个虚拟但又接近现实的空间，公共事件经过网络空间的"催化"衍生出剧烈的"化学反应"，使社会问题和矛盾愈加复杂，这就需要多层、多元、多制的社会情绪管理的介入。

三、社会矛盾激化需要社会情绪管理

在互联网技术普及应用之前，社会矛盾或者社会问题由于公域的范围制约，导致其影响范围和剧烈程度局限于某一区域。随着网络空间的迅速膨胀，社会情绪可以借助于互联网而得以快速地扩散，从而在最大程度上得到释放和表达。社会矛盾在网络空间激化表现在以下四个方面。

一是小问题到大问题。几乎所有的公共危机从一开始都是小范围的小问题，只要采取相应措施就能将风险扼杀在摇篮之中，但是由于管理主体的不作为，采取自由放任的策略，这些小问题经过网络传播扩散和民情的持续发酵，就演变成整个社会关注的大问题和大矛盾，这就需要公共管理主体采取必要行动加以处理。

二是量的积累到质的聚变。网络表达是指个人在互联网里通过各种言语或非言语方式表达自己的观点、情感、意愿和态度等网络行为。[①] 每个人都是社会的一分子，与偌大的国家社会相比极其渺小，其意愿的表达也往往难以得到社会和政府的重视，但如果个体把相关言论放到网络交流平台就能让更多的公众听见其声音，感受其喜怒哀乐，一旦这种言论引起网民的共鸣，那么，网络表达就会从量变达到质的飞跃，在全社会范围内产生较大影响。典型的案例是"学区房"话题引发舆论热议，"不能让孩子输在起跑线"成为众多网民的共识。《一位中科院科研人员的自白：我为什么选择离开》和《最近有点为北京感到难过》等关于"天价"学区房的网文在微信朋友圈热传，阅读量均超过 70 万次。[②]

三是问题的相互交织。如果某一社会问题独立出现，其对社会的影响是有限的，假如处理措施得当，很快便能够解决好，但是如果各种公共事件

---

① 王君玲.网络社会的民间表达——样态、思潮及动因[M].广州：暨南大学出版社,2013：32.
② 舒晋瑜.2017 年舆情事件出炉网络热点折射社会深层变化[EB/OL].（2018 - 01 - 03）[2018 - 01 - 16].http：//epaper.gmw.cn/zhdsb/html/2018 - 01/03/nw.D110000zhdsb_20180103_1 - 13.htm.

在某一时间段连续涌现出来,并且它们之间还存在着或明或暗的联系,其中的问题和矛盾相互交织,那么,公共管理的难度将呈几何倍数增长。

四是社会矛盾的异化。有学者指出,社会情绪是一支社会"体温表"。有些社会问题经过这支"体温表"的测量,其表现出来的"社会体温"就更加复杂难辨,数字化的背后不是冷冰冰的数据,而是千变万化的社会情绪和多样化的公共问题。总之,社会矛盾在网络空间的"催化""发酵"或"测量"会使社会情绪的走向产生诸多变化。

第三节　网络空间中社会情绪的矩阵式管理

社会情绪无处不在,由于天灾、经济衰退、恐怖事件等原因,悲伤、失望等其他负面的社会情绪将长期存在,这些负面情绪的扩散影响着社会和谐,折射出公共管理的不足。实现有效的公共管理,需要我们在微观方面特别是在社会情绪管理上提出更多新的思考方向,同时,个人、社会群体和政府在社会情绪管理过程中也要承担各自的社会责任。在"实现国家治理体系和治理能力现代化"的时代要求背景下,我们要高度重视社会情绪管理在推进社会和谐上的重要作用,积极构建网络矩阵,提升社会情绪管理能力。要做到网络矩阵维度下的社会情绪管理,首先要考虑给予个人和社会足够的表达空间,让他们合理宣泄自己的情绪,同时也要发挥国家的主导作用,对网络空间的情绪表达进行引导和监管,使两者在网络矩阵管理维度下保持平衡(见图 13-2)。

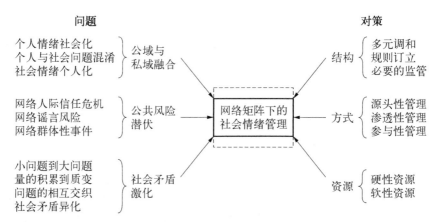

图 13-2　网络矩阵视域下社会情绪管理示意图

介入社会情绪管理的网络矩阵在结构上应该包括三个层面：一是多元的调和，即网络矩阵中的社会情绪管理主体应该在党的领导下吸纳政府、社会、市场和个人等主体参与，并从中对各主体间的关系进行协调，使其相互适应，形成一个多方联动、多元调和的整体。二是规则的订立，通过在网络矩阵中制定情绪管理规则，规范网络空间秩序，为各主体之间的交流沟通以及社会情绪的宣泄和疏导提供条件，促使各主体承担各自的责任，实现合作，共同参与管理。三是实施必要的监管，在发挥网络矩阵中各主体自主性作用上，通过横向和纵向的制度建设，加强对网络平台中不同主体的监督与调控，及时疏导负面社会情绪，安抚民众，避免社会风险和矛盾的发生。因此，网络矩阵中的情绪管理就是指在党的领导下实现网络空间各主体的多元参与、多方互动、多制并举的社会情绪管理。

由于网络矩阵具有多元化、系统化、结构化等特征，故它不仅包括以上三个层面，而且还可以从公共资源角度将网络空间中的情绪管理划分成两个系统，即横向系统和纵向系统。横向系统主要是指网络制度、行政命令、技术手段等依赖空间实体存在的硬性资源；纵向系统主要包括个人自律、道德约束、社会资本等与个人价值、心理等相关的软性资源（见图13-3）。

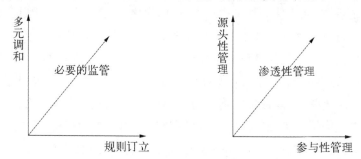

图 13-3 网络矩阵维度下情绪管理结构与方式

在情绪管理的方式上，网络矩阵主要通过以下三种方式进行（见图13-3）。

首先，源头性管理。网络空间的舆论是对现实世界的投射和反映，而网络空间存在的负面社会情绪也折射出公共管理的不足。正如北京大学王丽萍所言，当今社会进入到一个情绪社会，各种各样的社会情绪不得不引起公众的关注与重视。因此，公众要对社会情绪有清晰的认识和全面了解，认真分析当前存在的主要社会情绪以及情绪背后蕴含的社会意识。社会情绪产生的原因有很多种，最根本的原因还要归结到民生问题。由于社会经济快速发展、贫富差距日益拉大、利益分配不均导致社会矛盾冲突愈加尖锐，这些直接影响民众的生活质量和水平，从而影响他们的心理状态和情绪，所以,从公共管理主体角度而言,政府要做到着力保障民众基本需求,尽量减少社会问题或政府自身问题以减少促发公民负面情绪的外部因素。一是尽量减少或避免自身制造社会问题的机会。加大网络反腐力度,不与民争利,增强政府的权威,取信于民;加大改革力度,简政放权,从制度上构建公平公正的利益分配新秩序;合理界定政府主体的职责权限,严格规范自身运作。二是建立公共危机预警和监测调控体系。政府部门可以运用先进的互联网技术手段和新媒体设施,对网络空间的社会舆论和"过热"情绪进行监控和预防,及时疏导其中的负面情绪,缓和甚至化解社会矛盾,降低公共危机发生的概率,对即将发生的公共危机进行预警,协调有关部门共同管理,同时利用先进的互联网技术保障网络空间的安全,制止网络谣言的传播。三是构建多元的沟通渠道。借助"互联网＋"热潮,积极拓展政府与民众的沟通交流渠道,及时解决与人们生活息息相关的社会问题,避免公民负面社会情绪的进一步蔓延。这些举措将公共管理主体(包括政府、社会群体和个人)纳入网络矩阵中,协调管理公共事务,在一定程度上为网络空间中的情绪管理奠定良好的管理基础。

其次,渗透性管理。社会情绪在一定程度上与社会矛盾、民众利益表达等紧密联系,它代表着一种民意。由于"防民之口,甚于防川",因此,我们不能依赖外力对这些社会情绪一味地压制或弃之不顾,这样反而会引发更加剧烈的公共危机。公共管理的主体要从社会民众的心理层面入手,对社会情绪进行渗透性"疏""导",降低社会风险,这样的情绪管理才能更稳定、持久。在网络矩阵中,渗透性管理是指当纵向系统和横向系统的公共资源无法直接转化为情绪管理的能力时,可以通过运用一种间接的、细微的、互动的方式对社会个体进行精神和心理上的人文关怀。渗透性管理可以采取以下措施:① 建立健全信息公开机制。公共事件发生之后,公众由于好奇心的推动希望获取更多的信息,作为公共管理的主体应该及时公开事件的进展,维护人们的知情权,将负面的社会情绪化解于无形之中。② 对社会的负面情绪采取包容心态。对于网民在网络空间揭露的现实问题,不能随意打击或报复,而是要进一步了解和引导,同时把网络空间建成公众合理宣泄负面情绪的平台和"泄愤通道",这样能够在一定程度上预防和降低公民通过其他极端方式发泄情绪而带来的潜在公共风险。③ 重视文化和思想道德建设。在网络空间中同样要弘扬社会主义核心价值观,重视公民的文化和思想道德建设,积极营造包容性文化、法治文化和大众文化,丰富人们的精神世界。

再次,参与性管理。在源头性管理和渗透性管理双管齐下的"自然状态"下,网络空间中各种社会情绪依然处于无序状态,这就促使公共管理各主体要主动参与网络矩阵下情绪管理的过程中,其中"舆论、法律、信仰、社会暗示、宗教、个人理想、利益、艺术乃至社会评价等,都是社会控制的手段,是达到社会和谐与稳定的必要手段"。① 公共管理主体介入情绪管理的对策有:① 对公共事件进行分类,构建多中心管理的模式。公共事件主要涉及政治、经济、社会三大领域,对于不同领域的公共事件,其发挥中心管理作用的主体也随之相同。例如,涉及政府部门的公共事件,需要政府发挥其主导管理作用,建立一个以政府为情绪管理中心,社会、市场配合的管理模式。如果公共事件发生在经济领域中,就要发挥市场自主管理的能力,政府和社会进行必要的配合。② 公共管理主体要在多方参与的情况下制定相应的规则,例如,对网络谣言传播的规制;对网络群体性事件的预防机制;对网络社会负面情绪扩散者进行必要的惩罚;等等,运用制度和规则对网络社会情绪进行规范和疏导。③ 积极构建政府门户网站。政府门户网是政府与公众直接对话交流的窗口,参与性管理有利于将社会情绪转化为一种社会资本,通过社会情绪管理来倾听民意、化解民怨、汇集民智,从而更好地实现公共管理,构建社会主义和谐社会。

总之,不论源头性管理、渗透性管理还是参与性管理,单独推行都难以发挥实效,它们是一个整体,都是网络矩阵的管理方式,需要我们推动三者间的系统和协同管理(见表13-1)。

表13-1　网络矩阵维度下社会情绪管理对策分析

	结　构	系　统	资　源
源头性管理	多元调和;规则订立;必要的监管	纵向系统:政府—各级行政机关—个人	制度;资金;技术手段;沟通渠道;个人价值观;新媒体设施等
渗透性管理	多元调和;规则订立;必要的监管	纵向系统:政府—各级行政机关—个人横向系统:政府、市场、社会和个人	机制;教育;社会资本;包容性文化;法治文化和大众文化等
参与性管理	多元调和;规则订立	纵向系统:政府—各级行政机关—个人横向系统:政府、市场、社会和个人	多中心管理模式;规则;政府门户网站;道德约束;参与型文化等

网络时代为每一个个体都提供了进行社会管理的机会,当然,"互联网+"技术本身在某种程度上是一把双刃剑,在不同的制度中会产生不同的

① 郭玉锦,王欢.网络社会学[M].北京:中国人民大学出版社,2009:315.

作用。网络空间使各种言论能够在这个"自由的信息公社"中发布和传播，大家机会均等，只要具备必要的设备和手段就能够平等地表达自己的思想和情绪。然而，网络空间在时空上消除了民众与管理权力之间的缓冲带，消除了民众情绪与政府决策之间的冷却带，公共政策在一定程度上会受到大众情绪的左右。用勒庞(Le Bon)的话来说就是"群体中累加在一起的只有愚蠢而不是天生的智慧"，[①]导致公共管理秩序的不稳定。托克维尔(Tocqueville)和密尔(Mill)尤其关注社会意义上的多数暴政问题，即舆论专制问题。[②] 可以说，网络空间催生了一个更加复杂多变的公共管理环境。要解决其中的难题，维护好社会公共秩序，需要国家、社会、个人等主体主动承担各自职责，共同参与网络空间的管理。

　　网络空间的管理不仅需要宏观的控制，而且还需要微观的协调，构建网络矩阵对社会情绪进行管理正是从这点出发的。人们生活在情绪社会，社会情绪是一种重要的公共管理资源，它既是一种社会资本，还是衡量社会管理的天平。因此，网络矩阵下的社会情绪管理应该按照一定的系统、一定的结构层次和一定的方式进行。横向和纵向的系统把国家、社会和个人，乃至硬性资源和软性资源都纳入一个整体中，形成一个纵横交织、拥有丰富公共资源的管理网络。在这个管理网络中，国家要主动介入网络空间中，既要发挥协调多方、订立规则的主导作用，又要让社会和个人有充足的自我管理情绪的空间。同时，在现实与虚拟之间，应保证社会情绪的管理与监督并重，确保各项规则相互嵌合、配套实施，并最终提升网络矩阵中的社会情绪管理能力，构建和谐社会。

① 　古斯塔夫·勒庞.乌合之众：大众心理研究[M].吕莉，译.北京：中央编译出版社,2000：20.

② 　潘小娟，张辰龙.当代西方政治学新辞典[M].长春：吉林人民出版社,2001：73.

第四编 | 全球治理优化和网络秩序的比较研究

第十四章　共生性分析：完善网络空间全球治理的中国方案

在信息时代，网络能力正在成为衡量一个国家综合国力的重要标志，网络能力的广泛运用能大幅度提高一个国家的经济能力，并逐渐成为国家战略的重要组成部分。没有网络安全，就不会有真正的政治安全、文化安全、军事安全和经济安全，更不会有完全意义上的国家安全。

第一节　制定国家战略统筹网络空间治理

在信息网络时代，网络安全越来越成为国家总体安全的前提条件。① 因此，网络空间的治理安全也"从一个技术问题跃升为大国政治博弈的新热点"。随着计算机网络逐渐深入金融、商贸、交通、通信、军事等各个领域，网络也成为一国赖以正常运转的"神经系统"，网络空间一旦出现大的安全问题，则事关国计民生的许多重要系统都将陷入瘫痪状态，国家安全也将受到威胁。

一、完善国家网络安全战略，加强顶层设计

没有网络安全就没有国家安全。② 对于网络空间的安全问题，许多国家都表现出了非比寻常的重视。如何抢占第五维空间战略博弈制高点、未来发展制高点、国家安全制高点以及意识形态制高点，已成为网络时代各国亟待解决的重大课题。完善的战略政策是网络空间法律规制实施的重要保障，面对全球信息化的迅猛发展，很多国家和地区都从自身的实际出发，积极制定与本国国情和利益相适应的网络安全战略和治理措施，将网络空间

---

① 欧仕金.网络强国守护神[M].北京：知识产权出版社，2017：28.
② 习近平.习近平谈治国理政（第一卷）[M].北京：外文出版社，2014：198.

安全上升至国家安全战略。美国作为世界上的网络强国,在《2018年国防部网络战略》中明确提出了美国在网络空间中的目标以及实现这些目标的战略途径;①英国政府成立了网络安全办公室和网络安全运行中心,旨在将网络安全治理置于政府主管部门的统一协调管控之下;②日本在《创建最尖端IT战略》中明确将数据保护作为国家战略;③我国互联网信息办公室发布的《国家网络空间安全战略》阐明了中国关于网络空间发展和安全的重大立场和主张,明确了战略方针和主要任务。④网络空间治理的复杂性决定了国家需要加强网络安全体系的顶层设计,确定国家网络空间安全治理的总体思路、战略目标和优先秩序,建立网络安全发展综合规划和组织管理机构,强化网络空间的政策领导和重点领域的治理计划,注重从战略技术和战略实施方面确保网络空间的安全运行。

二、坚守"网络空间主权立场",维护国家利益

《联合国宪章》确立的主权平等原则是当代国际关系的基本准则。⑤推进网络空间治理体系发展变革的前提就是尊重各国在网络空间中的主权利益。网络空间已经成为国家和人们社会生活的新领域,网络的普及打破了主权国家政府垄断信息的特权。在信息革命和全球化趋势的背景下,国家主权地域性特征与网络空间超国界性特征之间的矛盾成了网络空间治理的难题,网络空间再主权化理论已成为一种新的趋势。中国非常重视网络空间主权,一直奉行防御性的网络空间安全战略,2017年6月1日正式施行的《中华人民共和国网络安全法》第1条就确立了"维护国家网络空间主权和国家安全"的立法宗旨。⑥美国等网络发达国家主张"网络自由主义",宣称人权高于主权,反对国家对网络空间的管制。⑦如果否认网络主权的存在,

---

① 王桂芳.大国网络竞争与中国网络安全战略选择[J].国际安全研究,2017,35(2):27-46,149.

② 吴沈括,石嘉黎.网络安全与英国:国家网络安全中心的运作检视[J].信息安全与通信保密,2018(4):60-71.

③ 魏红江,李彬,祝慧琳.制定我国大数据战略与开放数据战略:日本的经验与启示[J].东北亚学刊,2016(6):32-39.

④ 王军."国家网络空间安全战略"的中国特色[J].中国信息安全,2017(1):36-37.

⑤ Brad R. Roth. Sovereign Equality and Moral Disagreement: Premises of a Pluralist International Legal Order[J]. European Journal of International Law, 2012(4): 1184-1189.

⑥ 张新宝,许可.网络空间主权的治理模式及其制度构建[J].中国社会科学,2016(8):139-158,207-208.

⑦ 王明进.全球网络空间治理的未来:主权、竞争与共识[J].人民论坛·学术前沿,2016(4):15-23.

网络发展中国家在关键信息技术和资源缺失的条件下，根本没有任何资格参加网络空间国际合作，网络空间将成为发达国家的全球公域。因此，网络发展中国家应以国际法为原则，在政策制定中强化网络主权概念，争取更多国家的认可，并对任何侵犯本国网络主权的行为坚决抵制，以此寻求国际社会对国家网络主权的尊重，从而在网络治理体系中为自己赢得更多的话语权。

三、构建网络安全监管机制，捍卫国家文化安全

所谓国家文化安全，就是一个国家能够独立自主地选择政治制度和意识形态，抵制其他国家试图以意识形态和意识形态指导下的政治、经济、民生模式强加于本国的做法，防止其他国家对本国人民文化生活的渗透，保护本国人民的价值观、行为方式、社会制度不被干涉，保持文化的民族性，维护民族的自尊心和凝聚力。随着网络社会的来临，国家文化出现了新的安全威胁，网络空间逐渐成为文化渗透的新战场，某些国家带着"植入""同化"的企图，利用网络空间向广大发展中国家强势输出本国的价值理念和意识形态。① 托夫勒（Toffler）曾说："世界已经离开了暴力和金钱控制的时代，而未来世界的魔方将控制在拥有信息强权的人手里，他们会使用手中掌握的网络控制权、信息发布权，利用英语这种强大的文化语言优势，达到暴力、金钱无法征服的目的"。② 网络意识形态安全关系国家安全，保障网络空间的文化安全离不开国家体系化的监管机制。③ 首先，国家应该把网络空间意识形态建设全面融入国家网络安全战略的顶层设计之中。其次，国家要整合资源优势，对网络空间的内容实施分类、分级治理，强化落实风险评估、数据流控和应急处置等监管措施。最后，综合运用各种传播方式，积极在网络空间中弘扬主旋律，以加强国家在网络空间中的意识形态的领导地位，捍卫国家的文化安全。

第二节　完善法律体系
保障网络空间治理

网络空间不是"法外之地"，网络空间是虚拟的，但运用网络空间的主体

---

① 欧仕金.网络强国守护神[M].北京：知识产权出版社,2017：29－30.
② 阿尔文·托夫勒.权力的转移[M].刘江等,译.北京：中共中央党校出版社,1991：105.
③ 韩影,张爱军.大数据与网络意识形态治理[J].理论与改革,2019(1)：76－85.

是现实的,大家都应该遵守法律,明确各方权利义务。要坚持依法治网、依法办网、依法上网,让互联网在法治轨道上健康运行。① 网络安全是国家安全的重要内容和屏障,在网络技术和应用飞速发展的同时,其脆弱性和发展不平衡也日益凸显,从法律层面对网络空间安全予以界定和保护已经成为世界各国的共识。

一、建立完善的法律体系

欧洲在 2018 年正式实施的《通用数据保护条例》中,首次将全球数据安全和个人信息保护置于严格的法律规则体系监管之下。② "棱镜计划"的监控对象不仅包括普通民众,而且还包括国家政府和社会机构,监控范围更是覆盖了全球绝大多数地区,各国在对监控项目表示不满的同时,也纷纷通过制定和完善同网络有关的法律来对网络空间中的活动进行规制。美国和欧盟等发达国家或经济体已经建立起完备的网络安全法律体系,而中国、印度等网络发展中国家的立法才刚刚起步,亟须尽快完善。网络空间与现实空间之间存在着较大差异,决定了规范网络的法律与传统法律有较大的不同,既要对网络空间中的活动有约束作用,又要有保护作用。③

首先,国家应对现有法律进行内容调整。网络空间在成为人们必备生活平台的同时,也为各种犯罪提供了一个方便、快捷的工具和场所,使传统犯罪在网络的作用下出现倍增效果和异化现象,例如,随着网上银行、网上支付等应用的广泛推广,国家应对传统的《银行法》《消费者保护法》等做出适时的调整,以适应网络社会的新发展。其次,国家应加快对网络空间的专项立法,通过专项立法的途径,落实关键信息基础设施防护责任、主管部门的监管责任,严厉打击网络攻击和数据泄密等违法行为,维护人民利益与国家安全。最后,建立完善的网络法律体系必须考虑国家、企业和个人三个层次,内容涉及知识产权保护、隐私保护,以及打击网络犯罪、恐怖主义、网络色情等领域,以保障国家的安全。

二、制定统一的国际网络规则

网络的快速发展已将人类生存的现实世界紧密地联结在一起,构建一

---

① 习近平在第二届世界互联网大会开幕式上的讲话[N].人民日报,2015 - 12 - 17(2).

② 杨延超.解读欧盟《通用数据保护条例》的几个核心问题[EB/OL].(2018 - 06 - 12)［2020 - 07 - 31］.https://www.sohu.com/a/235269958_465968.

③ John Grant. Where There Be Cybersecurity Legislation[J]. Journal of National Security Law & Policy, 2010(4)：103 - 118.

个安全稳定的网络空间需要各利益相关体在平等尊重、互利互助的基础上共同推进网络的安全治理。

推进全球网络空间治理的进程,首先,需要制定统一的网络空间法律规则。目前,网络空间领域还没有一个被各国普遍接受的国际规则,治理措施在各行为体之间缺乏强制力。① 未来,以美国为首的网络发达国家和以中国为首的网络发展中国家应本着求同存异、务实合作的诚意,平衡处理各方利益关切,推动国际空间统一规则的制定。其次,需要构建解决网络重大冲突的国际仲裁组织。国际网络安全信息组织的建立能够使各国以平等的方式实现互联互通,改变少数国家利用自身优势制造网络不平等的格局。最后,需要构建中立的网络基础设施。当前制约世界各国平等协商、实现共享共治的最大阻碍就在于核心技术和信息资源分布的不合理,未来应积极发挥联合国等国际组织在网络空间治理中的重要作用,将根服务器等基础设施交由各国认可的国际组织保管,明确各国的权利义务。目前,网络规则的制定权掌握在美国等少数发达国家手中,未来在网络空间的全球治理中,广大发展中国家应该把握机遇,共同建立尊重各国主权、不同于西方中心主义的网络规则。

三、强化公众的道德自律意识

"网络对一切愿意参与网络社会交往的成员提供了平等交往的机会,同时也要求网络公众遵守网络共同体的所有规范,并履行一个网络行为主体所应履行的义务。互联网自身独特的运行机制帮助建立和强化了网络习惯和规范,增强了网络空间的自律性"。② 面对网络空间层出不穷的新问题,法律规制总是稍显滞后,不能及时跟上网络技术发展的速度,此时最有效的做法就是倡导网络民众遵守社会中的公序良俗,自觉维护网络空间的生态环境。

为了加强对网络民众的道德教育,许多国家和地区的信息机构都制定了自己的伦理准则,最具代表性的就是美国计算机伦理协会制定的"网络伦理十诫",具体包括: ① 不应用计算机去伤害别人;② 不应干扰别人的计算机工作;③ 不应窥探别人的文件;④ 不应用计算机进行偷窃;⑤ 不应用计算机作伪证;⑥ 不应使用或拷贝你没有付钱的软件;⑦ 不应未经许可而使

---

① 方芳,杨剑.网络空间国际规则: 问题、态势与中国角色[J].厦门大学学报(哲学社会科学版), 2018(1): 22–32.
② 蔡之文.网络,21世纪的权力与挑战[M].上海:上海人民出版社,2007: 56–57.

用别人的计算机资源；⑧ 不应盗用别人的智力成果；⑨ 应该考虑你所编写的程序的社会后果；⑩ 应该以深思熟虑和慎重的方式来使用计算机。

作为社会公共利益和一般道德观念的网络化形态，网络道德自律意识本质上就成了调整网民行为的基本原则，它可以弥补网络空间法律规制滞后所带来的不足，各国在加紧立法的同时也要不断强化民众在网络空间中的道德自律意识。

第三节　实现技术可控
巩固网络空间治理

网络空间是高精尖技术的集合体和集散地，网络空间的安全制高点并不在于地理位置的优越，而在于技术创新。美国总统特朗普曾签署名为"确保信息和通信技术及服务供应链安全"的行政命令，宣布进入"国家紧急状态"，禁止在信息和通信领域进行"可能对国家安全构成风险的交易"，①中美贸易战的实质就是创新技术争夺战。因此，解决国家网络安全问题的根本就在于实现网络空间主要信息产品、设备技术的自主化和研发科技人才的本土化，以此来巩固国家在网络空间安全治理中的战略实施和法律规制。

一、构建自主可控的技术路线

一个国家网络疆域的大小与其综合国力的强弱呈正相关关系，即网络疆域大的国家，综合国力相对强大；反之，则相对较弱。② 国家在参与网络空间安全治理过程中存在着权力不均衡的现象，以美国为首的网络发达国家凭借着得天独厚的技术优势和信息资源主导着网络空间治理体系的话语权，在网络空间治理格局中占据着至高的位置。网络发达国家与网络发展中国家之间巨大的技术鸿沟成为网络空间安全治理困境形成的主要原因之一。网络发展中国家只有突破网络发达国家核心技术和关键资源的垄断地位，才能在全球治理中发出自己的声音，掌握更多的话语权。③ 在核心技术

---

① Executive Order on Securing the Information and Communications Technology and Service Supply Chain[EB/OL]. (2019 - 05 - 15) [2020 - 07 - 31]. https：//www. whitehouse. gov/presidential-actions/executive-order-securing-information-communications-technology-services-supply-chain/.

② 余丽.互联网对国际政治影响机理探究[J].国际安全研究,2013,31(1)：105 - 127,159.

③ 张影强.推动建立全球网络空间治理体系的建议[J].全球化, 2017(6)：85 - 95,136.

方面,网络发展中国家应致力于研发拥有本国自主知识产权的网络技术和设备,争取在高性能计算机与软件、智能终端操作系统等技术领域实现自主可控;在信息产业方面,网络发展中国家应大力支持国有品牌走出国门,从软件、系统、产品等全方位构建完善的信息产业生态链条;在信息改革方面,网络发展中国家应积极参与全球根服务器的竞争,与各国一起协商制定更为完善的下一代根服务器运营规则,突破网络发达国家的技术垄断,依靠本国的网络战略措施,构建自主可控的技术发展路线,从根本上维护网络空间的安全乃至国家的安全。

二、强化网络空间的技术创新

目前,网络空间的核心技术仍然主要控制在欧美等少数发达国家的手中,全球互联网技术巨头,例如,思科、国际商业机器公司(IBM)、谷歌、高通、英特尔、苹果、甲骨文、微软等公司一直在广大发展中国家的信息化进程中扮演着重要角色。加拿大一家名为"公民实验室"的互联网研究机构发布的报告称,有十多个国家的政府采用美国公司开发的互联网监视和审查技术进行网络监控。美国国家安全局通过各大科技公司的"产品后门"进入这些国家的信息系统,并由此获取相关信息。强化网络空间的技术创新、抢占安全产品和技术的制高点已经成为各国关注的重点议题之一。① 政府部门在社会发展过程中应避免过度依赖进口产品,尤其是在国家投资建设的通信网络领域更要尽量使用国内产品,以免造成信息安全隐患。关于互联网产业的技术创新,第一个层面是云计算、大数据、移动互联网、物联网、人工智能等基础平台的创新;第二个层面就是在这个平台之上的应用创新、业务创新、商业模式的创新,这两点是大家最为关注的,但是往往被忽视的就是整个平台的网络安全、数据保障和隐私保护。随着网络的普及和数据采集设备的广泛应用,各行各业每时每刻都在产生着大量的数据,对涉及国家重大安全领域的核心数据,国家应建立多个不同的国家级大数据安全保护中心,以便对核心技术和关键产品等进行重点规划。

三、加快网络空间的人才培养

网络安全问题的实质是人与人的对抗,不是购买一批新型的网络安全设备或安装一批软件就能解决的。网络安全的竞争归根结底就是人

---

① 刘权.未来颠覆性新技术对"网络主权"形成的挑战及应对[J].网络安全和信息化,2018(1):26-28.

才的竞争。① 维护网络空间的安全运营需要一批专业的技术人员来完成，专业型、复合型、创新型网络人才的缺乏，严重影响着网络发展中国家的信息化发展进程。2019年5月2日，美国总统特朗普签署《网络安全人才行政令》，旨在增强美国网络安全人才建设。② 培养一批具有创新思维、全球视野和社会责任感的高素质、实战型和创新型网络安全人才是推进网络空间安全治理工作的重中之重。国家应该合理划分学科体系，在本科、硕士、博士等各个阶段设置有关网络安全的基础课程和专业课程，以抢占网络安全的理论制高点；深化科技体制改革，对高科技研发给予充足的政策和资金支持，鼓励企业与大学协同创新，形成产学研共同发展的研发链条，在实践中培养网络科技人才；制定网络空间的人才发展规划，举办国际学术交流活动，引进海外高水平的网络安全人才，让人才的创造活力竞相迸发，聪明才智充分涌流。网络空间的安全治理依赖于网络方面的高新技术人才，大力培养和引进专业型的创新人才是实现国家网络安全治理的根本。

第四节　深化国际合作
推动网络空间治理

在全球化时代，安全绝不是某一个国家的私有物品，而是世界各国的公共物品，任何一个国家都不应该也不可能独占、独享绝对的安全。网络空间的安全发展与所有身处其中的国家和人民利益息息相关，在网络空间中出现的包括网络犯罪和网络恐怖主义等在内的安全威胁需要世界各国共同应对。③ 世上没有绝对安全的世外桃源，一国的安全不能建立在别国的动荡之上，他国的威胁也可能成为本国的挑战。国际社会只有携起手来，深化国际合作，才能应对网络空间的安全威胁。

一、建立对话协商机制，推动国际合作向纵深发展

网络安全已不是单纯的技术安全，它涉及政治、外交、经济、军事、文化

---

① 刘杨钺.军民融合视角下的美国网络安全人才战略[J].国防科技，2018，39(1)：70-75.
② 张涛.特朗普签署《网络安全人才行政令》 我国网络安全人才缺口超100万[EB/OL].(2019-05-11)[2020-07-31].http://www.yidianzixun.com/article/0Ly3Vfr4.
③ Jawwad A. Shamsi, Sherali Zeadally, Fareha Sheikh, Angelyn Flowers. Attribution in Cyberspace：Techniques and Legal Implications [J]. Security and Communication Networks, 2016, 9(15).

等各领域,包括技术、管理、法律、标准、伦理各方面,已经成为事关国家发展核心利益的战略安全问题。网络空间安全治理既存在公共利益,也面临着诸多分歧与冲突,①网络技术的发展使得世界各国的依存程度日益加深,国际社会正在逐渐发展成为一个荣辱与共的命运共同体。要想解决网络空间在治理领域的冲突与矛盾,就必须要建立对话协商机制,大家开诚布公地谈一谈,共同寻求解决之道。面对共同的挑战与威胁,任何国家都不可能独善其身、置身事外。在全球化的信息时代,网络空间安全治理必须坚持同舟共济、互信互利的理念,摒弃零和博弈的旧观念,不断扩大各国协商对话的空间与机会。坚持国家不分大小、实力不分强弱、发展不分高低的前提,本着相互尊重、平等协商的原则,努力构建不冲突、不对抗、合作共赢的新型网络大国关系,真正开创对话而不对抗、结伴而不结盟的国际交往新路。建立网络空间的对话协商机制体现的就是一种求同存异、平等包容的网络精神,世界各国尊重彼此在网络空间的根本利益和国家主权,妥善解决网络空间中的分歧矛盾,有助于构建网络空间安全治理的新规则,使其能均衡地反映出大多数国家的利益诉求。

二、积极参与国际合作,革新网络空间的治理体系

网络空间的无疆界性和网络自身的超空间性决定了网络安全是全球各国共同面对的安全议题,②任何国家都不可能脱离他国而独善其身,绝对的网络安全在网络虚拟空间中不存在,各国只有携手合作、共同面对才能共渡难关,保障自身的国家利益。因此,各国在加速发展网络空间技术、确保自身网络空间安全的同时,也要及时了解世界网络强国的举动,积极参与网络空间国际规则的协商制定,广泛开展多边和双边网络交流合作项目,利用现有的网络平台机制发出自己的声音。联合国是网络发展中国家维护国家权益、宣传网络主张的重要舞台,2011 年,中国、俄罗斯等国共同向联合国提交了《信息安全国际行为准则》。③ 作为首份正式的网络空间国际规则,其强调各国有权利和责任保护本国网络空间和关键信息以及网络基础设施免受威胁,主张建立多边、透明和民主的全球网络管理机制,这是网络发展中

---

① 鲁传颖.重视规范在构建网络空间治理中的作用[J].信息安全与通信保密,2017(10):15 – 16.
② 任琳,吕欣.大数据时代的网络安全治理:议题领域与权力博弈[J].国际观察,2017(1):130 – 143.
③ Cameron Camp. China/Russia Propose an Anti-cyber-warfare UN Resolution[J]. Journal of San Diego Business, 2011(32):12.

国家对变革网络空间治理体系的有益尝试。

此外，金砖国家、上海合作组织在网络空间安全治理中也发挥着越来越重要的作用，新兴网络国家在全球治理中的价值日益凸显。"世界互联网大会"在中国的连续召开既是广大发展中国家积极参与网络空间全球治理的重要表现，同时也是网络空间治理体系革新的转折点。新兴的网络国家和新型的网络平台促使国际网络安全治理体系向着更加公正、合理的方向发展。

三、推行合作共赢理念，构建网络空间命运共同体

"国际社会应该在相互尊重、相互信任的基础上，加强对话合作，推动互联网全球治理体系变革，共同构建和平、安全、开放、合作的网络空间，建立多边、民主、透明的全球互联网治理体系"。① 这充分表明，构建一个符合历史和时代潮流、维护国际公平正义、反映大多数国家利益、增进人类社会福祉的网络安全秩序已经成为大多数国家的普遍愿望。人类离不开安全的网络，社会发展离不开安全的网络，网络空间及其资源是全人类共有的财富，维护网络空间安全符合全人类的共同利益。网络空间的开放性和跨国性决定了网络治理涉及主权国家、跨国公司、国际组织、行业协会等多个利益体，深化网络空间国际合作，不能以单纯地维护一国或少数主体的网络安全、网络利益为目标，应坚持多边协商、共同参与，发挥各种主体的积极作用。因此，合作共赢的理念正逐渐演变成为网络空间治理的主流思想，其强调在全球网络空间治理理念和架构下充分考虑不同阶段网络国家的切身需要，网络安全治理应建立在各个国家广泛参与和平等协商的基础之上。② 习近平主席在第三届互联网大会上提倡全球网络空间实行"政府主导、多边参与、共享共治"，突出人类共同福祉的治理模式，主张遵循全球化的规律，平衡各方利益关切，共同构建网络空间命运共同体。③

---

① 丛培影,黄日涵.网络空间冲突的治理困境与路径选择[J].国际展望, 2016,8(1)：98 - 116,156.

② Scott J. Shackelford. Toward Cyberpeace：Managing Cyberatacks through Polycentric Governance [J]. American University Law Review, 2013(5)：1273 - 1364.

③ 习近平.在第三届世界互联网大会开幕式上的视频讲话[EB/OL]. (2016 - 11 - 16) [2020 - 07 - 31].http：//www.xinhuanet.com/politics/2016 - 11/16/c_1119925133.htm.

第十五章 差异性分析：中美网络安全的法律规制比较

近年来，网络空间法律规制已逐渐成为各国稳定自身网络安全的主要途径。美国是当今世界的网络强国，而中国正处于从网络大国迈向网络强国的转型关键期。基于此，研究中美两国的网络安全立法差异及其国际合作关系，对于确保我国网络主权安全和推动国际网络安全秩序建立具有重要的意义。

第一节 网络安全概念及其法律规制的价值追求

互联网的普遍应用使得以网络为核心的信息产业对世界文明的贡献远超其他产业，信息技术的革新发展无时无刻不在刷新着人们对生产生活的观念和看法。[①] 同时，网络威胁的严峻性也为国家网络安全治理敲响了警钟，刷新了世界对于网络安全的战略定位及其价值评估。相较于军事、经济、政治等传统安全，网络安全属于非传统安全领域。[②]

从横向上来看，网络空间治理是一个多角色参与的治理系统，治理主体之间对网络安全认知存在差异，不同的主体有着不同的看法。对国家网络部门而言，网络安全指事关国家核心利益的安全信息不被窃取、盗用，有效维护国家信息系统安全平稳运行；对网络服务平台而言，网络安全保障网络信息服务平台安全运行，能够制止和抵御网络黑客的攻击；对网民而言，网络安全就是自身享有的私人生活和私人信息不被他人非法侵扰、知悉、收

---

① 刘承韪.“互联网+法律”的机遇与挑战[J].中国律师,2016(1)：43-45.

② Bradley J. Strawser, Donald J. Joy. Cyber Security and User Responsibility：Surprising Normative Differences[J]. Procedia Manufacturing, 2015(3).

集、利用，且人身和财产安全不受网络服务的侵害。通常来说，网络空间治理主体界定网络安全概念主要着眼于保护网络系统中所存储的信息安全，维持网络系统的平稳运行，从而为社会提供更好的网络服务。

从纵向上来看，网络信息技术的变革发展、网络治理程度的不断深化使得网络安全的概念随着时间的推移不断丰富和扩展。传统的网络安全观认为网络安全，即计算机系统安全就是保护计算机硬件、软件和数据不因偶然和恶意的原因遭到破坏、更改和泄露。①　随着时代的发展，网络安全的内涵也得到了进一步深化。2017 年 9 月，北京召开的"中国互联网大会"提出了"大安全"的概念，重新定义了传统意义上的网络安全。新时代的网络安全观认为全球网络安全已经进入"大安全时代"，网络安全不再仅局限于网络本身的安全，更是国家安全、社会安全、基础设施安全、城市安全、人身安全等更广泛意义上的安全。在大数据时代，网络世界和现实世界已经深度连接，网络安全的内涵也由"计算机系统安全"跨步到"大安全时代"。②

事实上，今天的互联网跟整个社会已经融为一体，网络空间的任何安全问题都会直接映射到现实世界的安全中，并深刻影响着现实社会的运转。2017 年 5 月爆发的勒索病毒不仅破坏了很多高价值的数据，而且直接导致很多公共服务、基础设施无法正常运营，高校、医院、交通管理部门、加油站等机构陷入瘫痪。③　由此可见，在大数据时代，网络信息的保护治理只是网络空间治理的路径之一，我们需要用全方位的视角来审视网络空间治理，并建立起相应的立法机制。加强顶层设计有利于为网络空间安全治理提供制度上的保障；完善网络立法机制可为网络安全治理提供切实可行的依据；推动网络立法体制改革深化是现代化国家必不可少的网络治理举措。其立法价值追求主要表现在稳定网络社会秩序、加强网络道德建设和实现网络自由共享方面。

第一，稳定网络社会秩序。网络安全立法的首要价值就是维护网络空间的秩序稳定。秩序是指在自然进程和社会进程中都存在的某种程度的一致性、连续性和确定性，④网络空间的开放性特征决定了其是一个能够容纳大容量、多主体、高数据的信息系统，每天都有不计其数的网络主体参与其

---

① 崔巍.计算机网络安全的防御[J].中国科技纵横, 2016(11)：27.
② 刘跃进.大安全时代的总体国家安全观[J].当代社科视野,2014(6)：31.
③ 细数 2017 全球最惊心动魄的网络安全事件[EB/OL]. (2018 - 01 - 02)［2020 - 07 - 31］. https：//www.sohu.com/214147144_133315.
④ 埃德加·博登海默.法理学：法律哲学与法律方法［M］.潘汉典，译.北京：法律出版社,2015：227.

中,数以万计的信息相互交织,故建立立法机制保障网络空间健康有序地运转就显得十分必要了。开放性的网络空间为网络主体带来便利的同时也催生了许多迫切需要解决的现实问题,例如,市场主体忽视网络信息安全管理造成有害数据泛滥成灾,使得计算机病毒和其他极具破坏性的程序有机可乘,危害公共利益;网络黑客猖獗,攻击形式变化多端,肆意扰乱网络秩序;信息泄密事件频发,公民人身和财产安全受到严重威胁。网络空间并非法外之地,在面对这些新问题时,国家应完善立法。网络法律规制可通过确定权利义务界限,运用法律手段解决网络空间中不可避免的纠纷,从而实现稳定网络秩序、维护国家主权安全的价值追求。

第二,加强网络道德建设。网络安全立法的追求之一就是加强网络道德建设。法律是由国家强制力保障实施的行为规范,而道德则是在长期实践过程中自然形成的行为准则,在当代社会中,法律是最低限度的道德。[①]在网络发展初始阶段,曾有人提出"网络不需要警察"的口号,他们认为网络应该在自然状态下自发地成长,然而随着网络信息技术的变革发展,无规制的网络空间中隐藏的问题不断涌现,这时人们意识到,法律作为一种有效的强制工具,仍是解决网络争端的重要措施,但网络立法有其本能的滞后性,它无法涵盖网络生活的方方面面,也无法预测明日的网络革新,[②]因此,将道德核心价值理念融入网络安全立法来规制网络空间有其内在的逻辑。良好的道德为法治提供了充实的思想土壤;完备的法律给予了道德更高的制度保障。网络空间中的主体经常会因利益纠纷而置基本的道德于不顾,从而引发争端。将社会核心价值理念融入网络安全立法有利于解决当前网络空间中的安全问题,改变网络立法缺失的现状,同时也为各大网络主体树立了基本的网络道德行为准则,有助于规范和引导人们遵守网络安全秩序,从而实现网络空间的长治久安。

第三,实现网络自由共享。网络安全立法的最终目标就是实现网络空间的自由共享。[③] 网络空间的匿名性、开放性、全球性特征决定了网络空间必须是自由的和共享的。网络世界是"超空间"的,网络主体频繁进入网络空间的本质原因就在于其在网络世界中能够获得现实世界中无法享受的自由。在网络社会中,人们可以完全根据自己的喜好来选择所需要的服务、内容,甚至是方式,古人"天涯若比邻"的美好愿景在网络空间中早已变为现

---

① 王鹏力.法律乃是最低限度的道德[J].法制与社会,2016(35)：5 - 6.

② 吴志攀."互联网+"的兴起与法律的滞后性[J].国家行政学院学报,2015(3)：39 - 43.

③ Damche Dorji. Credibility Based Feedback for Reputation Computation in Peer-to-Peer File Sharing Network[J]. Computer Science and Software Engineering, 2016.

实。网络渗透至国家的各大领域，贯穿人们生活的始终，是人类第二大生存空间，网络空间治理给法律规制带来了前所未有的挑战，其中法律管辖、责任认定、权利义务分配等问题都亟须立法解决。"人生而平等，但无往不在枷锁之中"。① 完善网络安全立法的目的并不在于限制人们的自由，恰恰相反，网络立法规制是为了让人们更好地享受自由，共享时代发展的伟大成果，这是网络安全立法最终的价值追求。

第二节　中美网络安全治理的法律规制差异

在大数据时代，社会各领域对信息技术的依赖程度都在大幅度加深，网络安全问题也随之而来，为了有效应对这一威胁，世界各国都在积极采用技术、道德、法律等手段规制网络空间。高度信息化的美国已经建立起了一套相对完备的网络法律体系，为国家的网络空间治理提供了一道坚实的屏障，而中国的网络安全法律体系刚开始构建，需要不断深化完善，因此，中美两国在网络法律体系构成、立法理念、监管机制等方面都存在着差异。

一、美国网络空间的法律规制

1998 年，美国首次提出"信息安全"概念，是世界上最早制定网络空间安全战略的国家。② 可以说，经过 20 余年的发展，美国如今已经形成了国家决策推动、法律制度保证、组织机构协调行动的网络安全攻防体系。自 20 世纪 40 年代第一台计算机在美国诞生以来，美国相继建立了信息高速公路和全球信息基础设施，一套相对完备的法律体制为国家网络安全治理保驾护航。

第一，在网络安全法律体系构成上，美国主要以法律和法规为主。美国政府从个人网络安全、社会网络安全和国家网络安全三个层次制定网络法律来规制网络空间。③ 在个人网络安全层面，1966 年美国国会颁布的《信息自由法》是美国首部针对网络安全的规范立法，之后围绕着信息

① 卢梭.社会契约论[M].何兆武，译.北京：商务印书馆，1980：8.
② Andrey Shalyapin, Vadim Zhukov. Case Based Analysis in Information Security Incidents Management System[J]. International Conference on Security of information and Networks, 2015.
③ 汪晓风.美国网络安全战略调整与中美新型大国关系的构建[J].现代国际关系，2015(6)：17-24,63.

自由，美国在 1974 年出台了《隐私权法》；1986 年颁布了《电子通信隐私法》；1998 年制定了《数字千年版权法》；2000 年颁布了《全球及全国电子签名法》；2005 年制定了《个人数据隐私与安全法》。在社会网络安全层面，2010 年美国审议了《网络安全法案》，该法案对网络安全治理中的人才发展、知识培养、合作交流作出了详细的规定。同年，美国审议了《网络安全加强法案》，该法案的目的在于推动网络安全标准的制定，以便更好地维护国家的网络安全主权。在国家安全层面上，受"9·11"事件的影响，美国在 2001 年制定了《爱国者法》以保护国家安全；2002 年通过的《国土安全法》和《联邦信息安全管理法》旨在加强网络空间监管制度，维护国家安全稳定。

　　第二，在立法理念上，美国网络安全立法以信息自由为首要原则，且不断寻求更广泛的国际保护。网络空间的紧密相连使得各国相互依赖程度不断深化。美国信息安全立法以 1966 年的《信息自由法》为基础性法律，将信息自由作为信息安全立法的首要原则，强调信息公开的优先性，之后通过的《电子通信隐私法》（1986）、《计算机安全法》（1987）、《国家信息基础设施保护法》（1996）等多部法律都以信息自由为前提。① 20 世纪 80 年代美国成立的"美国国家保密通信和信息系统安全委员会"主要是参照传统的国家安全战略，从制定法律法规和规章制度入手，保护信息及信息系统的自由安全。2000 年，克林顿政府将信息自由安全保护分为 10 项内容纳入国家计划。② 此外，美国还缔结了《保护文学和艺术作品伯尔尼公约》和《世界知识产权组织版权条约》，在 2000 年批准了欧盟的《网络犯罪公约》，旨在控制潜在对手从对手国家或第三国发起网络攻击，并于 2002 年签订了《全球社会信息冲绳宪章》，旨在推动国际网络安全合作。美国自身拥有完备的网络立法体系，但其仍乐于积极参与国际网络合作，以期寻求更大范围的网络保护。

　　第三，在监管机制上，美国的网络安全监管主要由联邦通信委员会（FCC）负责。美国互联网监管呈现以下特征：首先，国家通过制定法律来明确网络安全监管权的归属，美国联邦通信委员会依据 1934 年由美国国会通过的《通信法案》创立，主要负责调查和研究全美无线电和电线通信产品的安全性，国家通过立法明确网络监管权的主体，大大提高了网络安全监管

---

① 马辛旻.信息安全与信息自由的法律探讨——以美国为例[J].法制与社会,2016(32):
52-54.

② Judith A. Miller. Refections on National Security and International Law Issues during the Clinton
Administration[J]. Chicago Journal of International Law, 2015.

的效率,避免了网络治理中互相推诿和重复监管的现象。① 其次,在网络立法暂时不成熟的时候,美国会采取技术手段对网络安全进行监管,诸如规范网络传播内容的法律夭折后,美国政府随即在技术上利用封堵代理服务器IP 地址等手段对不良内容进行拦截,同时制定限制用户登录的网址清单,从技术领域实现对网络安全的监管。再次,美国联邦通信委员会扮演着行业管制者和推动者的双重角色,法律框架下的行业自律是网络规制中的重要模式,因此,联邦通信委员会积极推动民间信息安全组织的建立,这些行业组织分别从信息安全的人员责任、技术交流、应急响应等方面制定了详细的职业道德,政府也大力支持互联网行业的自律以实现各行业的自我监管。

二、中国网络空间的法律规制

随着互联网技术及其应用的快速发展,大数据正以席卷的态势深刻改变着人们的生产和生活,数据的进一步集中和增加使得国家网络安全防护面临着巨大挑战。维护国家网络安全必须充分发挥法律的强制性规范作用,但我国网络安全领域法律法规发展滞后,这使得我国在解决相关网络问题时缺乏主动性和有效性。2017 年 6 月 1 日正式实施的《网络安全法》作为我国第一部网络空间综合性法律有效弥补了网络立法的空缺,对我国网络空间的治理具有里程碑式的意义,②但总体而言,目前我国网络安全立法仍处于起步阶段,还需不断健全完善。

第一,在网络安全法律体系构成上,我国主要以部门规章、地方性规章以及行政机关制定的规范性文件为主,人大立法较少。③ 全国人大制定的法律主要有:2017 年《网络安全法》、2005 年《电子签名法》和 2000 年《关于维护互联网安全的决定》;国务院颁布的行政法规主要有:1991 年《计算机软件保护条例》、1994 年《计算机信息系统安全保护条例》、1996 年《中华人民共和国计算机信息网络国际联网管理暂行规定》、2000 年《互联网信息服务管理办法》、2006 年《信息网络传播权保护条例》;部门规章主要有:1994年公安部发布的《计算机信息系统安全保护条例》、1998 年国家保密局发布的《计算机信息系统保密管理暂行条例》、2002 年信息产业部发布的《中国

---

① Douglas C. Jarrett. The Federal Communications Commission's Network Neutrality Order [J]. Business Lawer, 2015.

② 宋燕妮."网络安全法"开启我国网络立法新进程 [J]. 信息安全研究,2017,3(6): 568 - 572.

③ 郭少青,陈家喜.中国互联网立法发展二十年:回顾、成就与反思 [J].社会科学战线, 2017(6):215 - 223.

互联网络域名管理办法》、2011 年工信部出台的《移动互联网恶意程序检测与处置机制》等；司法解释有：2003 年《最高人民法院关于审理涉及计算机网络著作权纠纷案件适用法律若干问题的解释》等；地方性法规有：《北京市网络广告管理暂行办法》《杭州市计算机信息网络安全保护管理条例》等。我国立法主体多元，且多数立法文件层级较低，致使网络空间立法的一致性、协调性和稳定性难以保证。

第二，在立法理念上，我国网络安全立法以监控和控制信息为首要原则，且注重政府管理。当下我国网络空间法律规制主要是管理型的法律规制，以管理和维持网络空间良好秩序为主要目标，缺少对网民权力保障的关注。诸如《通信网络安全防护管理办法》的立法目的是"为了加强对通信网络安全的管理，提高通信网络安全防护能力，保障通信网络安全畅通"。在这些法律规范中很难看到切实保护网民权利的具体内容，并且我国网络空间体系中有关权利义务的法律规定不够详细和明确，网络立法规范以部门规章居多，与其他法律容易形成内容上的重复。网络安全立法是集中表达民意的过程，网络作为一种新技术手段为公众参与民主立法提供了便利，但我国网络空间法律规制并没有真正实现网民民主参与立法的目的，仍以政府主导为核心，对公民权利保障关注不足，容易导致网络空间内权利义务的分配不平衡。

第三，在监管机制上，我国主要采用政府主导和各行业自律相结合的模式。首先，政府贯穿于网络安全监管的全过程。一是事前资质监管。有关部门对在我国境内设立互联网服务平台的企业和个人进行严格的资质审查，建立逐级审批制度，对不同性质的互联网运营商采取不同形式的管理方式，灵活管控互联网企业。二是事中依法监管。互联网服务平台运营商需严格遵守国家网络安全相关的法律法规，保证其日常活动与国家网络安全战略相一致，有关部门在监管中发现有任何危害国家安全和他人合法权益的不法行为都应当及时纠正。三是事后整改取缔。对于网络服务平台在运营过程中的不法行为，有关执法部门应及早处理，视情节轻重予以限期整改或依法取缔。其次，是行业自律，网络安全立法有时会滞后于网络实践的发展，根据计算机技术和网络传播中的摩尔定律，即网络技术每 18 个月就会有一次质的升级，从而导致网络传播的内涵和外延都会有难以预料的变化，这就使得立法和政府管理难以及时规制网络空间的行为，因此，我国政府鼓励互联网行业进行自律，以避免对互联网传播行为进行不必要的管制。政府主导和各行业自律相结合的监管模式有助于巩固网络空间的长治久安。

可见，中美两国在网络安全立法规制上是存在明显差异的。美国凭借得天独厚的技术优势,在立法技术、立法资源和立法体系方面一直占据全球网络空间法律规制的制高点,但美国的网络规制优势同时也成了美国的负担,在网络空间治理中,美国仅仅依靠国内立法已经难以解决越来越复杂的网络问题,且美国网络空间立法规制的单边主义色彩浓厚,这一特征使得其立法模式并不适合全球大多数国家,也不符合未来时代发展的需要。由于我国的互联网构建存在一些技术性劣势,因此,我国尚未形成一套完备的网络空间立法体系。与美国单一意识形态的主张相比,中国在网络空间治理中一直主张充分考虑和尊重互联网全球化发展的多元性和差异性(见表15-1)。可以说,中美两国网络立法治理差异及优势互补决定了中美两国在维护网络安全问题上存在利益共同点,从全球互联网来看,中美合作不仅有利于两国利益,同时也是全球网络空间秩序形成的关键。

表 15 - 1　中美网络安全治理的法律规制差异对比

	中　　国	美　　国
法律体系	部门规章	法律法规
立法理念	信息监控	信息自由
监管机制	政府监管与企业自律	联邦通信委员会(FCC)专管

第三节　中美网络安全法律 体系差异的缘由

　　从现状上看,中美网络安全法律体系具有不同的法律层次。立法是美国管理互联网产业最重要的手段之一,美国信息立法起步较早,始于20世纪50年代末期。目前,美国已经形成了比较成熟的法律体系,是世界上拥有最多互联网法律法规的国家。[①] 鉴于互联网在中国的发展时间不长且中国的立法技术不够完善,我国网络安全的规范主要由效力低于法律的行政规章构成,在一定程度上欠缺应有的科学性、整体性和连续性。立法理念、体系构成和监管模式的差异并不是中美网络安全立法的本质区别,因此,我们需要从安全的侧重性、法律的整体性、主权的认知性和战略的部署性等方面进一步深入探究两国关于网络安全法律规制差异的缘由所在。

　　第一,中美两国对"网络安全"内容的解读各有侧重。当前,网络安全问

---

① 缪锌.美国互联网治理的特色与启示[J].传媒,2017(19)：55-56.

题已经成为两国关系走向中的关键问题,由于中美两国在网络信息技术领域的发展阶段不同,导致"网络安全"一词在两国不同的国情背景下呈现出截然不同的含义解读。① 美国认为"网络安全"一词从本质上说,就是指如何防止未经授权侵入信息系统的行为,在他们看来,维护互联网的安全主要是集中于保护各种私营部门的数据以及关键的网络基础设施的安全。美国全球军队部署的网络系统中有 1.5 万个子网络,运行着 700 万台计算机,它们为美国的军事训练不断提供支持和情报。此外,美国是世界上网络普及程度最高的国家,整个国家的经济、政治和军事等重要领域的活动运转都在很大程度上依赖于网络的安全有效运行,但网络在给美国的经济发展和政治稳定带来好处的同时也给其带来了损失,因此,美国网络安全法律及政策的制定主要侧重于激励企业改善网络的安全性,并惩罚未经授权侵入电脑系统的个人或团体,注重对知识产权、技术专利以及商业秘密等关键网络基础设施的保护。② 尽管在表面上看来,中国在网络数据、网络设施等方面的保护措施与美国的发展趋势相似,但事实上,中国网络安全法律规制及政策背后的基本原则却与美国大相径庭。中国认为"网络安全"本质上是指防御那些以网络信息技术为手段、针对国家政权的内外部威胁,既包括网络空间中的数据安全,又包括数据在流动、传播过程中所引发的社会安全和政治安全,因此,中国在制定网络安全立法时,更加侧重于关注网络恶意信息的肆意传播所造成的影响社会和谐、政治稳定的安全问题,而非网络数据本身的安全问题。

第二,中美两国在网络安全法律体系完整性上的发展程度不同。法治的价值包括实体价值和形式价值两个方面。法治实体价值指的是法律应有的价值目标,注重法律的兼容性;法治形式价值指的是法律自身的形式或者程序正义,注重法律的连续性。③ 从实体价值而言,要求法律具有较强的兼容性,立法主体的不同不得影响其对同一问题规范的一致性,法律体系的稳定是法律得以顺利实施的前提和条件。从形式价值而言,要求国家的网络空间法律规制具有可操作性,程序符合公平、公正、公开的现代立法程序。在我国有关网络空间安全的法律制度中,涉及网络权利义务的法律条文不

---

① Daniel Ikenson. Cybersecurity or Protectionism? Defusing the Most Volatile Issue in the U.S.-China Relationship[J]. Social Science Electronic Publishing, 2017.

② 郑淑凤.美国商业秘密保护最新立法阐释及其对中国的启示[J].电子知识产权, 2016 (10): 44-52.

③ 方远.实体平等与形式平等——法律应该解决的问题是什么[J].法制与社会,2016(11): 3-4.

够具体和明确,这些立法规范以部门规章和行政机关制定的规范性文件居多,而部门规章恰恰具有较强的专门适用性,与其他法律容易形成内容上的重复,同时我国的网络安全法律体系对于各类网络行为主体的权利义务缺少具体的规定,没有形成系统性,容易导致同一部门存在着维护自身利益而争取最有利于自己的规则的现象,致使国家的网络安全立法缺乏整体性和连续性,难以操作和实施。例如,2011 年我国文化部修订的《互联网文化管理暂行规定》,对互联网文化监督管理部门的权限、违反该规定的行为及其处罚等都做出了规定,但是对于各类执法部门行使权力的程序、原则以及违法行使权力应当承担的责任只字未提。① 法律规范完整性和连续性上的不足不仅造成了法律资源的浪费,也阻碍了法律执行的效率。相较于中国网络安全立法的层级较低和宽泛、笼统,美国的网络立法则显得更具针对性和可操作性。例如美国早在 1986 年制定的《电子通信隐私法》中就对访问电子通信记录文档、政府拦截通信信号的范围和标准做了规定,包括:有线或无线电话会议、电子邮件、卫星传输和计算机数据;②《儿童在线隐私保护法》《儿童互联网保护法》等法案针对儿童的网络问题进行了规制。国家在网络空间中针对具体领域设立法律效力较高的专门立法有助于改善无法可依和多头执法的混乱局面。

第三,中美两国在网络空间主权认知上存在差异。网络空间已经成为国家和人们社会生活的新领域,其全球化的存在方式对传统国家主权概念提出了严峻的挑战。③ 中美两国在网络主权认知上存在着严重的分歧,美国作为世界上的网络霸权国家,具有先天的技术优势,其主张"互联网自由"理念,反对政府压制这种自由,这在某种程度上间接否定了网络空间下各主权国家网络主权的合法性;中国一向主张网络有主权,奉行防御性的网络空间战略,认为强化网络主权概念可确保网络主权保护部门在关键信息基础设施方面的职能,使之承担起守卫国家网络疆界、捍卫国家网络主权的使命。习近平主席在出席第二届世界互联网大会时提出"尊重网络主权、维护和平安全、促进开放合作、构建良好秩序"的四项原则。④ 我国《网络安全法》也首次规定了网络空间主权原则,这表明我国政府推崇国家对互联网拥

① 互联网文化管理暂行规定[EB/OL]. (2011 - 02 - 18) [2020 - 07 - 31]. http://www.cac. gov.cn/2011 - 02/18/c_1112139873.htm.

② 徐明.大数据时代的隐私危机及其侵权法应对[J].中国法学,2017(1):130 - 149.

③ 杨嵘均.论网络空间国家主权存在的正当性、影响因素与治理策略[J].政治学研究, 2016(3):36 - 53,126.

④ 杨飞.全球网络治理的"习式指南"[EB/OL].(2015 - 12 - 18) [2020 - 07 - 31]. http:// opinion.cctv.com/2015/12/18/ARTI1450422718186784.shtml.

有主权和管辖权,主张各国互联网主权都应受到尊重。而美国网络空间战略总体上体现出单边主义色彩的特点,这种战略推动了网络空间的军事化走向,在某种程度上也导致了中美网络安全立法上的差异。因此,美国倾向于通过制定国内法律来分清政府与私人企业之间的网络责任关系,其网络安全更加注重维护私人部门的网络利益,诸如美国的《网络安全信息共享法案》旨在改善私人部门的网络安全问题;①而中国的《网络安全法》主张网络主权和国家管控,政府将对网络空间进行不间断的监测、管控,以期实现稳定网络秩序的目标,更加注重通过立法来维护国家的政治和军事安全,保护国家网络主权不受侵犯。

第四,中美两国在网络安全战略标准上存在分歧。国家安全战略是一个国家在特定历史条件下运用政治、经济、军事、文化等各种资源应对核心威胁、维护国家安全利益的总体构想。网络安全战略是加强网络治理的顶层设计和全局统筹,是国家安全战略的重要组成部分。网络从产生到如今的遍布全球,美国的控制与引导始终贯穿其中,②从老布什的"世界新秩序"战略、克林顿的"参与和扩展"战略、小布什的"先发制人"战略、奥巴马的"重振领导地位"战略到特朗普的"国家威慑"战略都体现了美国思维上的惯性——必须以绝对的实力追求绝对的安全,其在网络空间领域亦是如此。美国一方面以尊重"人权、民主、自由"之名指责中国等发展中国家的网络管理剥夺人权和自由;另一方面,又以"保护安全、防范攻击"为由,对本国的互联网进行严格管理和强化。"网络自由""人权"成为美国制定网络安全规则堂而皇之的理由,"中国黑客威胁论"等也成为美国积极发展其网络军事实力的借口。为了追求网络空间的绝对安全而采用双重标准导致美国的网络安全立法陷入了"霸权加重"的困境,单边色彩浓厚。相比于美国在网络领域中的双重标准,中国则致力于让互联网的发展成果惠及中国人民,更好地造福各国人民,中国始终将网络安全战略视为合作安全标准,强调各国在网络空间中的相互合作和信任。中国多次向世界宣示将始终坚定不移地走和平发展道路,在坚持自身和平发展的同时致力于维护世界和平,积极促进各国共同发展繁荣。③ 在网络领域,我国强调互利共赢,并不以追求绝对实

———————————

① Stewart Baker, Melanie Schneck-Teplinsky. Spurring the Private Sector, Indirect Federal Regulation of Cybersecurity in the US, Cybercrimes: A Multidisciplinary Analysis[M]. Springer Berlin Heidelberg, 2011: 180 - 187.

② 杨晓丹.抓牢网络控制权,美国"先下手为强"——《网络空间国际战略》的背后[J].华东科技,2012(6): 52 - 53.

③ 王军.《国家网络空间安全战略》的中国特色[J].中国信息安全,2017(1): 36 - 37.

力为终极目标,不追求支配性军事大国的领导地位,主张各国努力实现资源
共享、责任共担、合作共治。美国追求绝对安全而采取的双重安全标准和中
国追求人类命运共同体而主张的合作安全标准之间的分歧也导致了中美两
国在网络空间立法规制上的差异现状。

第四节　中国网络安全立法的
发展前景和政策建议

习近平总书记指出,没有网络安全就没有国家安全,没有信息化就没有
现代化。① 当今大数据时代,网络已经渗透到国家政治、经济、军事等各个
领域,正深刻影响着人们的生产和生活方式。在人们享受网络信息技术发
展带来的便利时,网络安全问题也日益突出,逐步上升成为关系国家利益和
居民切身利益的重要问题。"棱镜门"事件再次充分暴露了美国之外其他国
家在网络空间发展中的安全软肋,常规的安全措施不能保障国家的网络安
全,只有加强顶层设计,形成完备的网络法规体系,才能从根本上为国家网
络安全保驾护航。

第一,完善网络安全国家战略,加强顶层设计,制定网络犯罪法
律。2016 年 11 月通过的《网络安全法》是我国第一部综合性的网络立法。②
中国网络空间发展迅速、应用广泛,但对应的法律规制一直发展滞后,《网络
安全法》的出台符合我国建立社会主义法治国家、实现依法治国的战略目
标。网络立法有利于保障国家互联网战略在法制轨道内透明高效地实施,
有助于公民更好地了解国家的网络安全政策,从而在社会中形成一种网络
安全意识,自觉维护网络空间的清朗。我国网络立法起步较晚,继《网络安
全法》之后还有很长的路要走。随着互联网的普及,网络犯罪率也随之提
高,各种网络盗窃、网络侵权、网络欺诈等违法行为层出不穷,国家立法机关
应综合互联网的应用情况,考虑我国实际的网络民情,逐渐为各领域的网络
信息系统的安全保障提供立法支持。由于网络信息应用范围不断扩展,对
网络安全的立法保护不应局限于信息安全,还要延展至金融、交通、医疗、学

---

① 张朋智.构建网络空间命运共同体：主权为先、安全为重[J].中国信息安全,2016(1)：
40－42.
② 《网络安全法》解读[EB/OL].(2016－11－07)[2020－07－31]. http：//www.cac.gov.cn/
2016－11/07/c_1119866583.htm.

校等基础设施系统安全。① 加强顶层设计，形成完备的网络法律规范体系，为国际网络空间治理奉献更多的中国智慧。

第二，坚持政府管制与行业自律并行的监管模式，促进网络监管主体多元化。网络空间是一个不断创新的发展中空间，国家主导的立法规范一般都滞后于网络空间的革新，这时便需要发挥网络市场主体的积极作用以维护瞬息万变的网络秩序，然而，市场主体受其自身行业发展规律和业务水平的制约难以做到时刻自律，这就需要政府出面进行管制和引导。由此可见，政府管制与行业自律在网络监管方面相辅相成、缺一不可。我国政府监管的职责主要由国家信息化工作领导小组及其办公室、公安部、工业和信息化部、国务院信息产业主管部门、国家密码管理机构等有关部门在其各自领域内承担，但政府监管无法顾及网络空间的方方面面。在具体的网络监管过程中，各大网络市场主体通过制定行业准则、技术标准、行为规范等方式实际影响着网络空间的秩序管理，起着中流砥柱的作用。政府与市场主体各尽其职、各司其事、共同监管，携手共创网络空间的美好明天。

第三，加强国家信息安全建设，推动建立信息共享机制。"网络将不可避免地被控制，网络信息的性质将使得那些有着较强控制欲望的政府更积极地介入到网络控制中来。而在现有的网络空间里，人们也能感觉到一只无形的手，正在做着与网络初创时期目的完全相反的建设。没有理由相信，网络空间的自由与公正会轻易获得"。② 信息技术变革在带给人类新体验的同时也不可避免地侵犯了公民的自由和国家的安全。网络攻击、钓鱼网站等不法行为的出现使得国家和公民的信息安全保护面临巨大挑战，不法分子通过现代科技手段过度收集国家和公民的信息进行不当利用，最终给国家和公民的利益造成难以预计的损失。我国目前的网络立法虽然已较为完善，但仍应与时俱进、不断更新，制定诸如《个人信息保护法》《反垃圾信息法》等单行法律。有效保护网络信息系统的关键并不是阻止信息流通，而是建立信息共享机制，打破有关部门之间的信息共享壁垒。③ 目前网络安全事件的发生范围广、传播速度快，信息共享是必不可少的机制。通过立法明确信息共享的主体、内容和方式，让共享各方能自愿、放心地交换使用信息。

---

① 应晨林.网络治理现代化视角下的网络安全立法之战略定位[J].信息安全研究，2016（9）：809-814.

② 劳伦斯·莱斯格.思想的未来：网络时代公共知识领域的警世喻言[M].李旭，译.北京：中信出版社，2004.

③ 孙亦祥.基于信息共享的网络舆情信息工作机制建构[J].情报科学，2015，33（1）：19-24.

第四，参与国际合作，在网络安全国际治理中掌握主动权。网络空间的无疆界性和互联网的超空间性决定了网络安全是全球各国共同面对的安全议题，①任何国家都不可能脱离他国而独善其身，绝对的网络安全在网络虚拟空间中是不存在的，各国只有携手合作、共同面对，才能共渡难关、保障自身的国家利益，因此，我国在加速发展网络空间技术、确保自身网络空间安全的同时，也要放眼世界，了解世界网络强国的举动，积极参与网络空间国际规范的协商制定，广泛开展多边和双边网络交流合作项目，争取在国际性的问题上发出自己的声音，提出自己的意见。2011 年 9 月，中国与有关国家一道向联合国提交了《信息安全国际行为准则（草案）》，旨在推动建立一个开放、包容、有序的网络空间。② 在立法实践中，中国应不断完善网络立法规范，探索应对网络安全险情的"中国方案"，与网络强国联手，积极促进国际网络立法规范的建立，在国际网络空间中掌握更多的话语权，在网络安全国际治理中掌握主动权，为世界贡献更多的"中国智慧"。

在信息技术日新月异的今天，网络空间不再局限于技术领域，它已渗透至国家政治、经济、军事的方方面面，并悄然改变着人们的生产和生活方式。网络安全已经成为全球各国共同面临的治理难题，小到公民个人的信息安全，大到国家的军事、外交安全莫不如此。网络安全与国家安全紧密相关，信息化与现代化相互联系。美国作为资深的互联网强国，掌握着世界信息核心技术，享有丰富的信息资源，影响着国际网络空间的发展方向。自 20世纪以来，美国加紧开发网络空间，推行网络安全战略，建立起一套完备的网络空间法律体系，实质是通过互联网技术手段继续推行其霸权政策，巩固其在网络空间领域的绝对优势和霸权地位。近年来，美国利用强大的网络实力，在网络外交和安全两大领域不断对中国施压。如何在网络空间寻找最佳位置，维护国家的网络安全利益已成为我国亟待解决的问题。没有网络安全就没有国家安全，没有信息化就没有现代化。未来中国应加强顶层设计，完善网络安全立法，参与国际网络规范的制定，探索网络空间治理的中国方案，在世界网络舞台中为自己赢得更多的话语权，掌握网络安全治理的主动权。

---

① 任琳,吕欣.大数据时代的网络安全治理：议题领域与权力博弈[J].国际观察,2017（1）：130-143.

② 白洁,顾震球.中俄等国向联合国提交"信息安全国际行为准则"文件[EB/OL].（2011-09-13）[2020-07-31]. http://www.china-embassy.org/chn/zgyw/t858320.htm.

第十六章 耦合性分析：中美网络空间新型大国关系的构建

作为信息社会的神经，网络空间的治理应用无论在广度还是深度上都与全人类的生产、生活密不可分，成为影响国家行为的重要因素。美国是世界上首屈一指的"网络强国"，中国是世界上拥有互联网用户数量最多的网络大国。因此，从全球网络空间治理的视角来研究中美新型大国关系的构建具有重大的理论意义和实践意义。中美在网络空间中的治理关系既有对抗冲突的一面，也有合作共赢的一面。总的来说，合作仍然是主导中美网络关系发展的关键因素，走新型大国关系之路是两国的必然选择。

第一节 构建中美网络空间新型大国关系的背景

随着全球对网络信息技术的依赖程度不断加深，各国在网络空间中争夺话语权与控制权的竞争也日趋激烈。美国手握全球关键的网络信息资源，牢牢掌控着全球网络空间的治理进程；中国作为新兴崛起的网络大国，渴望突破这种不公正的"霸权体系"，[1]为发展中国家争取更多的话语权。网络空间治理正逐渐成为中美关系发展的重要议题。随着经济全球化和政治多极化的发展，中美关系在新时期呈现出新的特征，两国的经济实力差距不断缩小，共同利益在不断深化的同时，竞争性因素也逐渐增多。中美在网络空间治理中的竞争冲突不仅是技术层面的矛盾，而且背后代表着两国在意识形态和价值理念上的结构性矛盾。如何缓解中美冲突，在网络空间构建新型的大国关系是目前需要迫切研究的课题。

---

① 支振峰.构建网络空间命运共同体要反对网络霸权[J].求是，2016(17)：57-59.

　　中美关系是当今国际最重要也是最具挑战性的双边关系,两国在网络空间中的竞争与合作状态将对全球网络治理产生深刻的影响。2013年的国际新闻主角爱德华·斯诺登(Edward Snowden)及其"棱镜门"事件,使网络安全问题得到了各国领导人的高度重视。① 网络空间虚拟性、互动性和全球性特征使网络安全逐步进入全球治理的视野之中;全球化进程的加深和对国家安全利益认知的提升使得世界各国必须摒弃"争夺霸权""零和博弈"的传统政治关系,从而走向"不冲突、不对抗、相互尊重、合作共赢"的新型大国关系。②

一、网络空间特殊性需要构建新型大国关系

　　20世纪末兴起的网络技术以其迅捷的速度和巨大的力量席卷全球,一个由网址和密码组成的虚拟但却客观存在的世界形成了。网络空间是人类基于信息技术而开拓的一种新型空间,作为信息技术设施和规则的集合体,它不仅为人类提供了一种先进的信息传输手段和开放式的信息交往平台,而且还提供了一种独特的社会人文生活空间,人类由此获得了新型的生存方式和开阔的视野。网络空间是现实空间的延伸,是虚拟的社会。然而,虚拟社会与现实社会密不可分,并对现实社会的秩序产生了极为深远的影响。③ 随着现代人类对网络空间的依赖程度日益加深,它的影响正逐渐渗透到人类社会的方方面面,不仅改变着人类的生存方式和行为方式,而且还深刻变革着社会的经济模式和政治结构。网络空间作为新思维和新文化聚集的全新场所,它重塑着国际社会中各个国家之间的关系模式,并将其带入一个全新的相处阶段。

　　第一,网络空间具有明显的虚拟性。互联网是后工业时代的产物,网络空间是一个全新的空间,它突破了自然生态在时间和空间上对人类的限制。相较于现实社会而言,网络空间具有高度的虚拟性特征。现实社会以真实存在作为人类生存和交往的基本前提,而网络空间却是不以现实存在为必须前提的虚拟存在。人们在网络空间中的人际交往较现实世界更为自由,在这里,人们可以同在现实生活中一样,以真实的身份示人,也可以跳出现

---

① 方兴东,张笑容,胡怀亮.棱镜门事件与全球网络空间安全战略研究[J].现代传播(中国传媒大学学报),2014,36(1):115-122.

② 王聪悦.中美对"新型大国关系"的认知差异浅析[J].国际关系研究,2015(6):26-39,147-148.

③ Melanie Misanchuk and Sasha A. Barab. Building Virtual Communities: Learning and Change in Cyberspace[J]. Geophysical Journal International, 2015(2):824-836.

实世界的框架,以自己喜欢的形象或随意编造的身份自由出入网络空间。在这个由人类所创造出来的虚拟空间中,时间和空间的概念被重构,人类的生产方式、生活方式和思维方式都摆脱了层级体制的限制,人类第一次拥有了实现平等和自由的可能。① 网络空间的虚拟性特征为人类摆脱现实世界中的各种角色束缚提供了条件,人们可以在不表明自己真实身份的前提下进行自由的表达。

第二,网络空间具有高度的互动性。在现实世界中,信息流动往往处于一种不对称的状态。② 少数上层阶级拥有信息垄断权,事实真相容易被隐藏,普通民众的利益往往在无形之中被剥夺。由于网络空间对所有人开放,因此,信息在这一虚拟空间中逐步呈现对称之势,每一个进入网络空间的民众都有权获取信息。此外,信息传播的一个重要规律就是得到反馈,但是传统媒体的缺陷使得信息在现实世界的传播往往具有时间差和距离差。在报纸时代,民众可以通过写信来反馈自己的意见,信息传播时间长;在广播时代,民众可以通过打电话等方式反馈自己的见解,传播受众范围小。互联网的即时通信、微博、社交网站等新媒体的应用为信息传播打造了多种互动的方式,快速实现了信息的即时化和互动性传播。

第三,网络空间具有特殊的全球性。时间和空间是衡量现实社会存在的基本方式,而网络空间作为全球性的信息交流和社会互动平台已经超越了现实时空的限制,打破了国家和地区之间的壁垒,疆域边界逐渐变得模糊。在这一共享空间中,数据信息的传播速度与地理距离无关,互联网中的信息流动不仅实现了时间上的突破,而且轻松实现了跨越空间的传播。网络技术使得每一个互联网用户都可以成为一个"新闻记录者",随时随地上传信息,足不出户就可知尽天下事。网络空间的全球性特征使现实世界中的国家边界失去了既有的意义,古人云"观古今于须臾,抚四海于一瞬",如今这一场景在网络空间中变为了事实。这种跨越时空的信息交流超越了地理环境对人类的约束,使整个地球变成了一个"村庄",人与人的距离近在咫尺。

网络空间是信息技术的产物,但它却不只是一个技术空间,更是一个兼具虚拟性、互动性和全球性的社会空间。随着互联网的迅速普及与发展,从微观上看,网络技术正逐步改变着人们的生活模式、思维方式和认知习惯;

① 曼纽尔·卡斯特.网络社会:跨文化的视角[M].周凯,译.北京:社会科学文献出版社,2009:7-27.
② 金江军,韦文英.信息视角下的政治学研究[J].社科纵横,2016,31(10):26-29.

从宏观上看,网络空间的竞争博弈正重塑着国际社会的关系结构,互联互通的网络技术要求各国实现共享共治(见图 16-1)。

图 16-1　构建中美网络空间新型大国关系

二、网络安全威胁性助推新型大国关系的构建

　　网络空间的特殊性使得其与现实世界的治理间存在着较大差异。不断变化是互联网治理的常态。① 网络作为一个包罗万象的复杂系统,每天都有数以万计的信息穿越交互其中,不计其数的网络主体参与其中,这就对网络安全甚至是国家安全产生了严重的威胁。网络安全在相当大的程度上属于技术性的问题,但由于计算机病毒和计算机犯罪等信息技术不分国界,再加上互联网的技术创新没有止境,因此,运用技术性的手段来保证国家的网络安全只是权宜之计。面对网络谣言、黑客攻击、网络诈骗等全球性问题,各国只有通过开展国际合作等途径来寻求妥善的解决办法,推动网络空间的竞争朝着清朗健康的方向发展。

　　第一,"棱镜门事件"敲响了全球网络安全的警钟。根据 2013 年美国国家安全局前雇员爱德华·斯诺登的曝光,美国政府对全球包括众多政要在内的网民进行监听、窥视的真相大白于天下。这一事件在撕下美国"双重标准"虚假面具的同时也为世界各国的网络安全敲响了警钟。全球各国政府逐渐意识到美国制造提供的互联网硬件和软件存在着严重的安全隐患,巨大的技术鸿沟使得大部分国家的信息技术都严重依赖美国,国家安全短板暴露无遗,这一事件促使各国对国家网络基础设施研发加大投入,以便争夺网络安全产品的市场高地。这些行为助推了网络空间的"碎片化",会危及互联网的开放与自由,最终导致全球网络空间的秩序混乱。因此,确保国家安全必须要加强彼此间的合作。

---

① Dom Caristi. The Global War for Internet Governance [J]. Journalism & Mass communication Quarterly, 2015(20): 92.

　　第二,黑客病毒使网络空间治理复杂化。网络领域的开放性特征在为人们提供自由平等交流机会的同时也为黑客等网络攻击行为体提供了可乘之机。近年来,网络犯罪和网络恐怖主义等安全威胁增加了网络空间治理的复杂性和不可控性。网络信息技术的创新速度向来都是以几何倍数的速度在增长,即使是美国这样的"网络强国"也难逃黑客的攻击。这种来自网络领域的安全挑战是全方位、不对称和不确定的,它在挑战国家安全防线的同时也会动摇国家的声望。面对黑客这一非国家行为体时,①世界各国更需要联起手来开展情报交换和司法协助,共同打击恐怖组织和个人利用互联网从事恐怖活动,共同维护全球网络治理空间的秩序稳定。

　　第三,命运共同体加速全球网络合作。作为全球性公共产品,互联网的发展应该以国际社会的公共利益为最终取向,让世界各国都成为网络技术的受益者,从而实现网络科技造福全人类的愿景。地球是人类共同生存发展的美好家园,人们之间的关系因为互联网而变得更加紧密。当今世界,各国的经济发展、产业调整、社会生活和国家安全等都与他国高度相关,每个国家或地区都无法依靠自身的力量来追求其在网络空间中的绝对安全。层出不穷的网络安全威胁使得世界各国越来越成为"你中有我,我中有你"的命运共同体。越来越多的国家开始意识到网络安全事关一国的国家安全,追求稳定和谐的网络空间更多地依赖于国际合作而不是仅仅依靠技术手段。命运共同体的现实要求加速了国际社会新型大国关系的构建,促进了全球网络空间的国际合作。

第二节　中美在网络空间中的
竞争冲突

　　几十年前,中美两国领导人以战略家的政治勇气和智慧,实现了"跨越太平洋的握手",重新打开了中美交往的大门;②几十年后,中美关系在历史发展中不断前行,逐步朝着"不冲突、不对抗"的新型大国关系目标迈进。随着信息技术在全球范围内的加速发展,网络资源已经成为一国重要的基础设施和战略资源,网络安全程度更是成为衡量一国现代化和科技实力的重

---

① 沈逸.构建中国国家网络安全能力链参与开放环境下的复合博弈[J].中国信息安全,
　　2015(3):113-114.

② 叶君剑."亚洲与美洲:跨越太平洋的社会、历史及文化的联系和比较"国际学术研讨会在
　　浙江大学召开[J].浙江大学学报(人文社会科学版),2016,46(5):128.

要标志。网络空间的安全问题成为中美关系走向进程中的关键议题。确保全球网络空间的安全、健康和有序运行，形成一个既有网络自由又有良好秩序的虚拟世界，这不仅符合国际社会的共同利益，而且也符合中美两个互联网大国的利益诉求。人类命运共同体时代，两国的利益不断交融，但作为世界上最大的网络发展中国家和网络发达国家，中美在历史底蕴、社会文化和国际权力等领域还是存在着固有的冲突矛盾，使网络空间中的关系充满竞争性。

第一，网络空间主导权的竞争冲突。网络空间的较量关系到全球网络治理的体系格局和国际社会的发展方向，关系到国家的综合实力和战略优势。国际社会的无政府特征决定了世界各国在网络空间中的竞争也是无序的。《第三次浪潮》的作者阿尔文·托夫勒（Alvin Toffler）曾断言，"谁掌握了信息，控制了网络，谁就拥有整个世界"。① 正是在这种理念的驱动下，美国坚定不移地把网络信息优势看作是决定综合国力的关键因素。网络安全作为国家重要的基础设施，美国早已将其纳入国家战略的体系之中。美国在 2018 年的《新网络安全战略》报告中明确表示，从关键基础设施到空间探索，再到知识产权保护，美国都会从国家战略全局出发，在网络空间采取进攻性和防御性响应。② 实际上，从宏观上讲，美国已经拥有了全球互联网的控制权；从微观上来说，美国垄断了网络空间行为规则的主导权。中国作为世界上最大的网络发展中国家，信息技术也得到了跨越式的升级，并希望同世界各国一道共同参与全球网络空间的规则制定。两国在网络空间中的主导理念出现了冲突，中国提倡构建相互尊重、平等合作的治理关系，而美国则希望构建美国主导下的治理关系。

第二，网络空间文化价值的分歧冲突。民族文化是一个国家赖以存在和发展的基础，也是一个国家文明得以传承的重要因素。③ 在传统社会中，由于地理环境和通信技术的限制，文化的交流更多地发生在一国之内，但互联网技术的诞生使得世界上不同民族的文化之间得到了深度的沟通，实现了跨越疆域、超越时空的文化交流。互联网技术使得文化交流具有前所未有的开放性特征。网络空间的互动性和全球性特征使得网络文化的传播并没有统一的权力中心，正是这种无形的权力空间日益成为各国争抢的对象。某些国家带着"植入""同化"的企图，利用网络空间向广大发展中国家强势

① 阿尔文·托夫勒等.创造一个新的文明——第三次浪潮的政治[M].陈峰,译.上海：上海三联书店,1996：31.
② 美国 DHS 发布《网络安全战略》确定五大方向及七个目标[EB/OL].（2018 - 05 - 17）[2020 - 07 - 31].https：//www.sohu.com/a/231934394_257305.
③ 何自力.用绿色发展理念助推美丽中国建设[J].理论与现代化,2017(5)：5 - 9.

输出本国的价值理念和意识形态。托夫勒曾说，"世界已经离开了暴力与金钱控制的时代，而未来世界政治的魔方将控制在拥有信息强权的人手里，他们会使用手中掌握的网络控制权、信息发布权，利用英语这种强大的文化语言优势，达到暴力和金钱无法征服的目的"。① 美国利用网络空间"新媒体"多次指责中国不尊重人权，侵犯公民隐私，以此来强行干涉中国内政，扰乱中国的社会治理秩序。

　　第三，网络空间合作模式的矛盾冲突。美国一方面主张以国际互联网为基础的网络空间是"全球公域"，任何国家不得对其宣称主权；另一方面又凭借自身对全球互联网战略资源的垄断而大肆实施网络监控活动，以期实现其"网络霸权"的政治目标。目前，全球所有根服务器均由美国商务部国家电信和信息局掌握的互联网域名与地址分配公司（Internet Corporation for Assigned Names and Numbers，简称 ICANN）统一管理，为全球互联网提供域名解析和互联网协议地址管理服务。② 饱受美国"双重标准"之苦的网络发展中国家纷纷要求美国放弃对互联网名称和代码分配机构等组织的控制权。此外，联合国等国际组织也开始不再信任美国，强调其不得侵犯包括联合国在内的国际社会的公共利益。面对网络空间"一超多强"的局面，世界各国之间缺乏理解信任，在网络空间的合作模式上产生了严重的矛盾分歧。以中国为首的新兴经济体以及广大网络发展中国家主张在联合国框架下建立一个各国广泛参与、公正合理的网络空间治理机制，发挥国际电信联盟等组织在全球网络空间中的治理作用；而以美国为首的西方网络强国得益于 ICANN 等非政府主体尤其是私营部门主导的"多利益攸关方"治理的模式，因此，极力坚持网络安全和网络犯罪等问题不纳入国际电信规则，反对联合国插手网络空间基础架构的管理。

　　作为世界上网民数量最多的国家和网络资源占有量最多的国家，中美两国在网络空间的治理进程中仍存在着不少的竞争冲突。美国作为老牌的网络强国，占据着对国际互联网领域近乎垄断的控制地位，主导着全球网络空间的治理规则；中国作为新兴的网络国家，国际地位不断提升，互联网技术不断更新升级，在全球网络空间中有了更多的利益诉求，渴望为本国和广大发展中国家争取更多的主导权和话语权。四十多年来，中美两国都走过了不平凡的风雨历程，经验教训弥足珍贵。两国的关系发展实践证明，中美之间的共同利益

① 杨雄.网络时代行为与社会管理[M].上海：上海社会科学院出版社,2007: 22.
② Michael A. Froomkin. ICANN's Uniform Dispute Resolution Policy —— Causes and Partial Cures [J]. Social Science Electronic Publishing, 2016(605): 608 - 612.

远大于分歧。因此,中美虽然在网络空间的治理中存在着诸多竞争,但两国在网络空间中的共同利益和相互需求远远大于彼此之间的冲突,合作仍然将是助推两国关系向前发展的强劲动力。在网络空间动态的复杂化进程中,摒弃对抗的传统大国关系模式,而选择走合作的新型大国之路才是明智之举。

第三节　中美在网络空间合作的机遇与挑战

“网络空间”一词出自加拿大作家威廉·吉布森(William Gibson)的一部科幻小说。[①] 随着国际互联网的普及,全球化程度迅速加深,网络空间已发展成为各国不可忽视的战略性空间。当前,国际网络空间呈现无政府状态。[②] 各类行为主体矛盾重重,难以形成全球性的规范体系。当前网络安全已成为世界各国必须共同面对的难题,党的十九大报告中强调,中美在维护网络安全方面拥有共同利益,双方要利用好执法及网络安全对话机制,共同建设“和平、安全、开放、合作、有序”的网络空间,共同构建普遍安全的人类命运共同体。尽管两国在网络空间中存在竞争冲突,但这并不能够阻挡中美在求同存异的基础上开展网络安全合作,共同构建网络空间合作共赢的新型大国关系。

一、中美在网络空间中的合作机遇

科学技术无疆界,网络空间亦无疆界。[③] 任何国家都无法仅凭一己之力而有效地保障本国的网络安全。中国拥有 9 亿网民,是当之无愧的网络大国;美国坐拥全球信息核心技术,是公认的网络强国。国际网络空间统一规则的缺失、数字经济时代国家发展的要求以及全球网络空间安全问题的威胁都为中美两国携手治理国际网络空间、构建新型大国关系提供了前所未有的机遇。

第一,国际网络空间统一规则的缺失。现实世界已具备了一套相对成熟的全球治理体系,但在网络空间的全球治理进程中,公正、有力的统一规则仍然处于缺位的状态。欧洲推出的《网络犯罪公约》作为世界上规模和影

① William Gibson. Neuromancer[M]. Ace, 1984:3-11.
② 檀有志.网络空间全球治理:国际情势与中国路径[J].世界经济与政治,2013(12):25-42,156-157.
③ Cezar Peta. Cybersecurity —— Current Topic of National Security[J]. Public Security Studies, 2013(6):5.

响都最大的一项制裁网络犯罪的国际公约，对各个缔约国有关网络犯罪的实体性规则和涉及调查、起诉网络犯罪等工作的程序性规则进行了统一调整，但这一国际公约的内容主要是反映了网络发达国家的利益和诉求，在很多方面都只是片面体现了西方价值观，并没有考虑到绝大多数网络发展中国家的利益诉求，因此，在全球化的时代背景下具有很大的局限性。网络安全具备完整性、保密性、可用性、不可否认性和可控性五大特征，看似无懈可击，实则不堪一击。计算机系统的天然缺陷和人类的贪婪欲念使得网络安全变得漏洞百出。若无可供执行的公正的国际规则，网络空间安全将岌岌可危，严重威胁各国的政治、经济、外交、军事等各领域。2015 年美国总统奥巴马访华时，中美就网络领域的合作事宜达成"五点共识"，两国承诺共同制定和推动国际社会网络空间合适的行为准则。① 2017 年，中美双方决定就网络空间国际规则的制定事宜开展对话，以促进网络空间的国际和平与安全。②

第二，全球数字经济发展需要网络合作驱动。经济发展模式决定国家竞争形态。全球数字经济时代的来临伴随着大数据、云计算等高新技术的突飞猛进和互联网的迅速普及，数字经济依托信息化的数字技术，在商业模式、产品服务等方面实现了与实体经济的融合创新，从而带给用户全新的服务体验。互联互通的网络空间和迅速生成的数据资源是全球数字经济发展创新的基本要素，全新的经济模式促使国家间的竞争形态由零和模式逐渐趋向于双赢机制。美国是网络信息技术的发源地，主导着全球数字经济的发展方向，掌握着谷歌、甲骨文、苹果、微软等一系列网络核心产业链条，占据着数字经济发展的核心地位；中国的数字经济虽然起步较晚，但网民数量的迅速增长和互联网普及率的不断提升使得中国成为全球数字经济增长重要的推动者和助力者。中美两国应像解决现实国际政治矛盾一样来处理数字经济时代的竞争问题，坚持求同存异、务实合作，在差异中求和谐，在合作中促发展，从而形成公正、有爱、合理的国际网络治理规范。③ 促进世界的和平与发展，首先要维护国家的安全稳定；没有国家的安全稳定，就谈不上世界的和平与发展，全球数字时代的来临，为中美构建新型大国关系提供了合作的经济动因。

第三，全球网络安全问题日益严重。互联网的"超空间性"决定了其隐藏的威胁变幻多端，不仅对发展中国家的网络安全存在威胁，而且对于发达

---

① 网络安全，中美合作谋共识[EB/OL].(2015 - 09 - 20) [2020 - 07 - 31]. https：//world.people.com.cn/n/2015/0920/C1002 - 27608454.html.

② 中美元首会晤达成多方面重要共识[EB/OL].(2017 - 11 - 10) [2020 - 07 - 31]. https：//www.xinhuanet.com/mrdx/2017 - 11/10/c_136742154.htm.

③ 秦安.合作共赢，共同探索网络空间行为准则[J].中国信息安全，2015(10)：27.

国家而言,网络威胁同样也是无处不在。网络安全问题一直是中美关系发展进程中的关键问题。2017 年 11 月 9 日,美国总统特朗普访华时双方就网络空间安全问题进行了深入的对话,两国同意继续执行 2015 年达成的网络安全合作五点共识,加强在打击网络犯罪和网络保护问题上的合作,包括网络安全信息共享和关键基础设施网络安全保护领域。① 按照复合相互依赖的看法,脆弱程度的高低取决于国家能够获得的替代选择及付出的代价。②在应对全球网络安全方面,中美两国对彼此的依赖程度日益加深,在没有多少替代性选择时,只能通过相互合作来解决本国的网络安全问题。中美两国应求同存异、相向而行,力避守成大国与崛起大国间的"修昔底德陷阱",③中美应共同建设"互相尊重、公平正义、合作共赢"的新型大国关系。中国以"合作共赢"为核心的新型国际关系理念的提出为中美两国了解和尊重对方在网络空间领域内的重大利益和核心关切,合力推动网络空间新秩序的构建提供了政治动因(见图 16-2)。

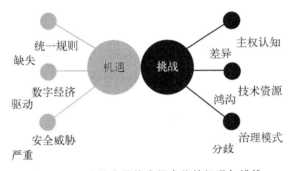

图 16-2　中美在网络空间合作的机遇与挑战

二、中美在网络空间中的合作挑战

第一,中美两国在网络空间技术资源上存在差距。多年来,美国始终掌控着全球互联网领域的绝对话语权。目前,互联网关键汇集渠道是全球共有的 13 台根服务器,而其中唯一的主根服务器就在美国,全球信息的核心节点周转也在美国。④ 此外,全球大部分用户经常使用的软硬件设备、信息

---

① 钱红青,叶景.中美元首会晤达成多方面重要共识[N].云南日报,2017-10-10.
② 罗伯特·基欧汉,约瑟夫·奈.权力与相互依赖[M].门洪华,译.北京:北京大学出版社,2002:13.
③ 陈永.反思"修昔底德陷阱":权力转移进程与中美新型大国关系[J].国际论坛,2015,17(6):8-13,77.
④ 于世梁.浅谈根域名服务器与国家网络信息安全[J].江西行政学院学报,2013,15(2):77-80.

运营的关键设备厂商均来自美国，我们不得不承认美国在信息和通信技术领域拥有绝对优势，全球关键核心技术都牢牢掌握在美国的手中，且中心国家的优势不断在扩大。① "棱镜门"事件及后来曝光的"巧言计划"均展示了美国在网络监控、海量数据的挖掘及收集和分析技术等领域的领先地位，同时也暴露了其他国家在网络空间中的不足。2018 年以来不断升温的中美贸易战也为中国的网络科技发展再次敲响了警钟。我国正经历信息化的跨越式发展，但信息技术和互联网的产业水平都远远落后于美国，基础的安全措施无法确保国家网络的根本安全。国际网络空间秩序一直由美国主导，中国等发展中国家的利益诉求得不到真正的满足。中美之间巨大的网络安全技术鸿沟使得两国在网络空间治理规则上难以达成一致。

第二，中美两国在网络空间治理方式上存在争议。美国的公民社会发达，公私合作组织、行业协会、技术产业联盟以及智库等非营利性组织主导了国家网络治理的规则与实施标准，政府隐藏在后台扮演着协调者的角色，其倾向于通过制定国内法律来划分政府与私人企业之间的网络责任关系。由于美国网络关键基础设施大部分由私人企业运行，因此，美国的网络安全更加注重维护私人部门的网络利益，例如美国的《网络安全信息共享法案》旨在改善私人部门的网络安全问题。② 而中国主张"政府主导，各方参与"的网络治理模式。目前，政府主导下的行业协会、企业、社会团体等私营机构共同参与的治理模式在当代中国具有适应性和迫切性。因此，中国的《网络安全法》主张网络主权和国家管控，政府将对网络空间进行不间断的监测、管控，以期实现稳定网络秩序的目标，中国将更加注重通过立法来维护国家的政治和军事安全。中美两国在网络空间治理模式上的差异也导致了双方的网络治理合作难以达成共识。

第四节　新型大国关系引领下的网络治理路径

中国将秉持共商共享共建的全球治理观，倡导国际关系民主化，坚持国家不分大小、强弱、贫富，一律平等，支持联合国发挥积极作用，支持扩大发

①　伊曼纽尔·沃勒斯坦.现代世界体系(第一卷)：16 世纪资本主义农业和欧洲世界经济的起源[M].龙来寅等,译.北京：高等教育出版社,1997：215 - 224.

②　吴同.美国《网络安全信息共享法案》的影响与应对[J].保密科学技术, 2016(2)：50 - 51.

展中国家在国际事务中的代表性和发言权，这是中国作为负责任大国对全球治理体系改革和建设所贡献的中国智慧与力量。世界命运应该由各国共同掌握，全球事务应该由各国共同商量。① 在大数据时代，网络已经渗透到国家政治、经济、军事等各个领域，世界各国应树立合作持续的全球网络安全治理观念，共同维护网络空间主权，共商网络空间秩序的推动，共享网络信息技术资源，共建网络空间人类命运共同体，努力走出一条互利共赢的全球网络安全治理之路。

第一，尊重各国网络空间主权，维护国家疆域安全。网络空间已经成为国家和人们社会生活的新领域，互联网的普及打破了作为主权国家的政府垄断信息的特权。在信息革命和全球化趋势的背景下，国家主权地域性特征与网络空间超国界性特征之间的矛盾成为全球网络治理的难题，网络空间再主权化理论已成为一种新的趋势。中国非常重视网络空间主权，一直奉行防御性的网络空间安全战略。2017 年 6 月 1 日正式施行的《中华人民共和国网络安全法》第 1 条就明确指出"维护网络空间主权和国家安全"的立法宗旨。② 美国等西方网络发达国家主张"网络自由主义"，宣称人权高于主权，反对国家对网络空间的管制。③ 如果否认网络主权的存在，中国等网络发展中国家在关键信息技术和资源缺失的条件下，根本没有任何资格参与网络空间的国际合作，网络领域将沦为发达国家的全球公域。网络发展中国家应以国际法为原则，强化网络主权概念，寻求国际社会对本国网络主权的尊重，从而在全球网络治理体系中为自己赢得更多的话语权。网络发达国家应该在相互尊重的基础上，摒弃传统的霸权主义思维，与广大发展中国家平等协商，共同发展。

第二，推行合作共赢理念，构建网络空间命运共同体。人类离不开和谐的网络，社会发展也离不开和谐的网络。网络空间及其资源是全人类共有的财富，维护网络空间安全符合全人类的共同利益。网络空间的开放性和跨国性决定了网络治理涉及主权国家、跨国公司、国际组织、行业协会等多个利益攸关体。深化网络空间的国际合作，不能以单纯维护一国或少数主体的网络安全、网络利益为目标，应坚持多边协商、共同参与，发挥各种主体

① 习近平：世界的命运必须由各国人民共同掌握[EB/OL].（2015 - 08 - 09）[2020 - 07 - 31].http：//www.xinhuanet.com/politics/2015 - 08/09/c_1116192264.htm.
② 张新宝，许可.网络空间主权的治理模式及其制度构建[J].中国社会科学，2016（8）：139 - 158，207 - 208.
③ 王明进.全球网络空间治理的未来：主权、竞争与共识[J].人民论坛·学术前沿，2016（4）：15 - 23.

的积极作用。因此,合作共赢的理念正逐渐演变成为网络空间治理的主流思想,其强调在全球网络空间治理理念和架构下充分考虑不同国家的切身需要。网络安全治理应建立在各个国家广泛参与和平等协商的基础之上。① 特朗普上台后,经常以国家安全为由加征钢铝关税,加强对新兴关键技术的出口管制,这一做法与网络全球化的浪潮背道而驰。习近平主席在第三届互联网大会上提倡全球网络空间实行"政府主导、多边参与、共享共治"这一突出人类共同福祉的治理模式,主张遵循全球化的规律,平衡各方利益关切,共同构建网络空间命运共同体。中美两国在全球化时代的共同利益日益增多,相互依赖程度日益加深,以合作共赢的新型关系取代传统的零和博弈是推动网络空间全球治理的必然选择。

第三,突破信息核心技术,打破网络发达国家的垄断。一个国家网络疆域的大小与其综合国力的强弱呈正相关关系,即网络疆域大的国家,综合国力相对强大;反之,则相对较弱。② 国家在参与全球网络空间治理过程中存在着权力不均衡的现象,以美国为首的发达网络国家凭借着得天独厚的技术优势和信息资源主导着网络空间治理体系的话语权,在网络空间治理格局中占据着至高的位置。网络发达国家与网络发展中国家之间巨大的技术鸿沟成为网络空间全球治理规范难以形成的重要原因。特朗普挑起对华贸易战的本质就是创新争夺战。中国等网络发展中国家只有突破网络发达国家的核心技术和关键资源的垄断地位,才能在全球治理中发出自己的声音,掌握更多的话语权。在核心技术方面,网络发展中国家应致力于研发拥有本国自主知识产权的网络技术和设备,争取在高性能计算机与软件、智能终端操作系统等技术领域实现自主可控;在信息产业方面,网络发展中国家应大力支持国有品牌走出国门,从软件、系统、产品等全方位构建完善的信息产业生态链条;在信息改革方面,网络发展中国家应积极参与全球根服务器的竞争,与各国一起协商制定更为完善的下一代根服务器运营规则。只有消除网络发达国家的技术垄断,才能使发达国家与发展中国家在平等地位上对话协商,最终促进网络空间治理的全球合作。

第四,制定统一国际规范,打造网络空间治理新秩序。网络的快速发展已将人类生存的现实世界紧密地联结在一起,构建一个和谐有序的网络空间需要各利益攸关体在平等尊重、互利互助的基础上共同推进网络治理体

① Scott J. Shackelford. Toward Cyberpeace: Managing Cyberattacks through Polycentric Governance [J]. American University Law Review, 2013(5): 1273-1364.
② 余丽.互联网对国际政治影响机理探究[J].国际安全研究, 2013,31(1): 105-127,159.

系的完善。首先,全球网络空间治理新秩序的构建需要制定统一的网络空间安全规范。目前,网络空间领域还没有一个被各国普遍接受的国际规则,治理措施在各行为体之间缺乏强制力,未来以美国为首的网络强国和以中国为首的网络大国应本着求同存异、务实合作的诚意,平等处理各方利益关切,推动国际空间统一规范的制定。其次,需要构建解决网络重大冲突的国际仲裁组织,国际网络安全信息组织的建立能够使各国以平等的方式实现互联互通,改变少数国家利用自身优势制造网络不平等的格局。再次,需要构建中立的网络基础设施,当前制约世界各国平等协商、实现共享共治的最大阻碍就在于核心技术和信息资源分布的不合理,未来应积极发挥联合国等国际组织在网络空间治理中的重要作用,将根服务器等基础设施交由各国认可的国际组织保管,明确各国的权利义务。网络空间新秩序的构建是完善全球网络治理体系的关键环节,有利于营造一个公正、繁荣、安全的网络领域。

网络作为通信技术工具的重要性日益突出,以至于越来越多的人将其称为信息时代的全球性基础设施,为网民提供互联网服务则成为现代社会一种必需的"公共物品"。随着世界对网络的依赖程度越来越高,网络的脆弱性也逐步暴露,各种网络病毒、恶意代码、垃圾邮件严重影响着网民的正常生活,甚至是一国的安全稳定。网络安全问题正在逐渐成为一种世界性的问题,各国在全球化时代紧密依存。国家在网络空间中的关系处于竞争与合作的混乱状态,难以划分敌友。在这种形势下,以对抗为特征的传统大国关系已经无法解决网络空间面临的安全挑战,"不冲突、不对抗、相互尊重、合作共赢"的新型大国关系既符合中美两个网络大国在网络空间的利益诉求,也符合世界上大多数人求和平、谋发展的美好愿望。

中美两国在网络空间的话语主导、文化价值和合作模式等领域存在着严重的竞争冲突,但这并不能阻挡两国在面对网络安全这一全球性问题时选择建立"相互尊重和合作共赢"的新型大国关系,这是一种在网络空间良性竞争中寻求合作的大国关系,是在求同存异中分享权利并分担责任的新型关系。以合作共赢取代零和博弈,以共享共治取代霸权争夺。构建中美网络空间新型大国关系不仅符合中美两国人民的根本利益,而且也将对全球网络空间的治理与稳定产生积极的作用。

第十七章 整体性分析：全球视野下 网络空间治理的优化

随着全球化浪潮的不断推进,网络空间已逐步成为全球治理的重要领域。我国顺应数字经济的发展要求,倡导建设互联互通、共享共治的"网络空间命运共同体",以应对国际网络空间治理赤字的安全挑战,构建全球网络治理的新秩序。作为全球网络空间新秩序的重要构建者,中国将积极践行"人类命运共同体"理念,为全球网络治理贡献更多的中国智慧和中国方案。

第一节 全球网络空间的治理模式

2015年12月,习近平主席在第二届互联网大会开幕式的讲话中明确提出了构建"网络空间命运共同体"的新时代治理设想。① 随着社会历史的向前演进,人类政治重心逐步由统治走向了治理,由民族国家统治走向了全球治理。全球治理是定义、构成以及调和国际社会中公民、社会、市场和国家之间关系的法律、规范、政策和机构的总和。"网络空间命运共同体"思想是我国根据信息技术的变革走向,在顺应数字经济发展要求的基础上提出的治理网络空间的新思想、新方案。

网络空间是一个兼具复杂性和动态性的虚拟现实空间。我们享受网络技术在发展经济、提升服务、增加财富等领域带来好处的同时,却又不得不面临着网络恐怖主义、网络犯罪、网络攻击等安全挑战。经济全球化和世界多极化使得各国既相互依赖,又相互竞争。全球网络空间治理需要各国携手前行,但如今却陷入了缺乏共识的实践困境。中国提出构建网络空间命运共同体的倡议不仅有利于化解目前全球网络空间的矛盾和困境,还会将

---

① 习近平在第二届世界互联网大会开幕式上的讲话(全文)[EB/OL]. (2015-12-16) [2020-07-31]. http://www.xinhuanet.com/politics/2015-12/16/c_1117481089.htm.

越来越多的国家纳入全球网络空间的治理体系之中。受益于人类命运共同体的中国方案,国际社会应共同构建和平安全的网络空间新秩序。

习近平主席在第二届世界互联网大会开幕式演讲中提到,世界因互联网而更多彩,生活因互联网而更丰富。互联网是 20 世纪最伟大的发明,它超越了自然在地理空间、气候资源等方面对人类的限制,构建了一个全新的社交空间。全球互联网治理是这个时代国际关注的核心议题之一。① 网络空间一直处于不断的演进之中,大数据、云计算、物联网等新技术不断扩展网络空间的外延,信息通信技术的不断突破加速了人类传统社会的解构与重建。网络空间的虚拟性和开放性决定了其本质上应该是自由的,但它的脆弱性和全球性特征又要求其不能无所束缚。

一、自由主义与“多利益攸关方”理论

网络空间是人类通过数字化方式,连接各计算机节点,综合计算机技术、通信技术、网络技术以及人机界面技术等生成的虚拟世界,这个全新的空间兼具着有别于现实世界的开放性和无权威性特征。② 网络空间对每一个进入其中的人平等开放,不问年龄、国籍、性别、出身,无谓“高低贵贱”,每一个“网民”都可以在其中找到自己全新的生活方式。这一匿名空间并不具备法律意义上“领土完整”的规制,在网络空间中,一切都是畅通无阻的。只需轻轻一点鼠标,你就可以到世界上任何一个国家,无论距离远近。此外,它还克服了现实世界中的时间差,使即时对话成为可能,人们的谈话无异于面对面的交流,这种焕然一新的时空支配模式完全打破了民族国家的地理界限,让世界真正实现了“天涯咫尺”。网络空间的开放性和无权威性绘制了一张由网络技术相互连通而没有控制中心的世界地图,它对所有人开放并将传统权力结构不断分散化。③ 现实国家的边界与疆域都失去了意义。互联网的兴起对传统国家地理边界和治理方式的颠覆是网络自由主义范式兴起的背景。

第一代网络自由主义论者约翰·佩里·巴洛(John Perry Barlow)和托德·拉平(Todd Lapin)认为,“网络空间造就了现实空间绝对不允许的一种社会——自由而不混乱,有管理而无政府,有共识而无特权”。④ 网络空间

---

① 王明国.网络空间秩序转型的国际制度基础[J].全球传媒学刊,2016,3(4):24-35.

② Buchanan. Attributing Cyber Attacks[J]. Journal of Strategic Studies, 2015,38(1):4-37.

③ 曼纽尔·卡斯特.网络社会的崛起[M].夏铸九等,译.北京:社会科学文献出版社,2003:1-4.

④ Sach Jayawardane, Joris Larik and Mahima Kaul. Governing Cyberspace: Building Confidence, Capacity and Consensus[J]. Global Policy, 2016, 7(1):66-68.

自由主义理论的发展深受全球治理理论的影响。詹姆斯·N.罗西瑙（James N. Rosenau）在其主编的《没有政府的治理：世界政治中的秩序与变革》一书中写道："在以国家为中心的国际体系之外，还存在着一个由其他各种集体行动组成的多元中心体系的存在，为了争夺权威，他们时而竞争、时而合作，并与国家为中心的国际体系之间开展了永不停止的互动"。① 由此可见，网络空间自由主义论强调全球网络治理就是要打破国家中心体系，建立没有政府管制的治理模式，主张网络空间应由各个网络社区的"公民"自我管理，由各种代码规则、软件和硬件实现对网络空间的管理。

　　1966年，约翰·巴罗（John Barrow）在瑞士达沃斯论坛上发表了著名的《网络空间独立宣言》。② 这一宣言不仅吸收了全球治理中"没有政府的治理"这一理念，而且还结合网络空间开放性和无权威性的特征，将其视为一个独立于国家之外的无主权空间。在这一背景下，"多利益攸关方"模式应运而生。互联网社群和国际政治学者对这一治理模式有着不同的理解。在互联网社群看来，"多利益攸关方"是一种组织治理或者政策制定的组织架构，目标在于让所有受到治理和政策制定影响的利益攸关方共同合作，参与对特定问题和目标的对话、决策和执行。根据国际政治学者的观点，"多利益攸关方"指网络空间的全球治理架构及其相关制度原则的建立应体现广泛的国家和非国家行为体等范畴的利益攸关方的切身关注，其实质就是全球网络空间治理组织的"扁平化"、治理决策的"民主化"和治理权威的"去中心化"。在这一治理模式中，国家的权威将让位于公民和社会组织，网络空间的开放性和无权威性使得国家主权的边界越来越模糊。"多利益攸关方"治理模式更加关注对个体的强调和对国家主权的否定。如图17-1所示，其主张互联网治理应该是自下而上的，政府、市场和社会之间应该区分各自在网络空间中的职能，并基于共识将国家政府管制排除在外。

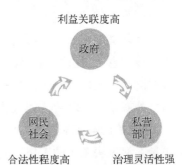

图17-1　政府、网民社会和私营部门的角色职能

　　"多利益攸关方"的治理模式得到了网络发达国家的青睐，互联网自由主义成为网络强国挑战其他国家网络主权的有力武器。美国凭借网络技术

　　① 詹姆斯·N.罗西瑙.没有政府的治理：世界政治中的秩序与变革[M].张胜军，刘小林，译.
　　　南昌：江西人民出版社，2001.
　　② 何百华.因特网的新界限[J].国外社会科学文摘，2001(11).

和信息霸权长期占据着金字塔的顶端，主张网络空间是全人类共同享有的"公共领域"，强调网络自由、网络空间无主权，排斥世界各国政府对网络空间的管控，倡议全球网络空间治理应由私营企业和公民社会等非政府间组织主导。

二、现实主义与"政府主导"理论

网络空间是现实空间在虚拟社会的延伸。现实与虚拟的双重属性最终导致网络条件下私人领域和公共领域界限的模糊，这种模糊性非常容易引起网络空间的混乱无序状态。网络空间的开放性特征使得人们可以根据自己的需要和爱好进行网络活动，这就为网络犯罪埋下了巨大的隐患。网络空间的匿名性特征带来了网络信息的混杂性与不透明性，容易产生大量负面消息，影响正确的舆论导向和价值判断。网络空间的脆弱性引发了网络攻击的猖獗，知识产权和个人数据信息受到严重的侵犯，甚至国家安全都不能幸免，例如，2003年的伊拉克战争，由于打印机被预先植入病毒而导致网络瘫痪；①2010年伊朗的数处核设施感染"网震"病毒导致离心机组被迫关闭；2017年席卷全球的勒索病毒导致各国社会基础设施瘫痪；②2018年脸书（Facebook）有8700万名用户信息被盗而引起全球恐慌；③2019年全球网络犯罪损失超35亿美元。网络攻击、网络犯罪、网络恐怖主义使得国际社会对网络空间的规制成为必要和紧迫的需要。④

互联网就像一条大河，在滋润两岸土地的同时也带来了泥沙俱下，在各类科技信息、文化信息、商业信息中夹杂着垃圾信息、色情信息、暴力信息、造谣诽谤信息以及破坏性程序、计算机病毒等。而这条"大河"管理者的两难之处就是：如果给大河安上阀门，那么泥沙是堵住了，但水源也就干涸了；如果给大河实施过滤，可能会达到目的，但这恐怕是一件从技术上和工作量上都无法完成的工作。面对网络空间失序给现实世界带来的混乱，各国出于对国家安全、社会安定以及公民权利的保护考虑，都不约而同地选择了强化网络治理。网络自由主义弱化，而网络现实主义正强势回归。

---

① 魏岳江.全球范围的网络军备竞争[J].网络传播,2011(7).

② 细数2017年全球最惊心动魄的网络安全事件[EB/OL]. (2018-01-02) [2020-07-31]. http://www.sohu.com/a/214147144_133315.

③ 盘点2018年十大数据泄露事件：8700万脸书用户信息被盗[EB/OL]. (2018-12-18) [2020-07-31]. https://xw.qq.com/cmsid/2018121212A13E2M00.

④ 网络安全数据统计：2019年全球网络犯罪损失超35亿美元[EB/OL]. (2020-05-16) [2020-07-31]. https://baijiahao.baidu.com/s? id = 1666850567597392235&wfr = spider&for=pc.

现实主义理论者认为,网络空间虽然是虚拟空间,但其所依赖的网络基础设施仍建立在一国境内,国家主权理应延伸到网络空间治理中。开放性和无权威性特征提升了网络空间中跨国公司、国际机构和非政府组织等非政府行为体的重要性,但国家依旧是网络空间的主要行为体的事实并没有被改变。弥尔顿·L.穆勒(Milton L. Mueller)认为,"网络自由主义的理念过于幼稚和不现实,没有国家的参与根本无法解决互联网治理中出现的种种问题"。① 世界各国一直将网络空间全球治理视为对空间中权力与资源的争夺。大规模数据监控、网络经济犯罪和网络恐怖主义等安全事件的频发又让各国深切感受到,应该加快网络空间的全球治理进程,建立相应的国家机制以规范网络空间秩序,确保国家网络安全。因此,"政府主导"的网络治理模式呼之欲出。

网络空间治理进程实质上是大国之间实力的博弈,"政府主导"的网络治理模式是以各主权国家的政府部门以及次国家的政府当局为主要治理主体,更强调国家在网络空间治理中的主导权和领导权,而非"多利益攸关方"模式所主张的平等参与权。网络空间从一个"开放的"公共空间逐步变成一个"受制约"的虚拟空间,国家和政府借助主权概念和传统权力通过法律化和制度化的途径来捍卫自己在网络空间中的主权权威。例如,美国向来标榜其自由的市场经济,但其却是世界上拥有互联网法律最多的国家。② 网络空间现实主义证实网络安全作为非传统安全因素,对国家安全乃至全球安全有着至关重要的作用。"政府主导"的治理模式彰显出网络空间并非法外之地,网络空间的秩序与安全需要国家和政府行为体的治理。

第二节　全球网络空间新秩序的
构建困境

未来学家阿尔文·托夫勒认为,"由于变化速度像赛车一样迅猛,现实有时就像一个失去控制的万花筒,如果我们以新的眼光来观察这样的变化速度,很多在目前看来好像很突然、无法理解的现象就会变得不那么难了。因为变化的加速不仅冲击了工业国家,而且成了一股强劲的力量,深入我们

①　弥尔顿·L.穆勒.网络与国家:互联网治理的全球政治学[M].周程等,译.上海:上海交通大学出版社,2015:3-4.
②　侯宇宸.美国网络监控项目法律保障体系及其启示[J].信息网络安全, 2014(9):189-192.

个人生活内部，逼迫我们扮演新的角色"。① 与传统社会相比，互联网技术构建了一个虚拟空间，它在给社会发展带来积极影响的同时也引发了层出不穷的社会问题。习近平总书记曾在 2018 年的全国网络安全和信息化工作会议上强调，"推进全球互联网治理体系变革是大势所趋、人心所向"，但网络发达国家与网络发展中国家在网络空间秩序重建、属性认知、规则建立、权力分配等方面仍存在较大分歧，严重阻碍了全球网络空间新秩序的构建进程。

第一，现有网络空间秩序是否需要重建。冷战结束后开启了一个新的时代，全球化进程发展迅速、非传统安全威胁增加、治理行为体多元，国际权力呈现出一超多强的格局。美国和欧洲发达国家仍然拥有网络空间的主导权和控制权，②但世界发展中新兴经济体也在不断崛起，最具代表性的就是中国、巴西、俄罗斯、印度和南非等金砖国家。国际地位的提升使得它们越来越关注自身在网络空间中的话语权和分配权。从某种意义上讲，未来全球网络空间的秩序取决于网络发达国家与网络新兴国家之间的互动关系。美国和欧盟等老牌网络发达国家认为目前现有的全球治理秩序虽然面临着技术变革和网络安全的巨大挑战，但是整体上还是有效运转的，因此，主张维持现状，不赞成重建全球网络空间新秩序。③ 关键的网络基础设施资源和信息通信技术都掌握在美国等网络强国手中，混乱的秩序状态为它们输出西方价值观，并将这些价值观渗透到网络发展中国家和新兴国家提供了便利。然而，全球治理秩序应该适应世界各国的发展现状，并根据网络空间的变化进行调整才能有效应对出现的新问题和新挑战。现有的网络空间秩序是由西方发达国家设计和掌控的。随着中国、印度、巴西等发展中国家的崛起，越来越多的网络新锐国要求改变目前网络资源不均衡的治理现状，努力争取更多的网络话语权。如果现有秩序体系不能容纳网络新兴国家的发展要求或继续偏袒西方网络发达国家的话，全球网络空间秩序必然面临失灵的困境。

第二，网络空间是否属于"全球公域"。当前网络空间的秩序构建面临着国家或地区利益与人类共同利益间的矛盾、人类在网络空间的活动增加与网络治理机制滞后间的矛盾以及人类的开发利用与有效治理间的矛盾等

---

① 阿尔文·托夫勒.未来的冲击[M].蔡伸章，译.北京：中信出版社，1996：4.

② Viktor Nagy. The Geostrategic Struggle in Cyberspace between the United States, China and Russia[J]. Arms Academic & Applied Research in Military Science, 2012, 11(1): 13 - 26.

③ 崔保国，孙平.从世界信息与传播旧格局到网络空间新秩序[J].当代传播，2015(6)：7 - 10.

几大冲突。从根本上说，造成这些冲突的根源就是对于网络空间缺乏理念共识。极地、太空、深海以及网络空间等人类新疆域究竟是属于"全球公域"还是"无主之地"，对这一问题的不同回答折射出世界各国对网络空间属性的认知差异。全球网络空间治理本质上就是全球公利与国家私利之间的博弈过程，如果各大国家行为体对网络空间属性的认知存在分歧，那么，它们的治理主张以及秩序构建路径则一定会截然不同。美国支持"全球公域"说，①即网络空间属于全人类共同享有，任何行为体的活动都应该建立在遵循其他国家的利益基础之上。作为网络霸权国，美国一直将网络空间视为其新的战略空间，鼓吹网络自由意在淡化网络空间的主权属性，排斥其他国家在全球网络领域内的主权管辖实际上是为了追求超越国家主权范围的"全球网络主权"，而中国等网络发展中国家则主张网络空间有主权。② 网络虚拟空间仍然属于一国的管辖范围之内，新兴网络国要求共享网络技术的发展成果，共建网络空间新秩序，共商网络治理新模式，反对网络霸权主义。网络空间的复杂性和动态性增加了国际社会对其进行治理的难度，各国间理念认知的分歧一度让网络空间的新秩序构建陷入困境。

第三，全球网络新秩序的构建缺乏统一的法律规制。从计算机病毒诞生至今，网络社会就不断与各种病毒、黑客相较量。近年来，网络侵权和网络犯罪频发，各国必须携手共同应对。为保障网络安全，早在1996年，国际社会就在民商事领域制定了《知识产权组织版权条约》和《知识产权组织表演及录音制品条约》。③ 然而20多年过去了，关于国际网络空间立法规制却进展缓慢。发达国家与发展中国家等各类立法主体之间矛盾重重，难以形成普遍的全球规范。目前国际网络空间的立法规范主要以各国签订的条约或国际组织的决议等为主，不仅数量有限，而且不具备执行强制力，无法达到构建全球治理新秩序的效果。《打击网络犯罪公约》是欧洲各国自主签订的多边协议；《塔林手册》是欧美国家为规范网络空间秩序而制定的新准则，这些双边或多边协议带有浓重的西方主义色彩，以西方国家的网络霸权为主导，不具有普遍约束力。④《日内瓦行动计划》和《突尼斯议程》等网络规范都源于国际会议或

① 黄梦竹.美国网络空间政策未来走向初探——基于两位总统候选人政策主张的比较分析[J].信息安全与通信保密，2016(11)：54-60.
② 秦安.加速推动网络空间主权落地生根[J].中国信息安全，2017(5)：33.
③ Daniela Maresch, Matthias Fink and Rainer Harms. When Patents Matter: The Impact of Competition and Patent Age on the Performance Contribution of Intellectual Property Rights Protection[J]. Technovation, 2016, 57(9)：14-20.
④ 陈颀.网络安全、网络战争与国际法——从《塔林手册》切入[J].政治与法律，2014(7)：147-160.

国际组织的决议，缺少强制执行力。如果治理机制陷入已有的理念中而停滞不前，那么，它就无法解决当今社会所面临的重大挑战，结果只能导致治理赤字，使得正在历经重大变革的网络空间因秩序失灵而陷入困顿。

第四，全球网络空间利益分配不均衡。全球网络治理顺应了世界历史发展的内在要求，理论上有助于在全球化时代构建网络空间新的秩序规则，但发达国家和发展中国家不仅在经济基础上存在巨大差距，而且在网络空间的资源占有上也存在着难以跨越的数据鸿沟。我们可以依据网络基础设施建设状况、人均占有互联网设备数量以及互联网用户规模等几个主要指标将世界各国划分为"网络发达国家"和"网络发展中国家"，它们在网络空间中享受的利益划分和诉求截然不同。各国在参与全球治理的过程中存在着权力不均衡的现象。① 美国作为世界上唯一的网络霸权国，既是互联网技术的发源地、网络关键基础设施的控制国，同时也是对互联网依赖程度相对较高的国家。以美国为首的网络发达国家牢牢掌握着全球网络空间秩序构建的话语权优势，网络信息技术的发展为西方国家提供了先机和主导权，因此，网络强国致力于借助网络形成新的殖民体系，从而维护其历史上已经形成的"中心—边缘"结构，并继续从处于边缘的国家汲取超额利润。② 目前无论是软件技术还是硬件设施都由网络发达国家所垄断，网络发展中国家为此要支付昂贵的使用费用，由于技术资源的垄断和利益的分配不均使得网络发展中国家的利益不断受损，如不改变现状，全球治理秩序将难以为继。

第三节　打造全球网络空间
新秩序的中国方案

面对全球网络空间新秩序的构建困境和安全挑战，国家主席习近平在第二届世界互联网大会的开幕式讲话中指出，网络空间是人类共同的活动空间，网络空间的前途命运应由世界各国共同掌握。各国应该加强沟通、扩大共识、深化合作，共同构建网络空间命运共同体。③ 这一重要论述是对现

---

① 任琳.全球公域：不均衡全球化世界中的治理与权力[J].国际安全研究，2014，32(6)：114-128，154.

② 伊曼纽尔·沃勒斯坦.现代世界体系(第四卷)——中庸的自由主义的胜利：1789—1914 [M].吴英，译.北京：社会科学文献出版社，2013：5.

③ 习近平在第二届世界互联网大会开幕式上的讲话(全文)[EB/OL]. (2015-12-16). [2020-07-31]. http://www.xinhuanet.com/politics/2015-12/16/c_1117481089.htm.

存国际关系中所形成的"均势"与"霸权"两种国际秩序的超越，①既包含了中国特色的价值意义，又顺应了全球治理发展的现实需求。

一、网络空间命运共同体的价值意义

"网络空间命运共同体"在本质上是指在网络空间里存在的、基于世界各国彼此之间相互依存、相互联系、共同掌握网络空间的前途与命运特征的团体或组织，包括有形的共同体和无形的共同体。② 如图 17－2 所示，这一理念中兼收并蓄的前提有助于增强各国之间的沟通交流，化解网络空间的认知分歧；合作共赢的核心有助于促进各国的理解信任，改变网络空间权力不均的格局；安全秩序的目的有助于保障各国的和平稳定，共建网络空间的国际规则。

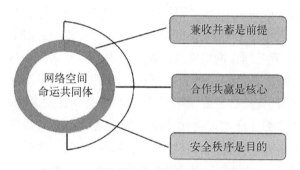

图 17－2　网络空间命运共同体的价值底蕴

第一，兼收并蓄是前提。习近平总书记在第二届世界互联网大会的开幕式的讲话中表示，中国愿意通过网络空间架设国际桥梁，打造网络文化交流平台，促进交流互鉴。互联网突破了人与人之间、人与媒体之间的壁垒，不用面对面就可以实现信息的即时化、互动性沟通。网络的开放性和参与性特征使得这种互动超越了国界，使整个地球变成了一个"村庄"。③ 各类文明在这里交流碰撞，人们在越来越多的文化交流中产生了更多的价值认同。价值认同不是脱离各个民族的价值而独立存在的抽象价值共识，而是在人类文明进步和与各民族文化交流中逐步形成的对某些基本价值的认

①　蔡拓,陈志敏,吴志成,刘雪莲,姚璐,刘贞晔.人类命运共同体视角下的全球治理与国家治理[J].中国社会科学,2016(6)：204－205.
②　林伯海,刘波.习近平"网络空间命运共同体"思想及其当代价值[J].思想理论教育导刊,2017(8)：35－39.
③　虞爽.应对网络空间的国家安全挑战：一场虚拟与现实交织的博弈[J].世界知识,2016(6)：14－24.

同。每个民族都有自己特色的文化传统，由于价值理念的不同，不同国家对同一问题的理解也会千差万别。"网络空间命运共同体"以兼收并蓄为前提，坚持各国文化和而不同，以文明交流超越隔阂，以文明共存化解矛盾，有助于推动世界各国相互理解、相互信任，在秩序构建与网络性质等方面达成共识，共建多彩的网络空间。

第二，合作共赢是核心。中国向来坚持合作共赢的外交原则，主张中国的发展离不开世界，世界的繁荣也需要中国，这一理念在"网络空间命运共同体"中得到了完整体现。① 网络空间的开放性特征决定了世界各国在参与全球网络治理的过程中拥有平等的权利，每个国家都有独立自主选择互联网发展战略、管理模式和制定政策的权利，但在人类命运共同体的全球化时代，网络空间所面临的挑战和威胁关系到整个人类的发展空间和生存命运，单单依靠某一个国家或者某一个组织的力量去应对来自网络空间的安全攻击往往是不够的。合作才是"网络空间命运共同体"理念下国家间处理相互关系的基本模式，尽管各国在网络空间的利益诉求不尽相同，但面对网络恐怖主义、网络犯罪等安全威胁时，世界各国只有不断扩大合作领域、深化合作议题才能化解挑战，维护自身的国家利益，实现以合作促发展、以合作谋和平。中国积极举办世界互联网大会就是希望搭建全球互联网共享共治的平台，让世界各国共享互联网发展的利益成果，共同推动网络空间的健康发展。

第三，安全秩序是目的。保障网络安全、促进有序发展是国际社会的共同责任。"命运共同体"理念将实现世界各国的和平发展作为根本的价值追寻，主张各国人民应该一起来维护世界和平、促进共同发展。"安全新秩序"是构建网络空间命运共同体的题中应有之义，获得安全和稳定是一国实现生存和发展的重要前提，全球化浪潮的推进使得传统安全威胁和非传统安全威胁彼此交织，每个国家都无法独善其身。在命运共同体时代，各国安全休戚与共，没有一个国家能仅凭一己之力便谋求绝对的安全。中国愿同各国一道，加强交流，管控分歧，共同推动制定各方普遍接受的网络空间国际规则，一起维护网络空间的和平与安全。信息技术的发展与变革塑造了网络互动的虚拟空间，这一空间的平稳运行需要统一的秩序引领、统一的规范保障。只有各国同心协力，才能抵制"网络霸权"的渗透，营造安全清朗的网络空间新秩序。

二、网络空间命运共同体的应运而生

网络空间的互联互通让世界发展成为"鸡犬之声相闻"的地球村，相隔

---

① 陈玉荣，蒋宇晨. "一带一路"：中国外交理念的传递[J].当代世界,2015(4)：14-17.

万里的人们不再"老死不相往来"，国际社会越来越成为"你中有我、我中有你"的命运共同体。① 网络空间是人类共同的活动空间，网络空间的前途命运应由世界各国共同掌握，构建网络空间命运共同体是全球化发展的必然要求，也是实现互联网有效治理的必由之路。

第一，治理主体多元化催生"网络空间命运共同体"。网络空间全球治理作为一项国际议程深受国际政治的影响，政府是传统主权国家的代表。现阶段，政府仍然是网络空间治理中最主要的行为体。然而，随着国家和社会对网络的依赖程度不断提升，参与网络空间全球治理的政府部门也在不断增加，从早期的信息主管部门到国家外交部门，再到现在负责国家安全事务的部门。各个部门从自身利益出发，提供了不同的治理方案，但它们都无法真正代表政府发声。此外，私营企业也是全球治理的重要参与者。② 从互联网的关键基础设施到用户数据以及与网络相关的服务基本上都是由私营企业提供的，它们不同于主权国家拘泥于眼前的利益，而是着眼未来，更具长远性。网络社区、市民社会等治理力量则关注于某一领域或某一议题的治理。治理主体的多元化催生"网络空间命运共同体"，其涵盖的主体是全人类，不仅包括主权国家、跨国公司、非政府组织，而且还包括社会生活中的个人。中国一直致力于打造"互联网＋全球治理"的新格局，鼓励政府、企业、组织与个人等多元主体共同参与网络治理。这一理念有助于调和各大治理主体的意见，构建网络空间治理新秩序。

第二，新型大国关系呼吁"网络空间命运共同体"。在世界治理格局中，网络发达国家凭借自身的资源优势正努力构建对自己有利的国际秩序，处于中心地带的网络强国独享了这场网络盛宴。它们主张网络空间无主权，其目的是利用自己的网络技术优势和有利的国际地位去追寻超越"国家主权"的"全球主权"。发展中国家由于网络技术落后而无法真正参与全球互联网秩序构建。网络强国和网络发展中国家的矛盾阻碍了网络空间新秩序的构建。为化解网络崛起国与既成国之间的冲突，习近平总书记顺应世界大势，提出构建以合作共赢为核心的新型大国关系。③ 新型大国关系认为和平、发展、合作、共赢是时代潮流，加强与网络发展中国家的关系是网络空

---

① 王帆.命运共同体的理论意义与实践推动[J].当代世界,2016(6)：4－8.

② Anselm Schneider and Andreas Georg Scherer. Private Business Firms, Human Rights, and Global Governance Issues：An Organizational Implementation Perspective[J]. Social Science Electronic Publishing, 2012, 21(3)：3.

③ 王聪悦.中美对"新型大国关系"的认知差异浅析[J].国际关系研究, 2015(6)：26－39, 147－148.

间治理的必然选择。"网络空间命运共同体"就是新型大国关系理念在网络空间中的延伸。网络发达国家与网络发展中国家相互尊重、共商共建将有助于避免网络空间的"修昔底德陷阱"，维护网络空间的秩序稳定。

第三，全球化浪潮需要"网络空间命运共同体"。综合来看，全球化是一个以经济全球化为核心，包含各国、各民族、各地区在政治、文化、科技、军事、安全、生活方式、价值观念等多层次、多领域的相互联系、影响、制约的多元概念。随着经济全球化和国际经济一体化进程的加快，世界各国已逐渐形成利益共同体，彼此之间相互联系、相互影响，国际社会处于牵一发而动全身的体系之中。网络攻击、网络病毒、网络恐怖主义等网络空间"全球性问题"以其普遍性和整体性特征而折射出世界各国在这一领域的共同利益。网络安全挑战需要人们放下成见，抛开社会制度和意识形态的分歧，以全球化视野审视网络安全问题。中国国际进口博览会的召开表明中国开放的大门永远不会关闭，将会始终致力于推动数字经济的全球化发展。"网络空间命运共同体"为国际社会和平探讨网络治理提供了实践的平台，有助于各国携手化解冲突，推动网络空间秩序朝着公正、安全的方向前进。

第四节 以"网络空间命运共同体"
引领全球网络秩序的构建

"网络空间命运共同体"独特的价值和迫切的现实需求不仅为化解全球网络治理困境指明了方向，而且也为全球网络秩序的构建贡献了中国智慧。从最初的"互联网+"到如今的"数字中国"战略，我国互联网产业在取得蓬勃发展的同时也为全球网络的治理不断贡献着新智慧和新方案。2018年11月，习近平主席在致第五届世界互联网大会的贺信中指出，当今世界正在经历一场深层次的科技革命，各国应该以共赢为目标，走一条互信共治之路，让网络空间命运共同体更具生机活力。"为世界经济发展增添新动能，迫切需要我们加快数字经济发展，推动全球互联网治理体系向着更加公正合理的方向迈进"。① 国家主席习近平提出的"网络空间命运共同体"的新理念反映了大多数国家的利益，有助于引领公平公正的全球网络秩序的

① 让网络空间命运共同体更具生机活力——习近平主席致第五届世界互联网大会贺信引发热烈反响[EB/OL].（2018-11-08）[2020-09-27]. http：//www.gov.cn/xinwen/2018-11/08/content_5338318.htm.

构建。

第一，确立共享共治的理念。21世纪，伴随着国际政治与经济实力的持续扩张，网络空间逐渐成为各国新的争夺目标。网络空间是一个兼具开放性和包容性的交往领域，其治理也应秉持着开放共享的理念。在全球化时代，安全绝不是某一个国家的私有物品，而是世界各国的公共物品，任何一个国家都不应该也不可能独享绝对的安全。在全球互联网治理进程中，任何国家的网络主权都应该得到尊重，治理秩序也应该反映网络各方主体的利益关切。世上没有绝对安全的世外桃源，一国的安全不能建立在别国的动荡之上，他国的威胁也可能成为本国的挑战，世界各国只有携起手来才能应对网络空间的安全威胁。阿里、腾讯、百度、华为等企业见证了中国网络科技的崛起，习近平总书记在多个场合也表示欢迎各国搭乘中国数字经济发展的快车，共享科技发展盛果。互联网作为21世纪最伟大的发明之一，其发展成果理应由全人类共享，而不是由少数强国独占，构建全球网络空间新秩序必须要以共享共治的理念为引领，推动全球网络治理体系进一步完善。

第二，维护网络主权的原则。目前，各国都面临着网络科技变革带来的国家主权挑战。构建网络空间新秩序首先需要打破网络发达国家和网络发展中国家在网络领域的对抗性思维，逐步树立"网络命运共同体"的新意识。[1] 世界各国在网络空间的主权一律平等，尊重他国的切身利益才能真正实现网络命运共同体的合作基础。现阶段，某些网络强国借助先进的技术手段和资源优势不断扩大自己的霸权范围，以谋求全球范围内的网络主权，这一以牺牲别国安全利益来维护自身绝对安全的做法是不可取的。中国一直以来都倡导网络空间有主权，主张各国应在尊重对方网络主权的基础之上实现合作共赢，网络空间的包容性足以跨越各国在意识形态和价值观念上的分歧冲突，消弭各国潜在的利益矛盾，以"命运共同体"的角色携手迈向多边、民主、透明的全球网络新秩序。

第三，建立对话协商的机制。网络安全已不是单纯的技术安全，它涉及政治、外交、经济、军事、文化各领域，包括技术、管理、法律、标准、伦理各方面，已经成为事关国家发展、核心利益的战略安全问题。全球网络空间治理既存在公共利益，也面临着诸多分歧与冲突。[2] 互联网技术的发展使得世

---

① 王春晖.共建网络空间命运共同体的"十六字方针"[J].通信世界, 2016(31)：10.
② 鲁传颖.重视规范在构建网络空间治理中的作用[J].信息安全与通信保密, 2017(10)：15-16.

界各国的依存程度日益加深，国际社会正逐渐发展成为一个荣辱与共的命运共同体，要想解决网络空间在治理领域的冲突与矛盾，就必须建立对话协商机制，而"网络空间命运共同体"正是主张全球网络治理必须坚持同舟共济、互信互利的理念，摒弃零和博弈的旧观念，不断扩大协商对话的空间与机会，努力构建不冲突、不对抗、合作共赢的新型网络大国关系。近年来，中国主动搭建世界互联网大会等文化交流平台，积极参与二十国集团（G20）、金砖国家组织等对话机制，主张世界各国应在尊重彼此网络根本利益和国家主权的基础之上，妥善解决网络空间中的分歧矛盾，使全球网络治理秩序能够均衡地反映出大多数国家的利益诉求。

第四，革新网络空间的治理规则。现有的网络空间治理规则主要由西方世界的网络发达国家所主导，它们凭借自身雄厚的网络技术将全球网络空间的话语权牢牢地握在手中，网络发展中国家鲜有发声的机会。"网络空间命运共同体"需要各国在加强沟通交流的基础上凝聚共识，通过对话协商机制共同参与全球网络空间的规则制定。网络发展中国家应该增强自身实力，努力在全球网络空间治理中争夺更多的话语权。中国作为世界上最大的发展中国家，正在从互联网大国向互联网强国努力迈进。中国是世界上网民数量第一的国家，网络正与中国的经济、政治、文化、社会和生态文明深度融合。此外，中国始终在为推进网络空间治理秩序的变革而不懈努力。2011 年 9 月，中国、俄罗斯等国共同起草了《信息安全国际行为准则》。① 作为首份正式的网络空间国际规则，其强调各国有责任和权利保护本国信息和网络空间免受威胁，主张建立多边、透明和民主的全球网络管理机制，这是网络发展中国家对变革网络空间治理规则的有益尝试。中国等网络发展中国家应该主动承担起自己在网络空间治理中的责任，在推进全球网络空间治理体系变革和构建全球网络空间新秩序中发挥更大的作用。

构建可持续的数字经济是大势所趋。互联网是全球化的"助推器"，当前，互联网与世界各国的经济发展、产业调整、社会生活、意识形态、国家安全等高度相关，其在为人类生产生活提供便利的同时，也将风险扩散到了世界各地，全球性网络问题日益增多。网络谣言、黑客攻击、网络诈骗等安全问题层出不穷，没有任何一个国家能够置身事外、独善其身。互联网天生具有的全球性特征让国际社会日益成为一个"一荣俱荣、一损俱损"的整体。网络发达国家支持的"多利益攸关方"治理模式和网络发展中国家捍卫的以

① Cameron Camp. China/Russia Propose an Anti-cyber-warfare UN Resolution[J]. San Diego Business Journal, 2011, 32(9): 12.

"政府主导"为中心的治理模式之间冲突不断,严重阻碍了全球网络空间新秩序的构建。面对全球性的网络问题,世界各国相互依存、彼此依赖,既面临共同的安全需求,又对网络发展有着共同的期盼。各国应该深化务实合作,以共进为动力、以共赢为目标,走出一条互信共治之路,让"网络空间命运共同体"更具生机和活力。国际社会只有在"网络空间命运共同体"的基础上互信合作,携手应对共同挑战,才能真正让网络造福于人类社会。

参 考 文 献

中文文献

[1] 阿历克斯·英格尔斯.人的现代化[M].殷陆君,编译.成都:四川人民出版社,1985.

[2] 安德鲁·基恩.网民的狂欢——关于互联网弊端的反思[M].丁德良,译.海口:南海出版社,2010.

[3] 安德鲁·基恩.数字眩晕:网络是有史以来最骇人听闻的间谍机[M].合肥:安徽人民出版社,2012.

[4] 安东尼·吉登斯.社会的构成:结构化理论大纲[M].李康,李猛,译.北京:中国人民大学出版社,1998.

[5] 阿尔文·托夫勒.权力的转移[M].吴迎春,译.北京:中共中央党校出版社,1991.

[6] 埃德加·博登海默.法理学:法律哲学与法律方法[M].潘汉典,译.北京:法律出版社,2015.

[7] 阿尔文·托夫勒.创造一个新的文明——第三次浪潮的政治[M].陈峰,译.上海:上海三联书店,1996.

[8] 阿尔文·托夫勒.未来的冲击[M].蔡伸章,译.北京:中信出版社,1996.

[9] 芭芭拉·亚当,乌尔里希·贝克,约斯特·房·龙.风险社会及其超越:社会理论的关键议题[M].赵延东,马缨等,译.北京:北京出版社,2005.

[10] 陈振明.公共管理学——一种不同于传统行政学的研究途径[M].北京:中国人民大学出版社,2003.

[11] 蔡拓,杨雪冬,吴志成.全球治理概论[M].北京:北京大学出版社,2016.

[12] 蔡之文.网络:21世纪的权力与挑战[M].上海:上海人民出版社,2007.

[13] 戴维·米勒,韦农·波格丹诺.布莱克维尔政治思想百科全书[M].邓正来,译.北京:中国政法大学出版社,2011.

[14] 丁煌.西方行政学说史(修订版)[M].武汉:武汉大学出版社,2004.

[15] 戴维·H.罗森布鲁姆,罗伯特·S.克拉夫丘克.公共行政学:管理、政治和法律的途径[M].张成福等,译.北京:中国人民大学出版社,2002.

[16] 戴维·奥斯本,特德·盖布勒.改革政府:企业家精神如何改革着公共部门[M].周敦仁等,译.上海:上海译文出版社,2006.

[17] 戴维·伊斯顿.政治生活的系统分析[M].王浦劬,译.北京:华夏出版社,1991.

[18] 大卫·丹尼.风险与社会[M].马缨,王嵩,陈群峰,译.北京:北京出版社,2009.

[19] 费孝通.乡土中国[M].北京:北京出版社,2004.

[20] 弗里德利希·冯·哈耶克.法律、立法与自由(第一卷)[M].邓正来,张守东,李静冰,译.北京:中国大百科全书出版社,2001.

[21] 郭玉锦等.网络社会学[M].北京:中国人民大学出版社,2009.

[22] 古普塔,库马,布哈特塔卡亚.政府在线:机遇和挑战[M].李红兰,张相林,林峰,译.北京:北京大学出版社,2007.

[23] 古斯塔夫·勒庞.乌合之众:大众心理研究[M].吕莉,译.北京:中央编译出版社,2000.

[24] 格罗弗·斯塔林.公共部门管理[M].陈宪等,译.上海:上海译文出版社,2003.

[25] 何明升等.虚拟世界与现实社会[M].北京:社会科学文献出版社,2011.

[26] 胡泳.网络政治:当代中国社会与传媒的行动选择[M].北京:国家行政学院出版社,2014.

[27] 哈贝马斯.公共领域的结构转型[M].曹卫东,王晓珏,刘北城,宋伟杰,译.上海:学林出版社,1999.

[28] 哈贝马斯.政治思想研究[M].季乃礼,译.天津:天津人民出版社,2007.

[29] 杰弗里·托马斯.政治哲学导论[M].顾肃,刘雪梅,译.北京:中国人民大学出版社,2006.

[30] 简·E.芳汀.构建虚拟政府:信息技术与制度创新[M].邵国松,译.北京:中国人民大学出版社,2010.

[31] 乔恩·埃尔斯特.社会黏合剂:社会秩序的研究[M].高鹏程等,译.北

京：中国人民大学出版社,2009.

[32] 理查德·格里格,菲利普·津巴多.心理学与生活(第 16 版)[M].王垒,王甦等,译.北京：人民邮电出版社,2003.

[33] 凯斯·桑斯坦.网络共和国：网络社会中的民主问题[M].黄维明,译.上海：上海人民出版社,2003.

[34] 林尚立,赵宇峰.中国协商民主的逻辑[M].上海：上海人民出版社,2016.

[35] 刘贞晔.国际政治领域中的非政府组织[M].天津：天津人民出版社,2005.

[36] 雷·库兹韦尔.奇点临近[M].盛杨燕,译.杭州：浙江人民出版社,2016.

[37] 卢西亚诺·弗洛里迪.第四次革命：人工智能如何重塑人类现实[M].王文革,译.杭州：浙江人民出版社,2016.

[38] 卢梭.社会契约论[M].何兆武,译.北京：商务印书馆,2009.

[39] 李斌.网络政治学导论[M].北京：中国社会科学出版社,2006.

[40] 理查德·斯皮内洛.铁笼,还是乌托邦——网络空间的道德与法律[M].李伦等,译.北京：北京大学出版社,2007.

[41] 黎明.公共管理学[M].北京：高等教育出版社,2006.

[42] 刘岩.风险社会理论新探[M].北京：中国社会科学出版社,2008.

[43] 理查德·H.霍尔.组织：结构、过程及结果[M].张友星,刘五一,沈勇,译.上海：上海财经大学出版社,2003.

[44] 劳伦斯·莱斯格.思想的未来：网络时代公共知识领域的警世喻言[M].李旭,译.北京：中信出版社,2004.

[45] 罗伯特·基欧汉,约瑟夫·奈.权力与相互依赖[M].门洪华,译.北京：北京大学出版社,2002.

[46] 马丁·福特.机器人时代[M].王吉美,牛筱萌,译.北京：中信出版社,2015.

[47] 马克·波斯特.互联网怎么了[M].易容,译.开封：河南大学出版社,2010.

[48] 曼纽尔·卡斯特.网络星河——对互联网、商业和社会的反思[M].郑波,武炜,译.北京：社会科学文献出版社,2007.

[49] 马克思恩格斯全集(第 1 卷)[M].北京：人民出版社,2016.

[50] 曼纽尔·卡斯特.网络社会：跨文化的视角[M].周凯,译.北京：社会科学文献出版社,2009.

［51］曼纽尔·卡斯特.网络社会的崛起［M］.夏铸九,译.北京:社会科学文献出版社,2003.

［52］弥尔顿·L.穆勒.网络与国家:互联网治理的全球政治学［M］.周程,译.上海:上海交通大学出版社,2015.

［53］欧文·E.休斯.公共管理导论［M］.张成福,王学栋,译.北京:中国人民大学出版社,2007.

［54］欧仕金.网络强国守护神［M］.北京:知识产权出版社,2017.

［55］潘小娟、张辰龙.当代西方政治学新辞典［M］.长春:吉林人民出版社,2001.

［56］塞缪尔·P.享廷顿.变化社会中的政治秩序［M］.王冠华,刘为,译.上海:上海人民出版社,2008.

［57］孙武.孙子兵法［M］.呼和浩特:远方出版社,2007.

［58］孙柏瑛.当代地方治理:面向21世纪的挑战［M］.北京:中国人民大学出版社,2004.

［59］陶文昭.电子政府研究［M］.北京:商务印书馆,2005.

［60］乔纳森·H.特纳.人类情感——社会学的理论［M］.孙俊才,文军,译.北京:东方出版社,2009.

［61］托马斯·弗里德曼.世界是平的:21世纪简史［M］.赵绍棣,黄其祥,译.北京:东方出版社,2006.

［62］王君玲.网络社会的民间表达——样态、思潮及动因［M］.广州:暨南大学出版社,2013.

［63］吴军.数学之美［M］.北京:人民邮电出版社,2012.

［64］王先明.近代绅士:一个封建阶层的历史命运［M］.天津:天津人民出版社,1997.

［65］王诗宗.治理理论及其中国的适用性［M］.杭州:浙江大学出版社,2009.

［66］习近平.决胜全面建成小康社会　夺取新时代中国特色社会主义伟大胜利——在中国共产党第十九次全国代表大会上的报告［M］.北京:人民出版社,2017.

［67］徐双敏.电子政务概论［M］.武汉:武汉大学出版社,2009.

［68］习近平.习近平谈治国理政［M］.北京:外文出版社,2014.

［69］亚里士多德.政治学［M］.吴寿彭,译.北京:商务印书馆,2008.

［70］俞可平.治理与善治［M］.北京:社会科学文献出版社,2000.

［71］俞可平.增量治理与善治［M］.北京:社会科学文献出版社,2003.

[72] 杨雪冬.风险社会与秩序重建[M].北京：社会科学文献出版社,2006.

[73] 严峰.网络群体性事件与公共安全[M].上海：上海三联书店,2012.

[74] 杨雄.网络时代行为与社会管理[M].上海：上海社会科学院出版社,2007.

[75] 伊曼纽尔·沃勒斯坦.现代世界体系(第一卷)：16世纪资本主义农业和欧洲世界经济的起源[M].龙来寅等,译.北京：高等教育出版社,1997.

[76] 伊曼纽尔·沃勒斯坦.现代世界体系(第四卷)——中庸的自由主义的胜利：1789—1914[M].吴英,译.北京：社会科学文献出版社,2013.

[77] 周志华.机器学习[M].北京：清华大学出版社,2016.

[78] 詹姆斯·亨德勒,爱丽丝·穆维西尔.社会机器：即将到来的人工智能、社会网络与人类的碰撞[M].王晓等,译.北京：机械工业出版社,2017.

[79] 詹姆斯·E.凯茨,罗纳德·E.莱斯.互联网使用的社会影响[M].郝芳,刘长江,译.北京：商务印书馆,2007.

[80] 周三多.管理学[M].北京：高等教育出版社,2006.

[81] 詹姆·斯卡伦.媒体与权力[M].史安斌,董关鹏,译.北京：清华大学出版社,2006.

[82] 张海波.中国转型期公共危机治理：理论模型与现实路径[M].北京：社会科学文献出版社,2012.

[83] 张秀兰.网络隐私权保护研究[M].北京：北京图书馆出版社,2006.

[84] 珍妮特·V.登哈特,罗伯特·B.登哈特.新公共服务：服务,而不是掌舵[M].北京：中国人民大学出版社,2010.

[85] 张静.法团主义[M].北京：东方出版社,2015.

[86] 中共中央宣传部.习近平总书记系列重要讲话读本[M].北京：学习出版社、人民出版社,2016.

[87] 包心鉴.人民民主：治国理政的核心政治价值指向[J].政治学研究,2016(5).

[88] 白淑英.论虚拟秩序[J].学习与探索,2009(4).

[89] 陈颀.网络安全、网络战争与国际法——从《塔林手册》切入[J].政治与法律,2014(7).

[90] 陈学明,李先悦.论中国共产党治国理政的合法性[J].思想理论教育,2017(2).

[91] 陈新.民主视阈中的政府回应：内涵、困境及实践路径[J].兰州学刊,2012(3).

［92］陈潭,罗晓俊.中国网络政治研究:进程与争鸣[J].政治学研究,2011(4).

［93］陈联俊.网络空间党的政治建设问题探析[J].当代世界与社会主义,2018(5).

［94］崔永刚,郝丽.网络政治生态中的公民政治参与研究[J].理论学刊,2017(4).

［95］陈明明.国家现代治理中的三个结构性主题[J].中国浦东干部学院学报,2014(5).

［96］陈永.反思"修昔底德陷阱":权力转移进程与中美新型大国关系[J].国际论坛,2015,17(6).

［97］陈剩勇,杜洁.互联网公共论坛:政治参与和协商民主的兴起[J].浙江大学学报(人文社会科学版),2005(3).

［98］丛培影,黄日涵.网络空间冲突的治理困境与路径选择[J].国际展望,2016,8(1).

［99］崔巍.计算机网络安全的防御[J].中国科技纵横,2016(11).

［100］崔保国,孙平.从世界信息与传播旧格局到网络空间新秩序[J].当代传播,2015(6).

［101］蔡拓,陈志敏,吴志成,刘雪莲,姚璐,刘贞晔.人类命运共同体视角下的全球治理与国家治理[J].中国社会科学,2016(6).

［102］陈玉荣,蒋宇晨."一带一路":中国外交理念的传递[J].当代世界,2015(4).

［103］董青岭.机器学习与冲突预测——国际关系研究的一个跨学科视角[J].世界经济与政治,2017(7).

［104］董青岭.大数据安全态势感知与冲突预测[J].中国社会科学,2018(6).

［105］董惠敏.调查报告:公众对西方社会治理的认知与评价[J].国家治理,2017(12).

［106］段德敏.英美极化政治中的民主与民粹[J].探索与争鸣,2016(10).

［107］杜国红,韩冰,徐新伟.陆战场指挥与控制智能化技术体系研究[J].指挥控制与仿真,2018(3).

［108］刁生富.在虚拟与现实之间——论网络空间社会问题的道德控制[J].自然辩证法通讯,2001(6).

［109］党秀云,李丹婷.有效的风险管制:从失控到可控[J].中国人民大学学报,2009(6).

[110] 杜智涛,张丹丹.技术赋能与权力相变:网络政治生态的演进[J].北京航空航天大学学报(社会科学版),2018(1).

[111] 董洪乐.制度、组织、价值三维视角下党的优良政治生态构建[J].重庆邮电大学学报(社会科学版),2018(2).

[112] 傅莹.人工智能对国际关系的影响初析[J].国际政治科学,2019(1).

[113] 范春奕.欧债危机爆发以来欧元区各国经济表现初探[J].上海金融,2014(8).

[114] 冯玉军,陈宇.大国竞逐新军事革命与国际安全体系的未来[J].现代国际关系,2018(12).

[115] 封帅.人工智能时代的国际关系:走向变革且不平等的世界[J].外交评论(外交学院学报),2018(1).

[116] 封帅,周亦奇.人工智能时代国家战略行为的模式变迁——走向数据与算法的竞争[J].国际展望,2018(10).

[117] 复旦大学国际关系与公共事务学院"国务智库"编写组.安全、发展与国际共进[J].国际安全研究,2015(1).

[118] 冯维江,张宇燕.新时代国家安全学——思想渊源、实践基础和理论逻辑[J].世界经济与政治,2019(4).

[119] 冯昭奎.科技革命发生了几次——学习习近平主席关于"新一轮科技革命"的论述[J].世界经济与政治,2017(2).

[120] 樊金山.网络问政及其发展态势探微[J].前沿,2010(17).

[121] 方付建.揭露政治:网络时代的政治新象[J].领导科学,2010(1).

[122] 方雷,鲍芳修.地方治理能力的政治生态构建[J].山东大学学报(哲学社会科学版),2017(1).

[123] 范灵俊,周文清,洪学海.我国网络空间治理的挑战及对策[J].电子政务,2017(3).

[124] 方兴东,张静.中国特色的网络治理演进历程和治网之道——中国网络治理史纲要和中国路径模式的选择[J].汕头大学学报(人文社会科学版),2016(2).

[125] 方兴东,张笑容,胡怀亮.棱镜门事件与全球网络空间安全战略研究[J].现代传播(中国传媒大学学报),2014,36(1).

[126] 方芳,杨剑.网络空间国际规则:问题、态势与中国角色[J].厦门大学学报(哲学社会科学版),2018(1).

[127] 方远.实体平等与形式平等——法律应该解决的问题是什么[J].法制与社会,2016(11).

[128] 高奇琦.试论比较政治学与国家治理研究的二元互动[J].当代世界与社会主义,2015(2).

[129] 高进,李兆友.治理视阈中的公共性[J].东北大学学报,2011,13(5).

[130] 高奇琦.人工智能时代发展中国家的"边缘化风险"与中国使命[J].国际观察,2018(4).

[131] 高奇琦.人工智能时代的世界主义与中国[J].国外理论动态,2017(9).

[132] 高奇琦.全球善智与全球合智:人工智能全球治理的未来[J].世界经济与政治,2019(7).

[133] 葛笑如.中国风险社会的公共治理之道[J].中共四川省委省级机关党校学报,2012(6).

[134] 郭小安.网络政治参与和政治稳定[J].理论探索,2008(3).

[135] 郭少青,陈家喜.中国互联网立法发展二十年:回顾、成就与反思[J].社会科学战线,2017(6).

[136] 郝诗楠."一带一路"战略与中国的比较政治学研究:新机遇与新议题[J].探索,2015(5).

[137] 胡伟.论十八大以来党中央治国理政的战略思想[J].科学社会主义,2016(5).

[138] 胡伟.网络民主:机遇与挑战[J].杭州(生活品质),2010(7).

[139] 何增科.理解国家治理及其现代化[J],马克思主义与现实,2014(1).

[140] 胡伟.国家治理体系现代化:政治发展的向度[J].行政论坛,2014(4).

[141] 何祖坤.关注政府回应[J].中国行政管理,2000(7).

[142] 何显明.中国网络公共领域的成长:功能与前景[J].江苏行政学院学报,2012(1).

[143] 韩志明."大事化小"与"小事闹大":大国治理的问题解决逻辑[J].南京社会科学,2017(7).

[144] 韩影,张爱军.大数据与网络意识形态治理[J].理论与改革,2019(1).

[145] 何雪松.城市文脉、市场化遭遇与情感治理[J].探索与争鸣,2017(9).

[146] 何自力.用绿色发展理念助推美丽中国建设[J].理论与现代化,2017(5).

[147] 何百华.因特网的新界限[J].国外社会科学文摘,2001(11).

[148] 侯宇宸.美国网络监控项目法律保障体系及其启示[J].信息网络安全,2014(9).

[149] 黄梦竹.美国网络空间政策未来走向初探——基于两位总统候选人政策主张的比较分析[J].信息安全与通信保密,2016(11).

[150] 金江军,韦文英.信息视角下的政治学研究[J].社科纵横,2016,31(10).

[151] 晋继勇.公共卫生安全：一种全球公共产品的框架分析[J].医学与社会,2008(9).

[152] 李丹.全球危机治理中国际非政府组织的地位与作用[J].教学与研究,2010(3).

[153] 李茂平.论国际非政府组织的全球治理功能[J].怀化学院学报,2007,26(3).

[154] 刘中民.非传统安全问题的全球治理与国际体系转型[J].国际观察,2014(4).

[155] 刘中民.西方国际关系理论视野中的非传统安全研究[J].世界经济与政治,2004(4).

[156] 刘贞晔.国际多边组织与非政府组织：合法性的缺陷与补充[J].教学与研究,2007(8).

[157] 刘跃进.大安全时代的总体国家安全观[J].当代社科视野,2014(6).

[158] 林伯海,刘波.习近平"网络空间命运共同体"思想及其当代价值[J].思想理论教育导刊,2017(8).

[159] 梁严冰.中国近代化进程中的三次重大政治体制变革[J].学海,2001(2).

[160] 蓝志勇,魏明.现代国家治理体系：顶层设计、实践经验与复杂性[J].公共管理学报,2014,11(1).

[161] 鲁传颖,约翰·马勒里.体制复合体理论视角下的人工智能全球治理进程[J].国际观察,2018(4).

[162] 鲁传颖.重视规范在构建网络空间治理中的作用[J].信息安全与通信保密,2017(10).

[163] 吕静锋.从权力监督走向权利监督——网络空间下的民主监督刍议[J].深圳大学学报(人文社会科学版),2010(5).

[164] 李斌.政府网络舆论危机探究——基于政府公信力视角[J].石河子大学学报(哲学社会科学版),2011(1).

[165] 骆勇.网络时代下的网络问责：一种新型民主形态的考量[J].云南行政学院学报,2009(4).

[166] 罗佳.话语权力与情感密码：网络政治动员的意识形态审思[J].理论

与改革,2019(5).

[167] 李阳.网络社群行为对公共决策的影响及其治理[J].探索,2019(1).

[168] 龙叶先,龙延平.唯物辩证法"否定规律"新认识[J].湖湘论坛,
2017(6).

[169] 李晓云.网络群体性事件中公众意见的表达与引导[J].新闻爱好
者,2017(2).

[170] 郎平.全球网络空间规则制定的合作与博弈[J].国际展望,2014(6).

[171] 刘权.未来颠覆性新技术对"网络主权"形成的挑战及应对[J].网络
安全和信息化,2018(1).

[172] 刘鸿武.国际关系史学科的学术旨趣与思想维度[J].世界经济与政
治,2006(7).

[173] 刘杨钺.军民融合视角下的美国网络安全人才战略[J].国防科
技,2018,39(1).

[174] 刘承韪."互联网+法律"的机遇与挑战[J].中国律师,2016(1).

[175] 梅立润.人工智能如何影响国家治理:一项预判性分析[J].湖北社会
科学,2018(8).

[176] 毛铮,李海涛.政治文明视野中的网络话语权[J].南京社会科
学,2007(5).

[177] 马辛旻.信息安全与信息自由的法律探讨——以美国为例[J].法制与
社会,2016(32).

[178] 缪锌.美国互联网治理的特色与启示[J].传媒,2017(19).

[179] 那朝英,庞中英.网络空间全球治理:议题与生态化机制[J].学术
界,2019(4).

[180] 倪明胜.网络抗争动员研究的五种范式与反思——基于2004—2015
年中国知网(CNKI)期刊数据库的文献分析[J].南京师大学报(社会
科学版),2017(4).

[181] 倪明胜,钱彩平.公民网络抗争动员的演化过程及其内在机理——基
于近年来典型网络抗争性行动为例的经验研究[J].理论探讨,
2017(3).

[182] 庞金友.AI治理:人工智能时代的秩序困境与治理原则[J].人民论
坛·学术前沿,2018(10).

[183] 蒲业虹.当代中国公众主体性提升与网络政治文化安全研究[J].东岳
论丛,2019(3).

[184] 邱实,赵晖.中国国家治理现代化的困境分析及消解思路[J].科学社

会主义,2016(6).

[185] 阙天舒.中国网络空间中的国家治理：结构、资源及有效介入[J].当代世界与社会主义,2015(2).

[186] 秦前红,李少文.网络公共空间治理的法治原理[J].现代法学,2014(6).

[187] 秦安.合作共赢,共同探索网络空间行为准则[J].中国信息安全,2015(10).

[188] 秦安.加速推动网络空间主权落地生根[J].中国信息安全,2017(5).

[189] 任琳.全球公域：不均衡全球化世界中的治理与权力[J].国际安全研究,2014,32(6).

[190] 任琳,吕欣.大数据时代的网络安全治理：议题领域与权力博弈[J].国际观察,2017(1).

[191] 上海交通大学舆情研究实验室.2010 年中国微博年度报告[J].青年记者,2011(29).

[192] 孙秀民.中国古代治国理政经验论要[J].政治学研究,2007(1).

[193] 史志钦,赖雪仪.西欧分离主义的发展趋势前瞻[J].人民论坛,2016(8).

[194] 司林波.网络问责的理论探讨[J].中国石油大学学报(社会科学版),2012(4).

[195] 申欣旺.浦东政务微博：拆除"围墙"[J].中国新闻周刊,2012(48).

[196] 孙萍,赵海艳.网络政治生态界说[J].探索,2016(4).

[197] 孙会岩.构建互联网时代执政党政治生态的研究谱系[J].社会科学文摘,2016(11).

[198] 孙亦祥.基于信息共享的网络舆情信息工作机制建构[J].情报科学,2015,33(1).

[199] 史军.从互动到联动：大数据时代政府治理机制的变革[J].中共福建省委党校学报,2016(8).

[200] 邵娜.互联网时代政府模式变革的逻辑进路[J].海南大学学报(人文社会科学版),2016(1).

[201] 宋迎法,肖洪莉.电子民主构建的条件分析——基于 SHEL 模型[J].理论与现代化,2007(6).

[202] 宋燕妮.《网络安全法》开启我国网络立法新进程[J].信息安全研究,2017,3(6).

[203] 沈逸.构建中国国家网络安全能力链参与开放环境下的复合博弈[J].

中国信息安全,2015(3).

[204] 田芝健.国家治理体系和治理能力现代化的价值及其实现[J].毛泽东邓小平理论研究,2014(1).

[205] 唐亚林.国家治理在中国的登场及其方法论价值[J].复旦学报(社会科学版),2014(2).

[206] 唐世平.一个新的国际关系归因理论:不确定性的维度及其认知挑战[J].国际安全研究,2014(2).

[207] 谭伟.网络舆论概念及其特征[J].湖南社会科学,2003(5).

[208] 童星.熵:风险危机管理研究新视角[J].江苏社会科学,2008(6).

[209] 唐庆鹏,郝宇青.互动与互御:公民网络政治参与中的主体性问题研究[J].人文杂志,2018(2).

[210] 檀有志.网络空间全球治理:国际情势与中国路径[J].世界经济与政治,2013(12).

[211] 吴同.美国《网络安全信息共享法案》的影响与应对[J].保密科学技术,2016(2).

[212] 吴钦春.对"不确定性"带来公共风险的探讨[J].郑州大学学报(哲学社会科学版),2009(4).

[213] 吴志成,吴宇,吴宗敏.当今资本主义国家治理危机剖析[J].当代世界与社会主义,2016(6).

[214] 吴沈括,石嘉黎.网络安全与英国:国家网络安全中心的运作检视[J].信息安全与通信保密,2018(4).

[215] 王浦劬.国家治理、政府治理和社会治理的基本含义及其相互关系辨析[J].社会学评论,2014(3).

[216] 王永香,陆卫明.习近平协商民主思想探析[J].社会主义研究,2016(3).

[217] 王晓成.论公共危机全球化趋势[J].社会科学,2004(6).

[218] 王鹏力.法律乃是最低限度的道德[J].法制与社会,2016(35).

[219] 王逸舟.全球主义视野下的国家安全研究[J].国际政治研究,2015(4).

[220] 王晓芸.突发公共事件中的政府公信力建设[J].求实,2011(1).

[221] 王聪悦.中美对"新型大国关系"的认知差异浅析[J].国际关系研究,2015(6).

[222] 王文科.网络问政:民意的舆论诉求与政府的规制供给[J].福建行政学院学报,2011(2).

[223] 魏岳江.全球范围的网络军备竞争[J].网络传播,2011(7).

[224] 魏光峰.网络秩序论[J].河南大学学报(社会科学版),2000(6).

[225] 魏红江,李彬,祝慧琳.制定我国大数据战略与开放数据战略：日本的经验与启示[J].东北亚学刊,2016(6).

[226] 王树亮,朱荣荣.网络政治文化研究综述与评析[J].社会科学动态,2017(8).

[227] 王子蕲.网络政治参与影响地方政府治理的路径和限度[J].行政论坛,2017(1).

[228] 王素君,张岳恒.中国私企产权制度变迁研究[J].社会科学论坛,2002(12).

[229] 王芳.论政府主导下的网络社会治理[J].学术前沿,2017(4).

[230] 王帆.命运共同体的理论意义与实践推动[J].当代世界,2016(6).

[231] 王丽萍.应对怨恨情绪：国家治理中的情绪管理[J].中国图书评论,2015(4).

[232] 王军.《国家网络空间安全战略》的中国特色[J].中国信息安全,2017(1).

[233] 王明进.全球网络空间治理的未来：主权、竞争与共识[J].人民论坛·学术前沿,2016(4).

[234] 王桂芳.大国网络竞争与中国网络安全战略选择[J].国际安全研究,2017,35(2).

[235] 王明国.网络空间秩序转型的国际制度基础[J].全球传媒学刊,2016,3(4).

[236] 王春晖.共建网络空间命运共同体的"十六字方针"[J].通信世界,2016(31).

[237] 汪晓风.美国网络安全战略调整与中美新型大国关系的构建[J].现代国际关系,2015(6).

[238] 吴志攀."互联网+"的兴起与法律的滞后性[J].国家行政学院学报,2015(3).

[239] 温淑春.网络舆情对政府管理的影响及其应对机制探讨[J].理论与现代化,2009(5).

[240] 徐明.大数据时代的隐私危机及其侵权法应对[J].中国法学,2017(1).

[241] 徐婷,王健.公共领域、交往理性与网络空间中的主体性构建[J].理论界,2009(6).

[242] 徐勇.热话题与冷思考——关于国家治理体系和治理能力现代化的对话[J].当代世界与社会主义,2014(1).

[243] 徐湘林."国家治理"的理论内涵[J].人民论坛,2014(4).

[244] 谢金林.网络空间草根政治运动及其公共治理[J].公共管理学报,2011(8).

[245] 谢金林.网络空间政府舆论危机及其治理原则[J].社会科学,2008(11).

[246] 谢忠文.当代中国社会治理的政党在场与嵌入路径——一项政党与社会关系调适的研究[J].西南大学学报(社会科学版),2015,41(4).

[247] 薛恒,李韦.网络舆情中的政府回应及其引导[J].唯实,2012(2).

[248] 徐苏宁.网络党建:一个具有时代意义的党建工作新领域[J].南京社会科学,2001(1).

[249] 殷俊,姜胜洪.网民与网络谣言治理[J].西南民族大学学报(人文社会科学版),2014(7).

[250] 虞爽.应对网络空间的国家安全挑战:一场虚拟与现实交织的博弈[J].世界知识,2016(6).

[251] 余丽.互联网对国际政治影响机理探究[J].国际安全研究,2013,31(1).

[252] 杨嵘均.论网络虚拟空间对国家安全治理界限的虚化延伸[J].南京社会科学,2014(8).

[253] 杨嵘均.论网络空间国家主权存在的正当性、影响因素与治理策略[J].政治学研究,2016(3).

[254] 杨嵘均.网络虚拟社群对政治文化与政治生态的影响及其治理[J].学术月刊,2017(5).

[255] 杨嵘均.论网络空间治理体系与治理能力的现代性制度供给[J].政治学研究,2019(2).

[256] 杨晓丹.抓牢网络控制权,美国"先下手为强"——《网络空间国际战略》的背后[J].华东科技,2012(6).

[257] 俞可平.治理和善治引论[J].马克思主义与现实,1999(5).

[258] 俞可平.重构社会秩序,走向官民共治[J].国家行政学院学报,2012(4).

[259] 叶进,王灵凤,邹驯智.运用耗散结构理论提升政府社会风险管理水平[J].甘肃社会科学,2008(1).

[260] 叶君剑."亚洲与美洲:跨越太平洋的社会、历史及文化的联系和比

较"国际学术研讨会在浙江大学召开[J].浙江大学学报(人文社会科学版),2016,46(5).

[261] 俞可平.推进国家治理体系和治理能力现代化[J].前线,2014(1).

[262] 俞可平.让国家回归社会——马克思主义关于国家与社会的观点[J].理论视野,2013(9).

[263] 应晨林.网络治理现代化视角下的网络安全立法之战略定位[J].信息安全研究,2016,2(9).

[264] 于世梁.浅谈根域名服务器与国家网络信息安全[J].江西行政学院学报,2013,15(2).

[265] 张国清,何怡.西方社会的治理危机[J].国家治理,2017(4).

[266] 张影强.推动建立全球网络空间治理体系的建议[J].全球化,2017(6).

[267] 郑言,李猛.推进国家治理体系与国家治理能力现代化[J].吉林大学社会科学学报,2014,54(2).

[268] 郑淑凤.美国商业秘密保护最新立法阐释及其对中国的启示[J].电子知识产权,2016(10).

[269] 周义程.网络空间治理：组织、形式与有效性[J].江苏社会科学,2012(1).

[270] 周志平.网络政治参与的新机遇与新挑战[J].学习月刊,2010(28).

[271] 张勤,梁馨予.政府应对网络空间的舆论危机及其治理[J].中国行政管理,2011(3).

[272] 祝华新.网络舆论倒逼中国改革[J].当代传播,2011(6).

[273] 赵瑞琦,刘慧瑾.论中国网络空间的缺陷与对策[J].南京邮电大学学报(社会科学版),2010(3).

[274] 张红.构建和谐社会与法治建设探微[J].理论月刊,2006(3).

[275] 张果,董慧.自由的整合,现实的重构——网络空间中的秩序与活力探究[J].自然辩证法研究,2009(11).

[276] 张新宝,许可.网络空间主权的治理模式及其制度构建[J].中国社会科学,2016(8).

[277] 周亚越,韩志明.公民网络问责：行动逻辑与要素分析[J].北京航空航天大学学报(社会科学版),2011(5).

[278] 张雅丽.当前网络舆论形势与政府引导[J].人民论坛,2011(9).

[279] 褚松燕.互联网时代的政府公信力建设[J].国家行政学院学报,2011(5).

[280] 张静.以信息开放推动一场改革[J].瞭望东方周刊,2012(49).

[281] 张成福.信息时代政府治理:理解电子化政府的实质意涵[J].中国行政管理,2003(1).

[282] 邹卫中.网络社会开放性与有效性融通的治理路径探析[J].广东行政学院学报,2016(2).

[283] 郑兴刚.从"数字鸿沟"看网络政治参与的非平等性[J].理论导刊,2013(10).

[284] 张康之.打破社会治理中信息资源的垄断[J].行政论坛,2013(4).

[285] 张朋智.构建网络空间命运共同体:主权为先、安全为重[J].中国信息安全,2016(1).

[286] 支振峰.构建网络空间命运共同体要反对网络霸权[J].求是,2016(17).

[287] 赵春丽.中国网络民主发展特征分析[J].天津行政学院学报,2009,11(4).

[288] 赵晴.浅谈网络公民社会之雏形[J].社科纵横(新理论版),2011,26(1).

[289] 赵春丽.中国网络民主发展的范式分析[J].重庆邮电大学学报(社会科学版),2009,21(2).

[290] 毕京京.全面把握十八大以来党中央治国理政新理念新思想新战略的基本内涵[N].光明日报,2016-03-21(1).

[291] 陈明明.民主制度化在于完善可操作化程序[N].社会科学报,2017-03-28(3).

[292] 蔡翠红.网络空间治理中的责任担当[N].中国社会科学报,2014-06-13(A05).

[293] 何亚非.西方政体已现制度性危机[N].第一财经日报,2016-08-15(A10).

[294] 马晓霖."特朗普革命":重塑美国,震动世界[N].华夏时报,2016-11-10(7).

[295] 王璐.西方社会认同危机的政策根源[N].中国社会科学报,2016-09-07(7).

[296] 王广.马克思主义国家学说没有过时[N].中国社会科学报,2014-09-29(A08).

[297] 吴红波.中国为国际社会提供了重要公共产品[N].人民日报,2017-05-06(3).

[298] 习近平.在第二届世界互联网大会开幕式上的讲话[N].人民日报,2015 - 12 - 17(2).

[299] 习近平.在庆祝中国人民政治协商会议成立 65 周年大会上的讲话[N].人民日报,2014 - 09 - 22(2).

[300] 谢新洲.网络空间治理须加强顶层设计[N].人民日报,2014 - 06 -05(7).

[301] 杨于泽.官员该不该"因言获罪"[N].中国青年报,2010 - 10 - 20(2).

[302] 中共中央关于全面深化改革若干重大问题的决定[N]. 人民日报,2013 - 11 - 16(1).

[303] 赵周贤,刘光明."一带一路"：中国梦与世界梦的文汇桥梁[N].人民日报,2014 - 12 - 24(7).

[304] 邓海建.要为网络世界设定法治底线[EB/OL]. (2014 - 12 - 19)[2019 - 11 - 23]. http：//theory. people. com. cn/n/2012/1219/c40531 -19943153.html.

[305] 湖北红十字会接连出错,到底咋回事？[EB/OL]. (2020 -01 -31)[2020 - 06 - 26]. http：//news.ifeng.com/c/7th2J9qCADy.

[306] 福建一男子拍摄上传视频涉及国家军事机密获刑[EB/OL]. (2012 -04 - 28)[2019 - 09 - 13]. http：//www. mzyfz. com/cms/fayuanpingtai/anjianshenli/xingshishenpan/html/1075/2012 - 04 - 28/content-360270.html.

[307] 郭华明.习近平眼中网络安全和信息化的辩证关系[EB/OL]. (2016 -9 - 21)[2019 - 11 - 30]. http：//www. cac. gov. cn/2016 - 09/21/c_1119593352.htm.

[308] 华南理工大学公共政策研究院.海上丝绸之路国家的铁路与公路建设需求研究[EB/OL]. (2017 - 05 - 22)[2019 - 06 - 22]. https：//www.sohu.com/a/142477601_550967.

[309] 黄琴.国家网络空间安全战略[EB/OL]. (2016 - 12 - 27)[2019 - 11 -21]. http：//www. xinhuanet. com//politics/2016 - 12/27/c_1120196479.htm.

[310] 李强.国家权力过大会削弱国家能力[EB/OL]. (2016 - 08 - 31)[2019 - 09 - 21]. http：//www.rmlt.com.cn/2016/0831/438664.shtml.

[311] 李延宁.2017 年度中国城市网民性格"中山指数"[EB/OL]. (2018 -01 - 15)[2018 - 01 - 16]. http：//news. sina. com. cn/o/2018 -01 - 15/doc-ifyqqciz7394421.shtml.

[312] 刘鹏.十九大报告：大力推进国家治理现代化的宣言书[EB/OL].（2017 - 10 - 18）[2019 - 06 - 07]. http：//theory. gmw. cn/2017 -10/18/content_26543106.htm.

[313] 美用户起诉苹果等 18 家公司侵犯隐私[EB/OL].（2012 - 03 - 16）[2019 - 09 - 13]. http：//roll.sohu.com/20120316/n338009861.shtml.

[314] 南方网.2018 中国城市网民性格画像"中山指数"发布[EB/OL].（2019 - 04 - 26）[2019 - 04 - 27]. http：//zs. southcn. com/content/2019 - 04/27/content_187004871.htm.

[315] 欧洲 2013 年平均财政赤字率下降[EB/OL].（2014 - 04 - 23）[2019 - 09 - 09]. http：//at. mofcom. gov. cn/article/jmxw/201404/20140400560489.shtml.

[316] 齐卫平.从执政能力到治国理政能力,一种话语新突破看党的思想理论创新[EB/OL].（2017 - 07 - 04）[2019 - 09 - 11]. https：//www.jfdaily.com/news/detail? id＝57751.

[317] 舒晋瑜.2017 年舆情事件出炉网络热点折射社会深层变化[EB/OL].（2018 - 01 - 03）[2018 - 01 - 16]. http：//epaper. gmw. cn/zhdsb/html/2018 - 01/03/nw.D110000zhdsb_20180103_1 - 13.htm.

[318] 邱明红.党领导下只有党政分工,没有党政分开[EB/OL].（2017 - 3 -14）[2019 - 9 - 20]. http：//views. ce. cn/view/ent/201703/14/t20170314_20961337.shtml.

[319] 习近平.治国理政,必须"立治有体,施治有序"[EB/OL].（2017 - 10 - 13）[2019 - 09 - 20]. http：//theory. people. com. cn/n1/2017/1012/c40531 - 29583383.htm.

[320] 习近平.集思广益增进共识加强合作　让互联网更好造福人类[EB/OL].（2016 - 11 - 16）[2019 - 09 - 18]. http：//www.xinhuanet.com/politics/2016 - 11/16/c_1119925089.htm.

[321] 严恒元.统计数据表明欧盟和欧元区成员国政府债务比例上升[EB/OL].（2015 - 10 - 27）[2019 - 09 - 12]. http：//finance. china.com.cn/roll/20151027/3403454.shtml.

[322] 已同中国签订共建"一带一路"合作文件的国家一览[EB/OL].（2019 - 04 - 12）[2020 - 06 - 26]. https：//www.yidaiyilu. gov. cn/xwzx/roll/77298.htm.

[323] 中国互联网络信息中心.第 45 次中国互联网络发展状况统计报告[R/OL].（2020 - 04 - 28）[2020 - 06 - 26]. http：//www. cac.

gov.cn/2019 - 02/28/c_1124175677.htm.

[324] 民政部回应武汉小区造假事件: 严重损害党和政府形象 [EB/
OL]. (2020 - 03 - 09) [2020 - 06 - 26]. https: //www. sohu. com/
a/378661298_260616.

英文文献

[1] Alexander Gerschenkron. Economic Backwardness in Historical Perspec-
tive[M]. Harvard University Press, 1966.

[2] Alvin Toffle. The Third Wave[M]. Pan MacMillan, 1981.

[3] Anthony T. P. Emergent Leaders as Managers of Group Emotion[M]. The
Leadership Quarterly, 2002.

[4] A.W. Etzioni. The Active Society: A Theory of Societal and Political
Processes[M]. Free Press, 1968.

[5] Barry Buzan, Lene Hansen. The Evolution of International Security Studies
[M]. Cambridge University Press, 2009.

[6] Christopher Bishop. Pattern Recognition and Machine Learning [M].
Springer Press, 2007.

[7] Daniel Jurafsky, James Martin. Speech and Language Processing[M]. The
Prentice Hall Press, 2018.

[8] Dominic Johnson. Overconfidence and War: The Havoc and Glory of Posi-
tive Illusions[M]. Harvard University Press, 2004.

[9] Daniel Bell. The Coming of Post-Industrial Society [M]. Basic Books,
1976.

[10] D. Schule. How Do We Institutionalize Democracy in the Electronic Age
[M]. Communications & Strategies, 1999.

[11] Edward Kolodziej. Security and International Relations [M]. Cambridge
University Press, 2005.

[12] Eulau Heinz. Technology and Civility: the Skill Revolution in Politics
[M]. Hoover Institution Press, 1977.

[13] E. Dyson, G. Gilder, G. Keyworth, A. Toffler. Cyberspace and the Amer-
ican Dream: A Magna Carta for the Knowledge Age[M]. Secker & War-
burg, 1994.

[14] Elias Carayannis, David Campbell & Marios Panagiotis Efthymiopoulos.
Cyber-Development, Cyber-Democracy and Cyber-Defense[M]. Springer,

2014.

[15] H. A. Simon. Administrative Behavior: A Study of Decision-making Processes in Administrative Organization[M]. Macmillan, 1947.

[16] H. Rheingold. The Virtual Community: Finding Connection in a Computerized World[M]. Secker & Warburg, 1994.

[17] James Walsh, Marcus Schulzke. The Ethics of Drone Strikes: Does Reducing the Cost of Conflict Encourage War? [M]. U.S. Army War College Press, 2015.

[18] Jeremy Rabkin, John Yoo. Striking Power: How Cyber, Robots and Space Weapons Change the Rules for War[M]. Encounter Books Press, 2017.

[19] John Naisbitt, Megatrends. Ten New Directions Transforming Our Lives [M]. Warner Books, 1991.

[20] Jan Kooiman. Social-Political Governance: Introduction Modern Governance, New Government-Society Interaction [M]. SAGA Publications, 1993.

[21] Joel S. Migdal. Strong Societies and Weak States: States-Society Relations and State Capabilities in the Third World [M]. Princeton University Press, 1988.

[22] J. Hoff, I. Horrocks, P. W. Top. Democratic Governance and New Technology: Technology Mediated Innovations in Political Practice in Western Europe[M]. Communications & Strategies, 1999.

[23] J. Meynaud. La technocratie, mythe ou réalité[M]. Payot, 1964.

[24] Kevin Murphy. Machine Learning: A Probabilistic Perspective[M]. The MIT. Press, 2012.

[25] K.L. Hacker, J.v. Dijk. Digital Democracy: Issues of Theory and Practice [M]. Sage, 2000.

[26] Lehner Paul. Artificial Intelligence and National Security Opportunity and Challenge[M]. Tab Books, 1989.

[27] Marvin Minsky, Simon Papert. Perceptrons: An Introduction to Computational Geometry[M]. The MIT. Press, 1987.

[28] Max Tegmark. Life 3.0: Being Human in the Age of Artificial Intelligence [M]. Vintage Books, 2017.

[29] Martin Hagen. Digital Democracy and Political Systems[M]. SAGE Publications Ltd., 2014.

［30］Manuel Castells. The Theory of Network Society［M］. Polity, 2006.

［31］M. Lyon, J. Barbalet. Society's Body: Emotion and "Somatization" of Social Theory［M］. Cambridge University Press, 1994.

［32］Nick Bostrom. Superintelligence: Paths, Dangers, and Strategies［M］. Oxford University Press, 2014.

［33］Pedro Domingos. The Master Algorithm: How the Quest for the Ultimate Learning Machine Will Remake Our World［M］. Basic Book Press, 2015.

［34］Peter Katzenstein, ed. The Culture of Security: Norms and Identity in World Politics［M］. Columbia University Press, 1996.

［35］Paul Scharre. Army of None: Autonomous Weapons and the Future of War ［M］. Norton & Company, 2018.

［36］Peter Drucker. Post-Capitalist Society［M］. Harper Business, 1994.

［37］Richard Hartley, Andrew Zisserman. Multiple View Geometry in Computer Vision［M］. Cambridge University Press, 2004.

［38］Richard Berk. Machine Learning Risk Assessments in Criminal Justice Settings［M］. Springer-Verlag Press, 2018.

［39］Steven Bird, Ewan Klein, Edward Loper. Natural Language Processing with Python［M］. O'Reilly Media Press, 2009.

［40］Simon Prince. Computer Vision: Models, Learning and Inference［M］. Cambridge University Press, 2012.

［41］Stephen Cimbala. Artificial Intelligence and National Security［M］. Lexington Books Press, 1987.

［42］Samuel Kaplan. Humans Need Not Apply: A Guide to Wealth and Work in the Age of Artificial Intelligence［M］. Yale University Press, 2015.

［43］Sky Croeser. Post-Industrial and Digital Society［M］. Palgrave Macmillan, 2018.

［44］Stephen BellBell and Andrew Hindmoor. Rethinking Governance: the Centrality of the State in Modern Society ［M］. Cambridge University Press, 2009.

［45］Tony Hey, Stewart Tansley, Kristin Tolle. The Fourth Paradigm: Data-intensive Scientific Discovery［M］. Microsoft Research, 2009.

［46］T. Vedel. Internetet les Pratiques Politiques［M］. Presses de l'Université du Québec, 2003.

［47］Vincent Boulanin, Maaike Verbruggen. Mapping the Development of Autonomy in Weapon Systems[M]. Sweden Stockholm International Peace Research Institute, 2017.

[48] William McNeill. The Pursuit of Power: Technology, Armed Force, and Society Since A.D. 1000[M]. University of Chicago Press, 1982.

[49] William Gibson. Neuromancer[M]. Ace, 1984.

[50] Amy McCullough. SWARMS Why They're the Future of Warfare[J]. Air Force, 2019, 102(3).

[51] Anselm Schneider and Andreas Georg Scherer. Private Business Firms, Human Rights, and Global Governance Issues: An Organizational Implementation Perspective [J]. Social Science Electronic Publishing, 2012, 21(3).

[52] Aline Dima, Simona Vasilache. Credit Risk Modeling for Companies Default Prediction Using Neural Networks[J]. Journal for Economic Forecasting, 2016, 19(3).

[53] Andrea Gilli, Mauro Gilli. The Diffusion of Drone Warfare? Industrial, Organizational and Infrastructural Constraints [J]. Security Studies, 2016, 25(1).

[54] Andrew Krepinevich. The Eroding Balance of Terror: The Decline of Deterrence[J]. Foreign Affairs, 2018, 97(2).

[55] Arnold Wolfers. National Security as an Ambiguous Symbol[J]. Political Science Quarterly, 1952, 67(4).

[56] Andrey Shalyapin, Vadim Zhukov. Case Based Analysis in Information Security Incidents Management System [J]. International Conference on Security of information and Networks, 2015.

[57] Beth Pearsall. Predictive Policing: The Future of Law Enforcement? [J]. National Institute of Justice Journal, 2010, 4(266).

[58] Brad Allenby. Emerging Technologies and the Future of Humanity[J]. Bulletin of the Atomic Scientists, 2015, 71(6).

[59] Bernd Stahl, David Wright. Ethics and Privacy in AI and Big Data: Implementing Responsible Research and Innovation[J]. IEEE Security & Privacy, 2018, 16(3).

[60] Bradley J. Strawser, Donald J. Joy. Cyber Security and User Responsibility: Surprising Normative Differences [J]. Procedia Manufacturing, 2015(3).

[61] Brad R. Roth. Sovereign Equality and Moral Disagreement: Premises of a Pluralist International Legal Order[J]. European Journal of International Law, 2012(4).

[62] Buchanan. Attributing Cyber Attacks [J]. Journal of Strategic Studies, 2015,38(1).

[63] Chih Yuan Woon. Internet Spaces and the (Re)making of Democratic Politics: the Case of Singapore's 2011 General Election [J]. Geo Journal, 2018, 83(5).

[64] Cameron Camp. China/Russia Propose an Anti-cyber-warfare UN Resolution[J]. San Diego Business Journal, 2011, 32(9).

[65] Cezar Peta. Cybersecurity —— Current Topic of National Security[J]. Public Security Studies, 2013(6).

[66] Calenda Davide. Young people, the Internet and Political Participation [J]. Information Communication and Society, 2009, 12(6).

[67] Douglas C. Jarrett. The Federal Communications Commission's Network Neutrality Order[J]. Business Lawer, 2015.

[68] Daniela Maresch, Matthias Fink and Rainer Harms. When Patents Matter: The Impact of Competition and Patent Age on the Performance Contribution of Intellectual Property Rights Protection [J]. Technovation, 2016,57(9).

[69] David Hastings Dunn. Drones: Disembodied Aerial Warfare and the Unarticulated Threat[J]. International Affairs, 2013, 89(5).

[70] Damche Dorji. Credibility Based Feedback for Reputation Computation in Peer-to-Peer File Sharing Network[J]. Computer Science and Software Engineering, 2016.

[71] Daniel Ikenson. Cybersecurity or Protectionism? Defusing the Most Volatile Issue in the U.S.-China Relationship[J]. Social Science Electronic Publishing, 2017.

[72] Dom Caristi. The Global War for Internet Governance[J]. Journalism & Mass communication Quarterly, 2015(20).

[73] Gulshan Khan. Habermas: Rescuing the Public Sphere[J]. Contemporary Political Theory, 2008, 7(4).

[74] Lars-Erik Cederman, Nils Weidmann. Predicting Armed Conflict: Time to Adjust Our Expectations? [J]. Science, 2017,355(6324).

［75］John MaCarthy, et al. A Proposal for the Dartmouth Summer Research Project on Artificial Intelligence［J］. AI Magazine, 2006, 27(4).

［76］Jawwad A. Shamsi, Sherali Zeadally, Fareha Sheikh, Angelyn Flowers. Attribution in Cyberspace: Techniques and Legal Implications［J］. Security and Communication Networks, 2016, 9(15).

［77］John Grant. Where there be Cybersecurity Legislation［J］. Journal of National Security Law &Policy, 2010(4).

［78］John Herz. The Security Dilemma in International Relations: Background and Present Problems［J］. International Relations, 2003, 17(4).

［79］Jeffrey Hart, Sangbae Kim. Explaining the Resurgence of U.S. Competitiveness: The Rise of Wintelism ［J］. The Information Society, 2002, 18(2).

［80］Julia Powles, Hal Hodson. Google DeepMind and Healthcare in an Age of Algorithms［J］. Health and Technology, 2017, 7(4).

［81］James E. Katz. Struggle in Cyberspace: Fact and Friction on the World Wide Web ［J］. American Academy of Political and Social Science, 1998, 560(1).

［82］Jacob Nelson, Dan Lewis, Ryan Lei. Digital Democracy in America: A Look at Civic Engagement in an Internet Age ［J］. Journalism & Mass Communication Quarterly, 2017, 94(1).

［83］Judith A. Miller. Refections on National Security and International Law Issues during the Clinton Administration［J］. Chicago Journal of International Law, 2015(1).

［84］Jody Baumgartner, Jonathan Morris. My Face Tube Politics: Social Networking Web Sites and Political Engagement of Young Adults［J］. Social Science Computer Review, 2010, 28(1).

［85］Kareem Ayoub, Kenneth Payne. Strategy in the Age of Artificial Intelligence［J］. Journal of Strategic Studies, 2016, 39(6).

［86］Kenneth Waltz. Realist Thought and Neorealist Theory［J］. Journal of International Affairs, 1990, 44(1).

［87］Karen Yeung. Algorithmic Regulation: A Critical Interrogation［J］. Regulation & Governance, 2017, 12(6).

［88］Kirsty Best. Living in the Control Society Surveillance, Users and Digital Screen Technologies ［J］. International Journal of Cultural Studies,

2010, 13(1).

[89] Melanie Misanchuk and Sasha A. Barab. Building Virtual Communities： Learning and Change in Cyberspace[J]. Geophysical Journal International- al, 2015(2).

[90] Marie-Hélène Caillol. Political Anticipation and Networks[J]. Anticipa- tion Across Disciplines, 2016, 29(1).

[91] Michael Mayer. The New Killer Drones： Understanding the Strategic Im- plications of Next-Generation Unmanned Combat Aerial Vehicles[J]. International Affairs, 2015, 91(4).

[92] Michael A. Froomkin. ICANN's Uniform Dispute Resolution Policy —— Causes and Partial Cures [J]. Social Science Electronic Publishing, 2016(605).

[93] Michael Horowitz. Artificial Intelligence, International Competition, and the Balance of Power[J]. Texas National Security Review, 2018, 1(3).

[94] Matthew Scherer. Regulating Artificial Intelligence Systems： Risks, Challenges, Competencies, and Strategies[J]. Harvard Journal of Law & Technology, 2016, 29(2).

[95] Mike Ananny, Kate Crawford. Seeing without Knowing： Limitations of the Transparency Ideal and Its Application to Algorithmic Accountability [J]. New Media & Society, 2016, 20(3).

[96] Patrick Sean Liam Flanagan. Cyberspace. The Final Frontier? [J]. Busi- ness Ethics, 1999, 19(2).

[97] Pavel Sharikov. Artificial Intelligence, Cyberattack and Nuclear Weapons： A Dangerous Combination [J]. Bulletin of the Atomic Scientists, 2018, 74(6).

[98] Patrick Johnston, Anoop Sarbahi. The Impact of US Drone Strikes on Terrorism in Pakistan and Afghanistan[J]. International Studies Quarter- ly, 2016, 60(2).

[99] Peter Levine. Civic Renewal and the Commons of Cyberspace [J]. National Civic Review, 2010, 90(3).

[100] Robert Jervis. Cooperation under the Security Dilemma[J]. World Poli- tics, 1978, 30(2).

[101] Richard Berk. Asymmetric Loss Functions for Forecasting in Criminal Justice Settings[J]. Journal of Quantitative Criminology, 2011, 27(1).

[102] Richard Lowe. Anti-Money Laundering-the Need for Intelligence [J]. Journal of Financial Crime, 2017, 24(3).

[103] Roger Brownsword. Technological Management and the Rule of Law[J]. Law, Innovation and Technology, 2016, 8(1).

[104] STEPHEN. J. KOBRIN. Territoriality and the Governance of Cyberspace [J]. Journal of International Business Studies, 2001, 32(4).

[105] Steven Clift. Viewpoint: An Internet of Democracy[J]. Communications of the Acm, 2000,43(11).

[106] Sach Jayawardane, Joris Larik and Mahima Kaul. Governing Cyberspace: Building Confidence, Capacity and Consensus[J]. Global Policy, 2016, 7(1).

[107] Stewart Baker, Melanie Schneck-Teplinsky. Spurring the Private Sector. Indirect Federal Regulation of Cybersecurity in the US, Cybercrimes: A Multidisciplinary Analysis[J]. Springer Berlin Heidelberg, 2011(1).

[108] Scott J. Shackelford. Toward Cyberpeace: Managing Cyberatacks through Polycentric Governance [J]. American University Law Review, 2013(5).

[109] Trang Pham, Truyen Tran, Dinh Phung, et al. Predicting Healthcare Trajectories from Medical Records: A Deep Learning Approach[J]. Journal of Biomedical Informatics, 2017, 69(3).

[110] Viktor Nagy. The Geostrategic Struggle in Cyberspace Between the United States, China, and Russia[J]. Arms Academic & Applied Research in Military Science, 2012,11(1).

[111] Yuval Harari. Who Will Win the Race for AI? [J]. Foreign Policy, 2019, 1(231).

[112] IMF. Global Financial Stability Report: Fostering Stability in a Low-Growth, Low-Rate Era[R/OL]. (2016 - 02 - 02) [2019 - 09 - 11]. https: //www.imf.org/external/pubs/ft/gfsr/2016/02/.

[113] CB Insights. AI 100: The Artificial Intelligence Startups Redefining Industries[EB/OL]. (2020 - 03 - 03) [2020 - 06 - 26]. https: //www.cbinsights.com/research/artificial-intelligence-top-startups/.

[114] Deloitte. Future in the Balance? How Countries are Pursuing an AI Advantage[R/OL].(2019 - 05 - 28) [2019 - 09 - 21].https: //www. deloitte. com/content/dam/insights/us/articles/5189 _ Global-AI-survey/

DI_Global-AI-survey.pdf.

[115] Jerry Kaplan. AI's PR Problem [J/OL]. Technology review, 2017, 120（3）：11 [2019 - 06 - 21]. https：//www. technologyreview. com/2017/03/03/153435/ais-pr-problem-2/.

[116] Miles Brundage, Shahar Avin, Jack Clark, et al. The Malicious Use of Artificial Intelligence：Forecasting, Prevention, and Mitigation [R/OL]. (2018 - 02 - 23) [2019 - 09 - 14]. https：//arxiv.org/ftp/arxiv/papers/1802/1802.07228.pdf.

[117] Gregory Allen, Taniel Chan. Artificial Intelligence and National Security [R/OL]. The Belfer Center Study (2018 - 04 - 06) [2019 - 09 - 14]. https：//www. cnas. org/publications/commentary/artificial-intelligence-and-national-security.

[118] Ruslan Bragin. Understanding Different Types of Artificial Intelligence Technology [EB/OL]. (2017 - 10 - 18) [2019 - 06 - 28]. https：//www. zeolearn. com/magazine/understanding-different-types-of-artificial-intelligence-technology.

[119] The McKinsey Global Institute. The Promise and Challenge of the Age of Artificial Intelligence [R/OL]. (2018 - 10 - 30) [2019 - 09 - 07]. https：//www.mckinsey.it/idee/the-promise-and-challenge-of-the-age-of-artificial-intelligence.

[120] World Bank. Belt and Road Economics：Opportunities and Risks of Transport Corridors [R/OL]. (2019 - 06 - 18) [2020 - 06 - 26]. https：//www. worldbank. org/en/topic/regional-integration/publication/belt-and-road-economics-opportunities-and-risks-of-transport-corridors.

索　引

后　记

以往对网络空间治理的研究都是从西方国家方面入手,本书在此基础上结合中国实际来研究我国在网络空间中的国家治理的变革与规制,从而对网络空间治理方面的中国图景进行展望。本书通过对中国在网络空间治理的研究,对当下网络空间治理的理论和实践发展进行了总结,并期待对今后的网络研究有一定的启示。

首先我非常感谢全国哲学社会科学工作办公室的五位匿名评审专家的宝贵意见。五位专家从构思框架到理论逻辑,甚至观点提法都层层把关,使我获益匪浅。我也要特别感谢我的授业恩师,他们以渊博的学识和严谨的治学态度引领我在学术道路上不断前行,让我受益终生。这些恩师有:上海交通大学国际与公共事务学院俞正樑教授;上海师范大学法政学院李路曲教授;复旦大学国际关系与公共事务学院桑玉成教授;北京大学政府管理学院教授燕继荣教授和上海交通大学国际与公共事务学院胡近教授。

我还要感谢我负责的华东政法大学高峰学科创新团队项目成员:中国社会科学院法学所支振峰研究员;复旦大学美国研究中心蔡翠红教授;华东政法大学中国法治战略研究中心党东升副研究员等,他们为课题研究和本书的创作提供了鼎力相助。除此之外,感谢上海市大数据社会应用科学研究会的各位朋友,他们分别是:华东政法大学政治学研究院院长高琦琦教授;上海交通大学凯原法学院杨力教授;复旦大学大数据学院吴力波教授;上海财经大学城市与区域科学学院副院长张学良教授;上海对外经贸大学工商管理学院院长齐佳音教授。感谢学界同仁:清华大学社会科学学院孟天广副教授;复旦大学新闻学院沈国麟教授和上海教育系统网络文化发展研究中心副主任段洪涛。他们在网络治理领域的研究成就令我钦佩,与其交流,不仅可以让我在相关学科知识方面有非常深入的了解,而且对我的学术思考上也大有裨益。同时也要感谢西北政法大学新闻传播学院张爱军教授、复旦大学网络空间治理研究中心主任沈逸副教授、郑州大学公共管理学院余丽教授、华东政法大学马克思主义学院杨嵘均教授和上海国际问题研究院网络空间国际治理研究中心秘书长鲁传颖副研究员。与他们在一次次的学术会议和研究文章中相识相知，共同的研究主题不断启发着我的思考。

　　笔者在这里还要特别感谢总参第四部原副部长郝叶力将军，郝将军多次参与中美、中俄、中欧网络安全对话，对我的网络空间中全球治理研究也一直非常关心和支持。感谢华东政法大学的领导：华东政法大学的郭为禄书记、叶青校长、张明军副校长以及文伯书院院长和发展规划处处长杨忠孝教授，他们在工作上给予了我非常多的支持和帮助。

　　感谢华东政法大学政治学研究院的研究生李虹、方彪、张纪腾、莫非对本书部分内容进行的修改完善工作；感谢研究生吴杰、王敏对本书的统稿编辑付出的辛劳，同时也感谢研究生李婷、李汀、商宏磊、王子玥和王璐瑶等对本书进行了信息搜集、资料整理等工作。

　　最后，衷心地感谢我的父母和爱人周佩佩以及我的孩子，他们在我研究和创作过程中给我创造了一个良好的环境，一直为我的生活提供各方面的保障，给予我支持和鼓励，使我能够心无旁骛地完成国家社科基金后期资助项目的研究和书稿的写作。

　　由于水平有限，该研究留下了诸多的瑕疵和遗憾，譬如在方法上和内容上还不够完善，研究不够深入。所以，欢迎各位前辈、同仁对我的研究给予批评和指正。

阙天舒

2020 年 12 月